数学模型在生态学的应用及研究(38)

The Application and Research of Mathematical Model in Ecology(38)

杨东方　苗振清　编著

海洋出版社

2017年·北京

内 容 提 要

通过阐述数学模型在生态学的应用和研究,定量化地展示生态系统中环境因子和生物因子的变化过程,揭示生态系统的规律和机制以及其稳定性、连续性的变化,使生态数学模型在生态系统中发挥巨大作用。在科学技术迅猛发展的今天,通过该书的学习,可以帮助读者了解生态数学模型的应用、发展和研究的过程;分析不同领域、不同学科的各种各样生态数学模型;探索采取何种数学模型应用于何种生态领域的研究;掌握建立数学模型的方法和技巧。此外,该书还有助于加深对生态系统的量化理解,培养定量化研究生态系统的思维。

本书主要内容为:介绍各种各样的数学模型在生态学不同领域的应用,如在地理、地貌、水文和水动力以及环境变化、生物变化和生态变化等领域的应用。详细阐述了数学模型建立的背景、数学模型的组成和结构以及其数学模型应用的意义。

本书适合气象学、地质学、海洋学、环境学、生物学、生物地球化学、生态学、陆地生态学、海洋生态学和海湾生态学等有关领域的科学工作者和相关学科的专家参阅,也适合高等院校师生作为教学和科研的参考。

图书在版编目(CIP)数据

数学模型在生态学的应用及研究. 38 / 杨东方,苗振清编著. —北京 : 海洋出版社,2017.5

ISBN 978-7-5027-9788-1

Ⅰ.①数… Ⅱ.①杨… ②苗… Ⅲ.①数学模型-应用-生态学-研究 Ⅳ.①Q14

中国版本图书馆 CIP 数据核字(2017)第 121503 号

责任编辑:鹿 源
责任印制:赵麟苏

海洋出版社 出版发行

http://www.oceanpress.com.cn

北京市海淀区大慧寺路 8 号 邮编:100081

北京朝阳印刷厂有限责任公司印刷 新华书店北京发行所经销

2017 年 8 月第 1 版 2017 年 8 月第 1 次印刷

开本:787 mm×1092 mm 1/16 印张:20

字数:460 千字 定价:60.00 元

发行部:62132549 邮购部:68038093 总编室:62114335

海洋版图书印、装错误可随时退换

《数学模型在生态学的应用及研究(38)》编委会

数学是结果量化的工具

数学是思维方法的应用

数学是研究创新的钥匙

数学是科学发展的基础

杨东方

要想了解动态的生态系统的基本过程和动力学机制,尽可从建立数学模型为出发点,以数学为工具,以生物为基础,以物理、化学、地质为辅助,对生态现象、生态环境、生态过程进行探讨。

生态数学模型体现了在定性描述与定量处理之间的关系,使研究展现了许多妙不可言的启示,使研究进入更深的层次,开创了新的领域。

杨东方

摘自《生态数学模型及其在海洋生态学应用》

海洋科学(2000),24(6):21—24.

前　言

细大尽力,莫敢怠荒,远迩辟隐,专务肃庄,端直敦忠,事业有常。

——《史记·秦始皇本纪》

　　数学模型研究可以分为两大方面:定性和定量的,要定性地研究,提出的问题是"发生了什么或者发生了没有";要定量地研究,提出的问题是"发生了多少或者它如何发生的"。前者是对问题的动态周期、特征和趋势进行了定性的描述,而后者是对问题的机制、原理、起因进行了定量化的解释。然而,生物学中有许多实验问题与建立模型并不是直接有关的。于是,通过分析、比较、计算和应用各种数学方法,建立反映实际的且具有意义的仿真模型。

　　生态数学模型的特点为:(1)综合考虑各种生态因子的影响。(2)定量化描述生态过程,阐明生态机制和规律。(3)能够动态地模拟和预测自然发展状况。

　　生态数学模型的功能为:(1)建造模型的尝试常有助于精确判定所缺乏的知识和数据,对于生物和环境有进一步定量了解。(2)模型的建立过程能产生新的想法和实验方法,并缩减实验的数量,对选择假设有所取舍,完善实验设计。(3)与传统的方法相比,模型常能更好地使用越来越精确的数据,从生态的不同方面所取得材料集中在一起,得出统一的概念。

　　模型研究要特别注意:(1)模型的适用范围:时间尺度、空间距离、海域大小、参数范围。例如,不能用每月的个别发生的生态现象来检测1年跨度的调查数据所做的模型。又如用不常发生的赤潮的赤潮模型来解释经常发生的一般生态现象。因此,模型的适用范围一定要清楚。(2)模型的形式是非常重要的,它揭示内在的性质、本质的规律,来解释生态现象的机制、生态环境的内在联系。因此,重要的是要研究模型的形式,而不是参数,参数是说明尺度、大小、范围而已。(3)模型的可靠性,由于模型的参数一般是从实测数据得到的,它的可靠性非常重要,这是通过统计学来检测。只有可靠性得到保证,才能用模型说明实际的生态问题。(4)解决生态问题时,所提出的观点,不仅从数学模型支持这一观点,还要从生态现象、生态环境等各方面的事实来支持这一观点。

本书以生态数学模型的应用和发展为研究主题,介绍数学模型在生态学不同领域的应用,如在地理、地貌、气象、水文和水动力以及环境变化、生物变化和生态变化等领域的应用。详细阐述了数学模型建立的背景、数学模型的组成和结构以及其数学模型应用的意义。认真掌握生态数学模型的特点和功能以及注意事项。生态数学模型展示了生态系统的演化过程和预测了自然资源可持续利用。通过本书的学习和研究,促进自然资源、环境的开发与保护,推进生态经济的健康发展,加强生态保护和环境恢复。

本书获得温室大棚土壤有机碳淋溶迁移研究"(国家自然科学基金项目31500394)、浙江海洋大学的出版基金、西京学院的出版基金、中原工学院的出版基金、贵州民族大学博点建设文库、"贵州喀斯特湿地资源及特征研究"(TZJF-2011年-44号)项目、"喀斯特湿地生态监测研究重点实验室"(黔教合KY字[2012]003号)项目、贵州民族大学引进人才科研项目([2014]02)、土地利用和气候变化对乌江径流的影响研究(黔教合KY字[2014]266号)、威宁草海浮游植物功能群与环境因子关系(黔科合LH字[2014]7376号)以及国家海洋局北海环境监测中心主任科研基金——长江口、胶州湾、浮山湾及其附近海域的生态变化过程(05EMC16)的共同资助下完成。

此书得以完成应该感谢北海环境监测中心的主任姜锡仁研究员、上海海洋大学的副校长李家乐教授、浙江海洋大学校长吴常文教授、贵州民族大学校长陶文亮教授、西京学院校长任芳教授和中原工学院校长俞海洛教授;还要感谢刘瑞玉院士、冯士筰院士、胡敦欣院士、唐启升院士、汪品先院士、丁德文院士和张经院士。诸位专家和领导给予的大力支持,提供的良好的研究环境,成为我们科研事业发展的动力引擎。在此书付梓之际,我们诚挚感谢给予许多热心指点和有益传授的其他老师和同仁。

本书内容新颖丰富,层次分明,由浅入深,结构清晰,布局合理,语言简练,实用性和指导性强。由于作者水平有限,书中难免有疏漏之处,望广大读者批评指正。

沧海桑田,日月穿梭。抬眼望,千里尽收,祖国在心间。

杨东方　苗振清
2015年8月7日

目　　次

青藏高原山地的系统模型

1 背景

关于青藏高原山地系统动力学特征,主要研究高原山地系统现今构造应力场演化特征和高原山地系统统一构造动力模型。关于青藏高原山地各圈层力学系统描述,主要把山地各圈层块体质点作为一个力学系统来描述,求解速度矢量、位移矢量、密度场、温度场、应力张量等物理量和状态空间,最后求解运动方程[1-2]。毕思文[1]对青藏高原山地系统动力学模型展开了研究,对青藏高原山地各圈层多体系统力学描述。青藏高原是由多圈层多块体不同物质结构组成的,皆可用若干塑性、流变体、流体和弹性组成的系统模型予以有效地描述。

2 公式

2.1 山地各圈层力学系统

一个圈层块体质点的集合称为一个力学系统。如果这个集合的状态可以用有限个随时间变化的参数来描述(例如有限个块体质点或有限个刚体组成的系统),则称为有限自由度系统,反之称为无限自由度系统或连续系统。

对于有限自由度系统,通常引进广义坐标 $X_i(t)$($i = 1,2,\cdots,m$)和广义速度 $X_i(t)$($i = 1,2,\cdots,m$)来描述。有时采用广义动量 $P_i(t)$ 来代替 $X_i(t)$,$(X,P) \in R^{2m}$ 称为相空间,这里 $X = (x_1,x_2,\cdots,x_m)$,$P = (p_1,p_2,\cdots,p_m)$。

对于无限自由度系统,设它在初始时刻 $t = 0$ 时占据三维空间的区域 Q。用 $X = (x_{01}, x_{02}, x_{03}) \in R^3$ 表示 Q 中的质点,这里 X 可以用通常的曲线坐标来描述。它在 t 时刻在曲线坐标的位置为

$$X(X_o,t) \in R^3 \tag{1}$$

在 t 时刻所有 X 占据的区域为 $Q_i \subset R^3$,称为位形空间。相应的速度为

$$\dot{X} = \dot{X}(X_o,t) \tag{2}$$

位移为

$$u = u(X_o,t) = X(X_o,t) - X_o \tag{3}$$

一个连续的力学系统的位置函数、连同描述它的力学状态的其他物理量如速度矢量、

1

位移矢量、密度场、温度场、应力张量等构成了它的状态空间。状态空间一般记为

$$Z = \{X, \dot{X}, \mu, \cdots, t \in T, X \in Q\} \tag{4}$$

无论是对有限自由度力学系统还是对连续力学系统,所引进的描述变量在构成相空间或状态空间时都将服从一定的物理规律,即它们之间满足一定的关系,这些关系体现为一组方程,称为运动方程。

2.2 山地系统的非稳定性

将问题简化为准静态的,用增量方法研究山地系统的稳定性问题需要将实际的载荷路径或历史分成许多小的载荷增量步,逐步地对每一个增量步求解。现在考虑一个典型的增量步。在这个步长的开始,山地体内的应力 σ,应变 ε,间断面的位移间断量 $\langle u \rangle$ 以及山地材料的结构和间断面已有变形历史的各种内状态变量都是已知的。这时相对应的渗透压力和渗水参数分别记为 q 和 η。在这个增量步内,在边界 ST 上给定外载增量 dp,在边界 Sn 上给定位移增量 du_0,在山地体内给定体力载荷增量 df,已知渗透压力和渗水参数的增量为 dq 和 $d\eta$。我们要确定的是山地体内的应力增量 $d\sigma$,应变增量 $d\varepsilon$,位移增量 du,间断面内的应力增量和位移断增量 $d\langle u \rangle$ 以及相应的各内状态变量的增量。待求的各外变量增量应满足以下三方面条件。

(1)平衡条件

在山地体 V 内: $\qquad\qquad L d\sigma + df = 0 \tag{5}$

在间断面 Γ 上: $\qquad L_1 d\sigma^+ = L d\sigma = d\sigma \tag{6}$

在边界 S_T 上: $\qquad\qquad L_2 d\sigma = dP \tag{7}$

其中,

$$L = \begin{bmatrix} \dfrac{\partial}{\partial x} & 0 & 0 & 0 & \dfrac{\partial}{\partial z} & \dfrac{\partial}{\partial y} \\[2mm] 0 & \dfrac{\partial}{\partial y} & 0 & \dfrac{\partial}{\partial z} & 0 & \dfrac{\partial}{\partial x} \\[2mm] 0 & 0 & \dfrac{\partial}{\partial z} & \dfrac{\partial}{\partial y} & \dfrac{\partial}{\partial x} & 0 \end{bmatrix} \tag{8}$$

$$L_i = \begin{bmatrix} l_i & 0 & 0 & 0 & n_i & m_i \\ 0 & m_i & 0 & n_i & 0 & l_i \\ 0 & 0 & n_i & m_i & l_i & 0 \end{bmatrix} \quad i = 1, 2 \tag{9}$$

式中,l_1, m_1, n_1 和 l_2, m_2, n_2 分别是间断面 Γ 和边界 ST 的外法线方向余弦。

(2)几何条件

在山地体内: $\qquad\qquad L^t du = d\varepsilon \tag{10}$

在间断面 Γ 上: $\qquad d\langle u \rangle = du^+ - du \tag{11}$

在边界 S_μ 上: $\qquad\qquad du = du_0 \tag{12}$

（3）本构条件

对山地体：
$$d\sigma = D_{ep}d\varepsilon + D_{\eta}d\eta + edq \qquad (13)$$

对间断面：
$$d\bar{\sigma} = \hat{D}_{ep}d\varepsilon + \hat{D}_{\eta}d\eta + dq \qquad (14)$$

如果作用的外载荷是充分小的,山地介质和间断面处于弹性阶段和硬化塑性阶段,按上述提法得到的增量解是唯一确定的,相应的应力和变形状态是稳定的平衡状态。随着载荷增加,介质或间断面进入软化塑性阶段。所得到的应力和变形状态可能是不稳定的平稳状态。

考察山地系统的一个平衡状态,它的变形和应力记为 $u, <u>, \varepsilon, \sigma, \bar{\sigma}$ 等,我们在这个状态上施加一组很小的不违背几何条件的虚位移 δu 和 $\delta <u>$,则

在 V 内：
$$Lt\delta u = \delta\varepsilon \qquad (15)$$

在 Γ 上：
$$\delta < u > = \delta u^+ - \delta u^- \qquad (16)$$

在 S_μ 上：
$$\delta\mu = 0 \qquad (17)$$

从而得到一个新的状态。如果外力所作的虚功不超过内能(包括贮存的弹性应变能和塑性耗散能)的增加,那么山地系统是稳定的。如果这个条件对某组虚位移不成立,那么超出的能量将转化为动能。这表明所考虑的平衡状态是不稳定的。由此可推导出能量形式的失稳准则为

$$\int \delta\varepsilon, \delta\sigma dv^+ \int \Gamma < u >^t \delta\bar{\sigma}d\Gamma < 0 \qquad (18)$$

式中, $\delta\varepsilon$ 和 $\delta\sigma$, $\delta<u>$ 和 $\delta\bar{\sigma}$ 之间的关系分别由本构方程式(13)和式(14)给出,因而山地系统的稳定性与增量的本构性质直接相关。例如,在无渗水情况,并且山地介质和间断面处于理想塑性或硬化塑性阶段,矩阵 D_{ep} 和 $\hat{D}_{ep}$ 是正定的,式(18)左端总为正值,所考虑的状态一定是稳定的平衡状态。因而介质和间断面具有应变软化和渗水软化特性是山地系统失稳的必要条件。

处理青藏高原山地系统的物理非稳定性问题的方法是将给定的载荷历史分成许多小的增量步,对每一个增量步求解一个非线性边值问题。对于出现应变软化和渗水软化之后的每一个增量步,使用失稳量准则式(18)判断山地系统的稳定性。一旦式(18)成立,表明已达到稳定性的临界载荷。通过对变形场的分析还可得到失稳时的破坏形式以及失稳的变形前兆。

2.3　山地系统碰撞

碰撞体撞击速度范围的根据是碰撞体在撞击中所出现的各种现象。在撞击体的撞击速度很低时,碰撞体只产生弹性变形,这是实验时经常遇到的低速范围。当撞击体的撞击速度达到某一极限值时,不是靶体就是碰撞体的接触应力达到压缩屈服应力。这时靶体或碰撞体或两者同时产生永久变形,这种变形经常是一种较为复杂的力学过程。首先研究弹性撞击的弹性应力和撞击速度的关系。

设一碰撞体以速度 v_n 垂直撞击靶体的某一平面。碰撞体的密度为 P_P，碰撞体上的弹性波速为

$$C_{op} = \sqrt{E_p/P_p} \tag{19}$$

式中，E_p 为碰撞体的杨氏模量；靶体中膨胀压缩弹性波的传播速度为

$$C_{Dt} = \sqrt{[\lambda_t + 2G_t]/P_t} \tag{20}$$

式中，λ_t 和 $G_t = E_t/[2(1+r_t)]$ 为靶体的拉梅常数，E_t 和 r_t 分别为靶体的杨氏模量和泊松比；P_t 为靶体的密度。在弹性撞击后，碰撞体和靶体之间的接触应力为 σ_c，相对速度为零。设碰撞体的头部由于接触应力 σ_c 的作用而引起的向左方后退速度为 v_1，靶体由于接触应力 σ_c 的作用而引起的向右方后退速度为 v_2。接触面的真空速度为

$$v_E - v_1 = v_2 \text{ 或 } v_E = v_1 + v_2 \tag{21}$$

根据碰撞时的动量冲量守恒定律，设在微小的碰撞时间 δ_t 内，撞击应力波在碰撞体内向左传播 δ_x，则有

$$\delta_c\delta_t = P_p\delta_x v_1 \tag{22}$$

碰撞体变形和靶体变形之间，在撞击过程中是密切相关的，显然不能单独考虑。但是，在一定条件下，人们还是可以略去靶体的变形，从碰撞体的变形估计碰撞体材料的动力屈服强度。泰勒理论的基本假定是单轴向的、不可压缩的并略去了侧向运动的惯性。碰撞体中，凡是塑性波前尚未到达的部分，是以速度 v_o 作为一个刚性向前运动的。

当碰撞体一端垂直撞击平整的刚性靶体时，碰撞体接触端的压应力迅速增长，应该达到弹性极限，同时有一个弹性压缩波以声速 $C_p = \sqrt{E_p/P_p}$ 向碰撞体尾部自由端传播。这个弹性压缩波的应力强度等于弹性压缩极限强度 σ_D。

碰撞体各点的运动速度应该是 v_1，它等于

$$v_1 = v_0 - \frac{\sigma_{rc}^D}{P_p C_p} \tag{23}$$

而在声波波面的前方，是无应力区。它还没有感觉到在接触面上有了撞击，所以这个区域的材料仍以原速度 v_o 向靶体运动。

因此要确立在各个地质时期内，弹塑性交界面的向前扩展速度 u 是时间的什么函数？最后的弹性部分有多长？塑性变形有多大？

$$\Delta t = \frac{2X}{C_p}, \quad \Delta h = u\Delta t, \quad \Delta x = -(v + u)\Delta t \tag{24}$$

连续方程为

$$A_0(u + v) = Au \tag{25}$$

动量冲量守恒方程为

$$P_pA_0(u + v)v = \sigma_{rc}^D(A - A_0) \tag{26}$$

碰撞体撞击后的形状尺寸表达式为

$$h = h_2 - L_e^{-\frac{1}{2}R}\left\{\Gamma\left[\frac{A}{A_o}\right] + e^{\frac{1}{2}} - \left[\frac{A}{A_o}\right]^{-\frac{1}{2}}e^{\frac{1}{2}\frac{A}{A_o}}\right\} \tag{27}$$

山地被动碰撞体(靶体)特性主要研究内容有:决定被动碰撞模式的各种假设、局部影响假定、块体运动假定、略去热效应的假定、厚度判据和碰撞体材料等。

如厚度判据为

$$n = \frac{C_t}{C_p}\frac{L}{h} \tag{28}$$

式中,C_t 为靶体中应力波传播速度,C_p 为碰撞体中应力波传播速度,L 为碰撞体长度,h 为靶板厚度。

如果用 h/D 表示,其中 D 为碰撞体直径,则有

$$n = \frac{C_t}{C_p}\frac{L/D}{h/D} \tag{29}$$

2.4 山地碰撞构造的侵入和俯冲

(1)弹塑性被动碰撞体变形理论

撞击变形有三种隆起和俯冲凹陷。对于半径为 R 的地壳层,在平面应力和轴对称条件下的总塑性应变能为 ε_p,其增量为

$$\mathrm{d}\varepsilon_p = \int_{\Gamma}(\sigma_r\mathrm{d}\varepsilon_r + \sigma_\theta \mathrm{d}V\varepsilon_\theta)\mathrm{d}\Gamma \tag{30}$$

式中,$\mathrm{d}\varepsilon_r$、$\mathrm{d}\varepsilon_\theta$ 为应变增量;r,θ 为径向环向坐标。积分域 Γ 为以 R 为半径的靶板域。得碰撞体变形的应变能为

$$\varepsilon_p = \frac{2\pi h}{\sqrt{1-v+v^2}}\int_o^R\left\{\frac{1}{8}E_p\left(\frac{\mathrm{d}\omega}{\mathrm{d}r}\right)^4 + \frac{1}{2}\sigma_{ro}\left(\frac{\mathrm{d}\omega}{\mathrm{d}r}\right)^4\right\}r\mathrm{d}r \tag{31}$$

这些应变能都来自地壳层被动碰撞体撞击时的动能 $\frac{1}{2}mv_0^2$,所以有 $\varepsilon_p = \frac{1}{2}mv_0^2$。

(2)山地动量守恒模式

这个模式认为碰撞体的动量为 mv。在撞击后,变成碰撞体 m 和挤凿下来的靶元 $\rho_t\pi R_p^2 h_t$ 的总动量 $(m + \rho_t\pi_p^2 h_t)v_f$。其中 v_f 为靶元挤凿下来后的速度,它也是碰撞体在击穿靶体后的速度。用动量守恒定律,有

$$mv_o = (m + \rho_t\pi R_p^2 h_t)v_f \tag{32}$$

$$v_f = \frac{L_0}{L_0 + h_t}v_0 \tag{33}$$

这就是碰撞体剩余速度 v_f 和靶体厚度 h_f 的关系式。

(3)山地流阻运动模式

在碰撞俯冲过程中,可以把凿离的碎块和剩留的碰撞体间的相对运动看作为流体的流

动。碰撞体头部每单位面积的流动动压力为 $\frac{1}{2}\rho_t v^2$，碰撞体头部的面积为 πR_p^2，于是碰撞体运动时的阻力为 $\frac{1}{2p}\pi R_p^2\rho_t v^2$，碰撞体运动方程为

$$m\frac{\mathrm{d}v}{\mathrm{d}t} = -\frac{1}{2}\pi R_p^2\rho_t v^2 \qquad (34)$$

(4)山地摩阻运动模式

假设当碰撞俯冲挤凿下来的靶块体对靶元的其余部分做相对运动时，其阻力主要来自剪切屈服应力 σ_{sy}。它的总和等于剪切屈服应力 σ_{sy} 乘凿离靶块和靶元的其余部分的瞬时接触面积 $2\pi R_p(h_x - x)$，其中 x 为碰撞体在撞击后向前运动的距离，所以总摩阻为

$$F = 2\pi R - P(h_t - x)\sigma_{sy} \qquad (35)$$

$$(m + \pi R_p^2 h_t \rho_t)\frac{\mathrm{d}v}{\mathrm{d}t} = -2\pi R_p(h_t - x)\delta_{sy} \qquad (36)$$

(5)山地碰撞构造体俯冲时的复合抗力函数模式

轴向运动的复合抗力 $F(x)$ 为

$$\begin{aligned} F(x) = {} & \pi\rho_1[r^2(x) - r^2(x-h)] + \pi\rho_1\int_{x-h}^{x} r(x)\left[\frac{\mathrm{d}r(x)^2}{\mathrm{d}x}\right]^2\mathrm{d}x \\ & + \frac{4\pi h_t\rho_t R_p^2 v^2}{3\left(R_p + \frac{1}{2}L_N\right)^2}x\left(L_N + \frac{1}{2}h - x\right) + \pi f\{p_1[J(x-h) - J(x)]\} \\ & + p_2[r^2(x) - r^2(x-h)] \end{aligned} \qquad (37)$$

设 L_p 为碰撞体整体总长度，当 $x \le 0, r(x) = 0$；当 $L_N \le x < L_p, r(x) = R_p$。

(6)山地变形碰撞体多阶段俯冲挤凿机理的塑性力学理论

其既适用于地壳薄层也适用于岩石圈，共分为三个阶段：即碰撞俯冲；俯冲拆沉，剪切刀力增加，裂离；俯冲停止，压缩也停止，剪应力起作用。

第一阶段：在碰撞体前方的靶板材料被压缩到破坏压缩应力 σ_{vc}，靶板材料一部分从碰撞体的运动中获得了能量。运动方程可以写为

$$F_1(t) = -\frac{1}{2}c_1\rho_t A_p v^2 - \sigma_{vc}A_p = \rho_t A_p v^2 + (C_m + \rho_t A_x)v\frac{\mathrm{d}v}{\mathrm{d}t}$$
$$(0 \le x \le h_t - h_1) \qquad (38)$$

式中，m 为碰撞体质量，A 为碰撞体截面积，h_t 为靶板厚度，h_1 为剩余的待击穿的厚度，C_1 为与碰撞体头形状有关的一个常数。

第二阶段：在这一阶段内，惯性力、压缩力和剪应力同时起作用。惯性力作用在俯冲凿块截面 A_q 上，在不少情况下，A_q 和碰撞体截面 A_p 相等。如果凿块的根部直径变化很大，则凿块的截面直径 D 可以假定是 X 的线性函数。在第一阶段传速时，发现力 $F_1(x)$，$F(x)$ 基本

上是连续的,其不连续性很小。压缩力 $\sigma_v A_q$ 在第二阶段传速时减小到零,其变化假定是抛物线形的。剪应力可以根据宾汉(Bing ham)型本构方程决定

$$\sigma_{rx} = \sigma_{YS}^D + \mu \frac{\partial v}{\partial r} = \sigma_{YS}^D + \mu \frac{v}{\Delta r} \qquad (39)$$

式中, Δr 是剪应力区的宽度,有时称为"径向余隙"; μ 是高速变形的材料特性,可以从实验来测定。第二阶段的运动方程式为

$$F_2(t) = -\frac{1}{2} C_1 \rho_t A_q v^2 - \left(\sigma_{YS}^D + \mu \frac{v}{\Delta r}\right) \pi D_2$$

$$\times [x - (h_t - h_1)] - \sigma_{vc} A_q \left\{1 - \left[\frac{x - (h_t - h_1)}{h_1^2}\right]^2\right\} \qquad (40)$$

$$q v^2 + (m_0 + \rho_t A_q x) v \frac{dv}{dt}$$

第一阶段传速时的有效质量为

$$m_{\varepsilon 1} = m_o + \rho_t A_1 (h_t - h_1) \qquad (41)$$

第二阶段历经的时间为

$$t = \int_{h_t - h_1}^{h_t} \frac{1}{v} dx \qquad (42)$$

第三阶段碰撞体和凿块的总质量为

$$m_{\varepsilon 2} = m_0 + \rho_o + \rho_t \overline{A} h_t \qquad (43)$$

式中, $m_{\varepsilon 2}$ 为常数,它运动时,只受面积 A_q^* 上的剪应力作用。第三阶段的运动方程为

$$m_{\varepsilon 2} \frac{d^2 x^*}{dt^2} = F_3(t) = -\sigma_{r2} A_2^* = -\left(\sigma_{YS}^D + \mu \frac{v}{\Delta r}\right) A_q^* \qquad (44)$$

(7)山地碰撞俯冲深度的经验公式:大陆碰撞俯冲的深度

所有的公式都有一定的限制,如材料、速度、几何形状和尺寸等限制。俯冲侵入深度 P 和轨道极限速度 v_n 常常是用碰撞体质量 m_p、靶厚 h_t、初始碰撞体速度 v_0 和半径 R_p 作为独立变量来表示的,即

$$P = r_1 m_p^{c1} v_o^{c2} \qquad (45)$$

$$v_n = r_2 m_p^{c_s} h_t^{c4} R_p^{c_s} \qquad (46)$$

式中, r_i 和 C_i 都是与材料和几何形状有关的常数。如果碰撞俯冲侵入阻力只和迎面的面积成正比,则侵入深度 P 可以写为

$$P/D = r_7 \rho_p v_o^2 + b_s \qquad (47)$$

式中, r_7 为经验常数, b_2 是用来考虑自由表面的影响的。

由上分析得出山地碰撞俯冲深度的经验公式为

$$F = A_N \left[P_{ct}(\Theta) + a_{11} \frac{\rho_1}{m_\rho} \left(\frac{1}{2} m v^2 - \frac{F_2}{3}\right) + a_{12} \frac{v}{2} \right] \qquad (48)$$

式中,P_{ct}为靶板的抗压强度,它是温度 Θ 的函数;A_N为嵌埋的碰撞体头部的基圆面积。

3　意义

以地球系统科学为研究思路,研究了青藏高原山地系统各圈层相互作用的统一构造动力模型、力学模型和数值模拟等。建立了青藏高原山地的系统动力学模型,主要研究内容有:高原山地系统碰撞隆升的分类和现象、山地主动碰撞构造体特性和山地被动碰撞体(靶体)特性等力学模型。该模型分析和推断了山地演变的历史与现状,探讨了青藏高原隆升的动力学过程,预测青藏高原山地系统的未来发展。

参考文献

[1]　毕思文.青藏高原山地系统动力学模型研究.山地学报,2001,19(3):193-200.

[2]　毕思文.全球变化与地球系统科学统一研究的最佳天然实验室——青藏高原[J].系统工程理论与实践,1997,17(4):72-77.

三维河流的动力学模型

1 背景

对于规则断面的水力学问题的处理比较容易,而天然河流断面形状很复杂,为了解决这种复杂水流的流场结构问题,最好是采用流体力学中的 3D 湍流计算模型[1,2],但是这种技术需要很强的计算机配置和复杂的紊流模型设计,而且具有高含沙水流的流体输送模型也并不成熟,还难以用于解决天然河流的实际问题,因此基于水力学和河流动力学成果来进行分析计算仍是比较可行的方法。在这方面已有一些成功的模型研究和应用实例[3-4]。程根伟[5]将综合运用河流水动力学的观测试验结果,用于解决受泥沙冲淤作用的河床演变问题。

2 公式

2.1 不规则河道断面的流速分布计算

一般水力学方法将河流水流作为总流进行处理,只能得到断面平均流速,不能得到断面上各点的流速分布。为了避免过于复杂的 3D 湍流计算模式,这里采用准三维的改进水力学方法进行处理,即将河道按断面和垂线划分成 n 个河段和 m 个部分过流面积,首先计算垂线 m 上的平均流速 U_m,再利用垂线上的流速分布公式计算断面各点的纵向流速,在存在河湾的河段还要计算当地的横向流速分量。

设从断面的一岸向另一岸布设垂线 $m = 1, 2, \cdots, M$,各垂线的水深为 H_m,这些垂线将断面划分为条带状部分过水面积,按总流的曼宁公式,断面平均流速为

$$U = \frac{\sqrt{J_o}}{N_o} R_o^{2/3} \tag{1}$$

式中,J_o, N_o, R_o 分别为河段比降、糙率和水力半径。根据相应的推导,在一定假定条件下,对于任意垂线 m 也有相应的垂线平均流速 U_m 公式(Depth-averaged Velocity Formula DVF,程根伟)[4]为

$$U_m = \frac{\sqrt{J_o}}{N_o} \bar{R}_o^{2/3} \tag{2}$$

式中,$\bar{R}_m$ 是等价的部分面积的水力半径,它可以从 $i = 1, \cdots, m$ 的部分过水面积的水力半径

R_m 和垂线水深来计算：

$$\bar{R}_m = R_m \left(\frac{5}{3} - \frac{2}{3} \frac{R_m}{H_m} \right) \tag{3}$$

式中，$R_m = A_m / X_m$ 为部分水力半径，是从岸边到指定垂线 m 的部分断面的面积 A_m 和湿周 X_m 之比，该式反映了河岸和河床对水流的影响。

垂线上的流速 U_z 可以适用于指数或对数分布律，在 Prandtl 混渗长度假设下，结合实验参数，可以得到对数垂线分布公式为

$$U_z = U_m \left[1 - 7.85 \frac{\sqrt{g}}{C} + 6.6 \frac{\sqrt{g}}{C} \times \left(\sqrt{\left(1 - \frac{z}{h}\right) \frac{z}{h}} + \arcsin \sqrt{\frac{z}{h}} \right) \right] \tag{4}$$

式中，C 为参数，g 为重力加速度，h 为水深，z 为自河床起的高度。

Prandtl 还建议对于紊流采用如下指数垂线流速分布公式：

$$U_z = U_{\max} \left(\frac{z}{h} \right)^{mo} \tag{5}$$

式中，$U_{\max}$ 是垂线上的最大流速（接近于水面流速）。当水流雷诺数 $R_e < 10^5$ 时，m_o 在 $1/6 \sim 1/7$。在多数情况下已知垂线的平均流速 U_m，可以将上式积分后改成如下形式：

$$U_z = U_m (1 + mo) \left(\frac{z}{h} \right)^{mo} \tag{6}$$

通过天然河流大量测验的对比分析后发现，相对于对数分布公式，指数分布公式与天然河流观测资料更为接近，而且形式简单，在近壁流区也能使用，故以下主要采用指数型的垂线分布公式计算纵向流速的分布。

2.2 弯曲河段流速计算

对于受河弯影响的水流，主流的轴线不对称，是一种非均匀流，弯道存在水面的横向超高和横向环流。在弯道离心力和横向比降的作用下，水面的水流偏向凹岸，底部流速偏向凸岸，整个断面形成螺旋流，水流的横向速度分量 V 与纵向流速 U、转弯半径 r 和所处的位置有关，其中横向二次流用雷诺方程描述为

$$V_r \frac{\partial V}{\partial r} + \frac{V_\theta}{r} \frac{\partial V_r}{\partial \theta} + V_z \frac{\partial V_z}{\partial z} - \frac{V_\theta^2}{r} = -gJ_r - \frac{1}{\rho} \frac{\partial \tau_r}{\rho z} \tag{7}$$

式中，r 为转弯半径，θ 为沿水流方向的矢径夹角；V_θ 和 V_r 分别为沿这两个方向的速度分量；τ_r 为横向切应力；g，ρ 为重力加速度和水比重；J_r 为横向比降。对于各变量与 θ 无关的轴对称水流，$dV_r / d\theta = 0$，再做一些简化之后得到计算横向流速分布的公式[6]为

$$V_r = 86.7 \frac{U_m \cdot h_m}{r_m} \left[\left(1 + 5.75 \frac{g}{C^2} \right) \eta^{1.857} - 0.88 \eta^{2.14} \right.$$

$$\left. + \left(0.0344 - 12.5 \frac{g}{C^2} \right) \eta^{1.857} + 4.72 \frac{g}{C^2} - 0.88 \right]$$

或
$$V_r = U_m \frac{h_m \cdot B_m^2}{3g \cdot r}\left[1 - 0.067\frac{B_m}{C}\right] \times \left[(2\eta - \eta^2) - \frac{8}{15}\right]$$

（波达波夫公式）　　　　　　　　　　（9）

式中，$B_m = 22 \sim 25$ 为巴森系数，η 为相对水深，r 为曲率半径，C 为谢才系数，U_m 为垂线纵向平均流速。

以上公式中的纵向平均流速 U_m 与主流（动力轴线水流）的流速 U_{max} 的水力半径 R_m、弯曲半径 r_m 以及当地参数有关。按计及水流阻力的流束动力方程推证，同一断面在垂线 i 的流速 U_i 满足以下公式：

$$U_i = U_{max}\left[\frac{R_i}{R_m}\right]^{2/3}\sqrt{\frac{r_m}{r_i}}$$　　　　　　　　　　（10）

式中，R_m, r_m, U_m 分别为主流的水力半径、曲率半径和流速。

$$\frac{\partial Q}{\partial x} + B\frac{\partial Z}{\partial t} = 0$$　　　　　　　　　　（11）

$$\frac{\partial Q}{\partial t} + \frac{\partial}{\partial x}\left[\frac{Q^2}{A}\right] + gA\frac{\partial Z}{\partial x} + gA\frac{Q|Q|}{K^2} = 0$$　　　　　　　　　　（12）

式中，Q 为断面流量，A 为过流面积，Z 为水位，K 为模比系数。

2.3　河流水位计算

从一维水流的动力方程和连续性方程，可以得到主流的动力方程为

$$\frac{\partial Z}{\partial x} = \frac{n^2 Q^2}{A^2 R^{4/3}} - \frac{Q^2}{A^3 g}\frac{\partial A}{\partial x}$$　　　　　　　　　　（13）

该式反映了河段水面比降随断面形态和流量的变化。将上式写成差分形式，即可得到河段控制断面 n 的水位计算公式为

$$Z_{n+1} = Z_n + \frac{\overline{Q}^2}{g\,\overline{A}^3}(A_n - A_{n-1}) + \frac{n^2\Delta x}{\overline{A}^2 \overline{R}^{4/3}}\overline{Q}^2$$　　　　　　　　　　（14）

该式代表了过流面积变化对比降（水位）的影响，可以用于水面曲线的计算。

2.4　水流的悬沙挟沙能力

水流的含沙量受来水来沙情况和河段水力边界条件影响，泥沙在水流输送过程中是个变化因素。不但水中泥沙的含量在沿程有增减，泥沙的粒径组成也会发生变化。决定河段水流含沙量最重要的参数是水流挟沙能力 S^*。当实际水流的含沙量 $S<S^*$ 时会发生河床冲刷，水流的含沙量就沿程增加；而在 $S>S^*$ 时的情况就相反，水中的粗沙将沿程沉积，水中的含沙量逐渐减少。虽然水流的含沙量 S 并不总是等于 S^*，但是从整个河流来看，S 是向 S^* 回归的。

挟沙能力 S^* 是个反映水流紊动强度与泥沙重力的综合参数，它与水流速度、泥沙粒径

等参数有关,对于低含沙水流的公式为

$$S^* = K \left[\frac{U^3}{ghw_o} \right]^p \qquad (15)$$

式中,K,p 为经验指数;w_o 为某一粒径的泥沙在静水中的沉速,反映重力作用,可用以下公式计算:

$$w_o = 1.72 \sqrt{\frac{\rho_s - \rho}{\rho} gd} \qquad (16)$$

对于高含沙水流,泥沙可发生群体沉积效应,其中的清水也可随沙下降,根据黄河委员会和其他一些单位试验成果,高含沙水流中的泥沙沉速可以用水中含沙量的体积比参数 S_v 作修正[6]:

$$w_s = w_o \left[\left(1 - \frac{s_v}{2.25\sqrt{d_{50}}} \right)^{3.5} (1 - 1.25 S_v) \right] \qquad (17)$$

同样对于高含沙水流,悬沙容量也与低含沙水流计算有差别。根据许念曾的推导得

$$S^* = 2.5 \left[\frac{(0.0022 + S_v)}{k \frac{\rho_s - \rho}{\rho_m} ghw_s} \ln\left(\frac{h}{6d_{50}} \right) \right]^{0.62} \qquad (18)$$

上式可以用于高含沙紊流的全悬移质挟沙能力计算,其中的 ρ_m 是浑水比重,k 为卡门常数,但是随含沙量有变化,可以用下面公式计算:

$$k = 0.4 - 1.68 \times (0.365 - S_v) \times S_v^{0.5} \qquad (19)$$

2.5 悬沙含量的变化与沉积

断面平均含沙量 S_{cp} 在垂线上是不均匀的,下部泥沙含量高于上层。在准平衡状态下,泥沙的重力与水流的紊动能量平衡,对于相对水深 η,结合水流的垂向流速分布公式得到含沙量的垂向分布公式为

$$S = \frac{7}{8N} S_{cp} \cdot \exp\left[0.0931 \frac{w}{K_a^+} \mathrm{arctg} \sqrt{1/\eta - 1} \right] \qquad (20)$$

式中,

$$N_0 = \int_0^1 \eta^{1/7} \exp\left(0.0931 \frac{w}{K_u^+} \mathrm{arctg} \sqrt{1/\eta - 1} \right) d\eta \qquad (21)$$

式中,K_u 为参数。

沿河流的流程上,水流与河床发生泥沙交换。当 $S < S^*$ 时,河床发生冲刷,悬沙量得到补充;而 $S > S^*$ 时,水中的泥沙沉积到河床上。泥沙的冲刷或沉积是个动态的过程,对于长为 L 的河段,若进口处含沙量为 S_0,挟沙能力为 S_0^*,出口断面的挟沙能力为 S^*,则经河段冲淤之后,出口处的含沙量变为

$$S = S^* - (S_0 - S^*) \exp(-awL/q) + (S_0^* - S^*)[1 - \exp(-awL/q)]/2L \qquad (22)$$

式中,w,q 为泥沙沉速和单宽流量;α 为 0.25(淤)~1.0(冲),为反映冲淤速率的参数。由于 S^*,S_0^* 都是流速的高次函数,因此除了恒定流外,含沙量一般不会达到 S^*,但总是向 S^* 回归的。由于悬沙含量变化补充河床或推移质的泥沙通量为

$$q_s = \frac{qw}{\gamma_s}(S - S^*) \tag{23}$$

式中,a 为泥沙容量饱和系数,γ_s 为干容重,$q_s > 0$ 为淤积,$q_s < 0$ 为冲刷。

2.6 河床冲刷与推移质运动

河床抗水流冲蚀性主要由组成河床的泥沙粒径和黏结程度决定。对于粗颗粒泥沙,抗冲蚀能力取决于沙粒的重力稳定性,而对于极细的泥沙,沙粒之间的黏合力起主要作用。为了便于综合,采用使河床质发生起动时的临界垂线平均流速来代表河床抗冲能力 U_c。国内使用较多的是张瑞瑾公式[7]:

$$U_c = \left(\frac{h}{d}\right)^{0.14}\left[17.6\frac{\rho_s\rho}{\rho}d + 6.05 \times \frac{10 + h}{d^{0.72}}10^{-7}\right]^{0.5} \tag{24}$$

当粒径 $d > 1$ mm 时,抗冲流速 U_c 由上式的前一项(重力项)决定;当 $d < 0.01$ mm 时,第二项(黏性项)起主导作用。当 0.01 mm $< d <$ 1.0 mm 时,重力和黏性都有明显的作用。

当存在非均匀泥沙时,不但沙粒本身的重力和黏性起作用,而且还存在粗沙粒对细粒的阻挡和遮蔽作用以及细粒对粗沙的包围填充密实作用。它们都可以对河床的抗冲能力有贡献。根据秦荣昱和王崇浩的研究,综合各项因素后的非均匀床沙的可动粒径为[8]

$$D_v = \frac{\rho}{0.618(\rho_s - \rho)}U^2\left(\frac{D_{90}}{h}\right)^{1/3} - 2.5M \cdot D_m \tag{25}$$

式中,D_m、D_{90} 为平均粒径和占 90% 小于等于该数值的粒径;M 为床沙密实系数,由下式计算:

$$M = 0.75 - 0.65\left[1 + \frac{D_{60}}{D_{10}}\right]^{-1} \tag{26}$$

式中,D_{60}、D_{10} 分别为占 60% 和 10% 的比例小于等于该数值的粒径。

由上式解得不均匀床沙的抗冲流速为

$$U_c = 0.786\sqrt{\frac{\rho_s - \rho}{v}g(2.5M \cdot D_m + D_0)}\left(\frac{h}{D_{90}}\right)^{1/6} \tag{27}$$

当 $U_m < U_c$ 时,河床不被冲刷;而当 $U_m > U_c$ 时,河床可能发生冲刷,其中的河床质受水流冲刷起动后,粗粒径部分成为推移质,细沙部分可转化为悬移质,其中可悬浮部分由临界粒径 D_s 标志,它是等价沉速 w_s 的函数,可由前式的反函数计算,而可悬浮部分的泥沙沉速为

$$w_s = \frac{U}{K_d}\left[\frac{D_{60}}{H}\right]^{1/6} \tag{28}$$

式中,D_{65} 为床沙中占 65% 或更细的粒径,代表床面糙度;而 K_d 是粒径 D_s 的函数。若 D_s 以

mm 计,则

$$K_d = 3.5/D_s - 3.0 \tag{29}$$

以上确定 D_s 需要试算。根据上面各式,在一定水力条件 (U,h) 下,可以确定床沙可动部分的粒径 D_o 和可悬浮粒径 D_s。

若 $D_{min} > D_o$,定床,不冲刷;

$D_{max} < D_o$,动床,河床质整体起动;

$D_{min} < D_o < D_{max}$,半动床,其中 $D_i < D_o$ 的部分床沙启动;

又若 $D_{min} < D_o < D_s$,$D_o \sim D_{min}$ 的部分泥沙悬浮;

$D_{max} > D_o > D_s$,$D_s \sim D_{min}$ 的部分泥沙悬浮。

根据以上各式来判别河床的冲刷状态以及确定推移质和悬移质的分界标准。

对于推移质,其运动速度计算式为

$$U_s = 3.3 \times 10^{-2} k \left[\frac{\rho_s - \rho}{\rho} (U - U_c) \left(\frac{U}{U_c} \right)^2 F_r^3 \left(\frac{h}{D_0} \right)^{0.5} \right] \tag{30}$$

单宽河床输沙率 $q [\, \text{kg}/(\text{s} \cdot \text{m})\,]$ 为

$$q = \rho_s K_o (P_o - P_s) h \cdot U \left(\frac{U}{U_c} \right)^3 \left(\frac{D_0}{h} \right)^{1/6} \tag{31}$$

式中,U_c,D_o 的定义同前;P_o,P_s 分别为可动和可悬浮床沙百分比;$K_o = (1.13 \sim 1.51) \times 10^{-4}$。

推移质的可移动量与河底流速 U_d 有关。应用指数垂线流速分布公式,取最大粒径的 2 倍作为近床边界来计算河底流速。当推移质厚度增大时,推移速度会变缓,在一定水力条件下,河床能够输送的推移质最大厚度是有限的,超过这个厚度将发生推移体停滞,这个最大推移厚度由下式计算:

$$Z_m = 0.002 k \cdot D_{max} \left(\frac{D_{max}}{h} \right)^{0.65} \left(\frac{U_d}{U_c} \right)^3 \tag{32}$$

当床沙推移层厚度 ΔZ 超过 Z_m 时,河床停止冲刷而出现淤积。

2.7 冲淤对床沙组成的影响

通过对河床冲刷和沉积速率的计算可以得到河床床面的变化,这是河流形态调整的主要形式。但是经过河床冲淤之后,河床质的组成结构也同时发生变化,悬沙淤积过程导致床沙发生细化,而河床冲刷作用会使床沙粗化。

记某一粒径 $D(k)$ 的床沙含量为 $P_d(k)$,水流中的悬沙含量为 $P_t(k)$,$\sum P_d(k) = 1$,$\sum P_t(k) = 1$。在河流冲淤影响下,河床质组成 $P_d(k)$ 会随时变化,冲刷的相对速率 $A(k)$ 为

$$A(k) = a \Delta t [U - U_c(k)] / U_c(k) \tag{33}$$

淤积的相对速率 $B(k)$ 为

$$B(k) = w(k) \Delta t (S - S^*) / \gamma_s \tag{34}$$

式中,γ_s 为泥沙干容重。经推导,经冲淤后新床沙的第 k 组分的含量将变化为

$$P_d(k) = \frac{[1 - A(k) \cdot P_d(k) + P_t(k) \cdot B(k)]}{1 + \sum P_t(k) \cdot B(k) - \sum P_d(k) \cdot A(k)} \quad (35)$$

以上计算可以在每个时段对每一条垂线位置进行,从而得到河床各处的床沙质级配变化动态过程。

3　意义

在管道水力学和河流动力学研究的基础上,对不规则河流形态下的纵向流速分布和弯道水流进行了讨论,并分析了任意断面和垂线位置的流场计算公式。在综合各种泥沙动力学研究成果基础之上,探讨了在天然河流中的悬移质输沙能力与沉积条件,分析了河床质起动的控制性因素及推移质输沙方程,提出了受冲淤影响的河床质粒径组成和动态递推公式。结合这些流场与泥沙计算方法及河床形态调整技术,提出一个准三维河流动力学模型。该模型是对有关河流演变理论和实验成果的综合应用,为研究山区高含沙水流下的河床变形以及洪水演进提供了强有力的工具。

参考文献

[1] Yu Liren. New depth_averaged two_equation (k_w) turbent closure model and its application to numerical simulation for a river[J]. J. of Hydrodyn. ,3(2) ,1991.

[2] 华祖林. 拟合曲线生标下弯曲河段水流三维数字模型[J].水利学报,2000,(1):1-8.

[3] 钟祥浩,何毓成,刘淑珍. 长江中上游江岸带防护林建设研究[M]. 成都:成都科技大学出版社,1998. 55-78.

[4] 程根伟,钟祥浩,何毓成. 江岸林带的水力学效应及流速分布模拟[A]. 第十届全国水动力学术会议文集[C]. 北京:海洋出版社,1996. 377-382.

[5] 程根伟. 山区河流准三维水沙输运与河床演变模拟. 山地学报,2001,19(3):207-212.

[6] 许念曾. 河道动力学[M]. 北京:中国建材出版社,1994. 287.

[7] 成都科技大学水力学教研室. 水力学(上)[M]. 北京:人民教育出版社,1979. 137.

[8] 秦荣昱,王崇浩. 河流推移质运动理论及应用[M]. 北京:中国铁道出版社,1996. 289.

显式动力学的计算

1 背景

青藏高原山地系统地壳巨厚,约为正常地壳厚度的两倍,由于第四纪以来高原的急剧隆升而成为全球构造研究的热点。根据山地系统岩石圈运动的主要因素——构造带和断裂带[1-2],毕思文[1]将青藏高原山地系统的地壳演变简化成一个平面问题和一个典型剖面问题的力学模型,应用变形体模拟构造带,采用摩擦模型模拟断裂带,并根据周边位移情况给出边界条件。

2 公式

相对于隐式方程而言,显式方程的优点之一是它处理复杂的接触问题很方便。优点之二是求解花费的时间在显式程序中与问题的自由度成正比;而在应用波前求解器的隐式程序中,求解所花的时间与波前的平方成正比,求解时间随着问题的规模会迅速扩大。

当问题规模比较大时,显式求解更体现出其优越性。下面是显式动力学方法的运算法则,对每一个结点的自由度进行计算。

(1)动力平衡方程为

$$\ddot{u}_t = M^{-1}(P_{(t)} - I_{(t)}) \tag{1}$$

(2)对时间显式积分,利用对时间中心差分计算速度和位移:

$$\dot{u}_{\left(t+\frac{\Delta t}{2}\right)} = \dot{u}_{\left(t+\frac{\Delta t}{2}\right)} + \frac{(\Delta t_{t+\frac{\Delta t}{2}} + \Delta t_{(t)})}{2} \ddot{u}_{(t)} \tag{2}$$

$$u_{(t+\Delta t)} = u|_{(t)} + \Delta t|_{(t+\Delta t)} \dot{u}_{\left(t+\frac{\Delta t}{2}\right)} \tag{3}$$

(3)单元的计算。

根据应变速率 $\dot{\varepsilon}$,计算单元应变增量 $d\varepsilon$。根据本构关系计算应力

$$\sigma_{(t+\Delta t)} = f[\sigma(t), d\varepsilon] \tag{4}$$

和汇聚结点内力 $I_{(t+\Delta t)}$。

(4)设置 $t+\Delta t$ 为 t,回到步骤(1)。

采用三结点三角形单元。为了适应各种几何形状的需要,ABAQUS 采用等参单元。

关于时间增量,在此使用的 ABAQUS/Explicit 采用中心差分法。这个方法是条件稳定

的,稳定极限通过系统的最小特征值来表达：

$$\Delta t \leqslant \frac{2}{\omega_{\max}} \tag{5}$$

式中,$\omega_{\max}$为最高单元频率。

ABAQUS/Explicit 完全自动地设定时间增量。通过一种算法来保守地估计最高单元频率。一种近似的稳定极限通常写为膨胀波跨越所有单元的最短时间。

$$\Delta t \leqslant \frac{L_{\min}}{c_d} \tag{6}$$

式中,$L_{\min}$是网格中最小单元尺寸,而c_d为膨胀波速度,其表达式为

$$c_d = \sqrt{\frac{\lambda + 2\mu}{\rho}} \tag{7}$$

式中,ρ为材料密度;λ,μ为拉梅常数。用杨氏模量E和泊松比v来表示波速为

$$c_d = \sqrt{\frac{E}{\rho} \cdot \frac{2-3}{(1-3v)(1-v^2)}} \tag{8}$$

代回,可以得到相关的时间步长。

3 意义

应用 ABAQUS 有限元分析软件和位移加载,变成了青藏高原山地系统岩石圈应力—位移场的数值模拟分析,公式右侧建立了青藏高原岩石圈的应力位移模型,给出了应力和位移的分布规律,由此分析和推断了青藏高原山地系统地壳运动演变的历史和现状。这还需要进一步考虑岩石的弹塑性和黏性本构关系,来展示岩石圈的未来运动方向、过程及时间段。

参考文献

[1] 毕思文. 青藏高原山地系统动力学数值模拟研究. 山地学报,2001,19(4):289-298.
[2] 滕吉文,等. 青藏高原整体隆升与地壳缩短增厚的物理—力学机制研究(上)[J],高校地质学报,1996(2):121-133.

生态旅游资源的评价模型

1 背景

川西山地位于青藏高原东南缘,属长江源头地区。金沙江、雅砻江、大渡河、岷江等江河均流经或发源于该区[1-2]。这里旅游资源异常丰富,既有誉为"童话世界"的九寨沟、"瑶池仙境"的黄龙与现代"冰川公园"的海螺沟等世界级和国家级的风景名胜区,又有具有历史意义的泸定桥、安顺场等革命圣地,还有主要生活在这里被誉为"国宝"的大熊猫。鄢和琳[1]对川西山地生态旅游资源及其开发规划进行了研究,旨在适应国家西部大开发的战略,将川西山区开发成为国际级的生态旅游区,以旅游促开发,以旅游促生态环境建设,以旅游带动经济发展。

川西旅游资源的开发和利用既要看到其有利条件,又要关注在开发和利用中存在的问题。这要求须使用恰当的方法对生态旅游资源进行评价。

2 公式

(1)评价指标和标准。

其基本方法为:选取旅游资源质量、景观规模、自然环境容量三个方面作为评价因子,多个指标作为具体评价指标,分别确定权重。其评价标准分为 A、B、C、D 四个等级,以满分取 100 分,每 20 分为一个级差,划分五级。

(2)相对级别的确定。

选取重要的景观资源进行评价,由参加过该地区景观调查并十分熟悉该景区的专家,对多个评价因子进行打分,最后获得总分。在此基础上确定级别。计算公式为

$$A = \sum_{j=1}^{3} C_j \cdot \sum_{i=1}^{n} X_i \cdot F_i$$

式中,A 为景观得分,X_i 为 i 项评价指标得分,F_i 为 i 项评价指标权重,C_j 为评价因子权重,n 为 j 项评价因子的指标数,j 为评价因子数($j=3$)。

采用专家评分后,求平均分,根据分值确定级别。100~80 分为一级;80~60 分为二级;60~40 分为三级;<40 分为四级。

（3）绝对级别的确定。

所评价的景观资源要与国外的资源进行比较,需把景区内的相对级别转化为能与外部比较的绝对级别,也称作"国际接轨"。虽然绝对级别的确定是定性的,但往往能起到综合评判和宏观控制的作用。

山地生态旅游环境容量计算

游线容量计算公式为

$$C_0 = L/L_0, \quad C_1 = C_0 \times t/t_0, \quad C_n = C_1 \times D$$

式中,C_0,C_1,C_2 分别代表瞬时容量,日容量,年容量;L 为游线长度(m);L_0 为人均占有游线长度(m/人);t 为旅游区日均开放时间(h/d);t_0 为人均游览时间(h/人);D 为全年可游天数(d)。

面积容量计算公式为

$$T_0 = S/S_0, T_1 = T_0 \times t/t_0, T_n = T_1 \times D$$

式中,T_0 为瞬时容量或日容量;T_n 为年容量;S 为旅游点面积(m^2);S_0 为人均基本占地面积(m^2/人);t,t_0,D 的含义同前。

水域容量计算,水域瞬时旅游容量按实有船只最高载人量计算,日容量和年容量的计算与上面相同。

3 意义

从生态经济学角度,剖析了川西山地发展生态旅游的基础条件,提出了开发山地生态旅游的基本要素及其合理配置构架,其中包括本底调查、规划、项目和线路设计、设施建设、环境容量控制、宣传教育、社区经济发展等。于是,建立了生态旅游资源的评价模型。借助于生态旅游资源的评价模型,积极发展生态经济学的旅游,在发展该区生态旅游中,鼓励当地居民的积极参与来推进山地生态建设以及促进山地生态经济发展。

参考文献

[1] 鄢和琳. 川西山地生态旅游资源评价及开发规划设计. 山地学报,2001,19(4):368-371.

[2] 鄢和琳. 生态旅游开发的动力学模型及其应用[J]. 西南师范大学学报(自然科学报),2000,25(2).

退耕后的粮食安全指数计算

1 背景

1998 年长江流域发生了特大洪灾,其直接原因是气候异常、降雨集中,但长江上游的水土流失是引发和加剧洪涝灾害的重要原因[1,2]。冯仁国等[1]以退耕还林还草重点试点区域之一的"三峡库区"作为研究区域,探讨该地区坡耕地退耕后粮食安全隐患形成的原因,同时利用 GIS 技术对三峡库区的耕地、退耕坡地以及交通便利条件等对粮食供求关系空间分异的影响进行分析,并划分不同的粮食安全水平区。

2 公式

(1)坡耕地分布的空间分异及其测度

首先,利用 DEM 数据生成三峡库区土地的坡度数据,并从土地利用图中查出耕地数据,然后,将这两者进行交叉查询便得到大于 25° 耕地数据。由于这些坡耕地数据描述的仅仅是单个地块在空间上的分布,还不足以从统计意义上描述其在空间的集中程度,因此设计了一个指数指标,即坡耕地分布系数。其含义是单位土地面积上坡耕地所占的比重,其公式为

$$u_i = \frac{\sum\limits_{k=1}^{n}(s_k \times q_k \times h_k)}{\sum\limits_{k=1}^{n} s_k} \times 100 \qquad (k=1,2,\ldots,n) \tag{1}$$

式中,u_i 为坡耕地分布指数;s_k 为模拟分析范围(第 i 耕地单元的邻域)内第 k 块土地单元面积;q_k 为耕地生产力水平指数;h_k 为坡耕地识别参数,陡坡地 h_k 为 1,其他类型用地 h_k 为 0。

(2)库区未退耕耕地分布的空间差异及其测度

从现状耕地数据中减去大于 25° 的坡耕地,便得到未退耕耕地。利用以下公式计算未退耕耕地的分布指数计算:

$$v_i = \frac{\sum\limits_{k=1}^{n}(s_k \times q_k \times h_k^1)}{\sum\limits_{k=1}^{n} s_k} \times 100 \qquad (k=1,2,\ldots,n) \tag{2}$$

式中,v_i 为未退耕耕地分布指数;h_k^1 为耕地识别参数,未退耕耕地 h_k^1 值为 1,其他土地 h_k^1 值为 0。

(3)三峡库区粮食安全保障的交通便利度分析

影响粮食保障的交通便利度的因素,一方面是受交通线分布状况的影响;另一方面,三峡库区由于山高坡陡,许多区域并没有等级道路分布。因此,地形状况也是影响交通便利度的重要因素。于是建立了交通便利度指数指标,由下式计算:

$$T_i = \sum_{j=1}^{r} (w_j - u_j) \times 100 \tag{3}$$

式中,T_i 为第 i 土地单元的交通便利度,r 为影响交通便利度的因素个数,w_j 为权重值,u_j 为对第 j 因素的评价的模糊隶属度函数。

u_j 由基于 GIS 地图代数运算的模糊综合评判模型计算,公式为

$$u(x) = \begin{cases} \exp\left[-\left(\dfrac{x-a+b}{\lambda_1}\right)^2\right] & \text{当 } x \leqslant a-b \text{ 时} \\ 1 & \text{当 } a-b < x < a+b \text{ 时} \\ \exp\left[-\left(\dfrac{x-a+b}{\lambda_2}\right)^2\right] & \text{当 } x \geqslant a-b \text{ 时} \end{cases} \tag{4}$$

式中,$\lambda_1 = \dfrac{(c-a+b)}{\sqrt{\ln 2}}$;$\lambda_2 = \dfrac{(d-a+b)}{\sqrt{\ln 2}}$;$a,b,c,d$ 是四个参数,这些参数决定了隶属度函数的形状。a,b,c,d 的意义为:当 $x = (a-b) \sim (a+b)$ 范围内时,x 具有最大隶属 1;当 $x \leqslant (a-b)$ 或 $x \geqslant (a+b)$ 时,按以上公式中的指数函数取值。当 $x = c$ 或 $x = d$ 时,x 的隶属度为 0.5。

利用加权和模型求出交通便利度的综合指标,T_i 值介于 1~100。T_i 值为 100 表示交通状况在本地区最好;当 T_i 值为 0 时,表示交通状况最差。

(4)三峡库区坡耕地退耕后粮食安全指数及其模拟

为了量化粮食的安全水平,提出一个粮食安全指数值,安全指数值越高,则粮食安全状况越好;安全指数低,则粮食安全状况就差。粮食安全指数值取决于 u_i,v_i,j 三个指数的配合状况。要注意的是 u_i,v_i,T_i 三个数值的大小与粮食安全水平值大小的关系不一样。v_i,T_i 两个数值与安全指数值呈正向变化关系,v_i,T_i 数值越高,则粮食安全状况就越好。而 u_i 数值与安全指数呈负向关系,u_i 数值越高,则粮食安全指数值越低。

为了使指标意义更为直观,用 u_i^1 代替 u_i。u_i^1 由下面的公式计算得到:

$$u_i^1 = \left[1 - \frac{u_i}{\text{MAX}(u)}\right] \times 100 \tag{5}$$

式中,$\text{MAX}(u)$ 是整个三峡库区范围内 u_i 的最大值。

设粮食安全指数为 A,则公式为

$$A_i = w_u u_i^1 + w_v v + w_T T_i \tag{6}$$

式中,A_i 为第 i 分析单元的粮食安全指数。

3　意义

坡耕地退耕还林还草作为生态环境建设的一项重要措施,已在全国逐步开展。坡耕地退耕使耕地数量减少,并影响到退耕地区粮食产量,尤其在坡耕地分布集中、交通不便地区的尤为突出。利用 GIS 技术对三峡库区坡耕地的空间分布进行了分析,探讨了三峡库区坡耕地退耕后粮食安全隐患产生的原因,初步揭示了粮食供需矛盾的空间差异,并结合交通便利状况,计算出相应的粮食安全指数,划分了粮食安全区、警戒区、危机区三种不同类型的区域。

参考文献

[1]　冯仁国,王黎明,杨燕风. 三峡库区坡耕地退耕与粮食安全的空间分异. 山地学报,2001,19(4):306–311.

[2]　史德明. 长江流域水土流失与洪涝灾害关系剖析[J]. 土壤侵蚀与水土保持学报,1999,5(1):1–7.

晋祠泉流量的模拟

1　背景

晋祠泉是三晋名泉,由于长期过量地开采岩溶地下水,导致区域性地下水位大幅度下降,泉流量持续衰减。直到 1994 年 4 月出现断流。晋祠泉断流是一个标志性事件,它反映了泉域内地下水资源的可持续性已经遭到严重破坏。研究首先简要介绍晋祠泉的自然概况;然后应用人工神经网络技术模拟晋祠泉流量与降水量、汾河渗漏量、矿坑疏水量及人工开采量之间的关系[1];其后预测了在万家寨引黄工程完工后,晋祠泉流量在不同调控方案下的变化态势,并给出了大致出流时间。

2　公式

(1)人工神经网络

"反向传播"模型是 PDP 小组在 1985 年提出的一种神经元模型,简称 BP 模型。它是一种多层感知器结构,除输入层和输出层外,还可含有多个中间隐蔽层。BP 神经网络的基本原理、结构、计算步骤可见文献[2],在此不再赘述。在此应该指出的是:常规的 BP 网络模型通常存在诸如收敛速度慢、局部极值、在学习过程中发生数值震荡等缺陷。为此使用一种改进的 BP 算法——自适应变步长学习算法,其具体迭代过程为

$$W_{ij}(k+1) = W_{ij}(k) + \Delta W_{ij}(k)$$

$$W_{ij}(k) = -\eta(k) \frac{\partial E}{\partial W_{ij}(k)} + a\Delta W_{ij}(k)$$

$$\eta(k) = \eta(k-1) + \varepsilon\lambda\eta(k-1)$$

$$\lambda = sign\left[\frac{\partial E}{\partial W_{ij}(k)} \cdot \frac{\partial E}{\partial W_{ij}(k-1)} \right]$$

式中,W_{ij} 为权重,k 为迭代步数,λ 为迭代因子,E 为误差矢量,η 为动量因子。该种学习算法的实质是当连续两次迭代其梯度方向相同时,表明下降太慢,这时可适当加大步长;当连续两次迭代其梯度方向相反时,表明下降过头,这时可适当减少步长。

(2)晋祠泉流量模拟

通过分析晋祠泉域内的多年泉流量、降水量、汾河渗漏量、人工开采量及矿坑排水量资

料(限于篇幅,上述诸量的具体数值略)并结合现代统计理论可知,晋祠泉流量与当年及前一年降水量、汾河渗漏量存在着明显的正相关关系,而与人工开采量、矿坑排水量之间存在着明显的负相关关系。将上述诸量带入到改进的人工神经网络模型,即可求出各时段的泉流量模拟值。

将模拟值与实测值进行比较,求出拟合误差;此时的拟合误差序列可以近似为一个零均值平稳时间序列,可以应用 $APMA(p,q)$ 模型模拟,通过分析截尾性质,采用的模型为 $APMA(2,1)$,则泉流量的组合模拟方程为

$$Q_{泉流量} = Q_{神经网络} + APMA(2,1) \tag{1}$$

将各量带入到组合模拟方程(1),求出泉流量的模拟值。

(3)降水量预报及其保证率

晋祠泉域内降水量根据1954—1993年共40年的实测资料,采用皮尔逊(Pearson)Ⅲ型概率密度曲线来描述降水量的保证率,即

$$Y = \frac{\beta^q}{\Gamma(\alpha)}(X - \alpha_o)^{\alpha-1} e^{-\beta(X-\alpha_o)}$$

$$\alpha_o = X\left(1 - \frac{2G_v}{C_s}\right); \alpha = \frac{4}{C_s^2};$$

$$\beta = \frac{2}{XC_vC_s}; X = \frac{1}{n}\sum_{i=1}^{n} X_n$$

式中,Y 为随机变量 X 的概率密度函数;$\Gamma(\alpha)$ 为 α 的 Γ 函数;α 为偏态参数;β 为离散度参数;C_s 为偏态系数;C_v 为偏差系数。根据皮尔逊(Pearson)Ⅲ型概率密度曲线计算的历史降水量保证率见表1。

表1 降水量保证率(1954—1993年)

保证率(%)	5	10	20	50	75	90	95
降水量(mm)	628.18	576.20	519.88	427.57	355.25	303.26	272.93

在此降水量预报采用频谱分析法,即

$$V_t = A_o + \sum_{i=1}^{k}[A_i\cos(2\pi it/n) + B_i\sin(2\pi it/n)] \tag{2}$$

式(2)中,

$$A_0 = \frac{1}{n}\sum_{t=1}^{n} X(t)$$

$$A_i = \frac{2}{n}\sum_{i=1}^{k} X(t)\cos[2\pi i(t-1)/n]$$

$$B_i = \frac{2}{n}\sum_{i=1}^{k} X(t)\sin[2\pi i(t-1)/n]$$

上述诸式中,X_1 为降水量实测值;n 为降水量系列资料长度;K 为谐波数,当 n 为偶数时,$K=n/2$,当 n 为奇数时,$K=(n-1)/2$;t 为预报时段;V_t 为第 t 时段降水量预报值(表2)。

表2　降水量预报值

年份	2000	2002	2004	2006	2008	2010
降水量(mm)	228.26	557.04	399.16	407.86	371.73	414.37

3　意义

由于岩溶地下水的长期过量开采,晋祠泉自 1994 年出现断流至今,目前正在兴建中的万家寨引黄工程将使晋祠泉域的地下水得到一定程度的涵养,因此晋祠泉能否与何时复流已经成为许多人关心的问题。针对上述问题,应用一种改进的人工神经网络的方法来分析预测晋祠泉的流量变化态势,并大致给出了复流时间。由改进的 BP 神经网络模型的模拟和预报结果可以得到晋祠泉在不同方式、方案下的流量变化过程,并可以大致估算出晋祠泉的复流时间在 2006—2009 年间,从而可以为当地旅游部门重新制定旅游规划提供依据。

参考文献

[1]　孙才志,宫辉力. 山西晋祠泉复流时间的人工神经网络预测. 山地学报,2001,19(4):372-376.
[2]　楼顺天,施阳. 基于 MATLAB 系统分析与设计——神经网络[M]. 西安:西安电子科技大学出版社,1999.

水资源总量的计算

1 背景

水资源是指人类长期生存、生活和生产过程中所需的各种水。它不仅包括以河川径流量计算的重力水资源,而且还包括非重力的土壤水资源[1-2]。四川是中国重要的农业生产基地,境内利用的水资源除以河川径流量计算的水资源外,还包括土壤水资源。若是以全省实际利用的水资源分析,土壤水资源不仅是农业供给的主体部分,也是区域水资源供给的主体部分。张世熔等[3]就四川农业水资源开发利用展开了研究。

2 公式

四川省水资源总量 W 应为境内自产水资源量(即降水量)P 与境外来水量 In 之和,可表示为

$$W = P + In \tag{1}$$

其中境内自产水资源量或降水量 P 满足的水量平衡方程[4]为

$$P = R + E + U_g \pm \Delta V \tag{2}$$

式中,R 为河川径流量;E 为地表、地下水总蒸发量;U_g 是深层渗漏量;ΔV 是地表、土壤、植被和地下蓄水变量。

由于以非可溶岩类为主的山地与丘陵占四川省总面积的 90%,加之水文测定资料较少,可以认为水系的侵蚀基准面是河流,它是四川地表水和地下水的归宿。因此,U_g 基本上接近于零,在水循环中可以忽略不计。此外,对多年平均的水循环中的蓄水量 ΔV 也可忽略不计,于是有

$$W = R + E + In \tag{3}$$

表 1 中的地表水量已包括了进入江河的地下水量,因此计算河川径流量时需要减去重复水量部分(即地下水量)。

表 1　四川省各区域自产水资源　　　　　　单位：10^4 m^3

区域	地表水量	地下水量	蒸散量	重复水量	水资源量
四川盆地	507.0	166.7	538.5	166.7	1 045.5
盆周山地	704.8	209.5	361.7	209.5	1 066.5
川西南山地	361.2	94.5	254.4	94.5	615.6
川西高山高原	974.6	239.5	628.4	239.5	1 603.0
全省	2 547.6	710.2	1 783.0	710.2	4 330.6

3　意义

根据广义的水资源概念,分析了四川省农业水资源的数量、质量和区域分布特征。四川农业水资源利用中存在的问题是生态环境恶化、水利设施不足和利用效益偏低。针对这些存在问题,提出优化配置农业水资源、兴修水利工程、调整播期和实施节水农业等措施,主要有:优化配置农业水资源;治水兴蜀,大力兴修水利工程;调整作物播期;控制水分无效损失;推广农艺节水技术等。

参考文献

[1]　由懋正,王会肖.农田土壤水资源评价[M].北京:气象出版社,1996.45-80.

[2]　唐绍忠,蔡焕杰.农业水管理[M].北京:中国农业出版社,1996.71-78.

[3]　张世熔,廖尔华,邓良基.四川农业水资源开发利用研究.山地学报,2001,19(4):320-326.

[4]　陈传友.西南地区水资源及其评价[J].自然资源学报.1992,7(4):312-328.

稀性泥石流对排导槽的破坏分析

1　背景

　　泥石流一般具有很大的能量,当泥石流流过排导槽时,很容易破坏排导槽。因此,在设计排导槽时,要考虑泥石流对排导槽的这种破坏作用,尽可能设计能防冲防撞的结构或使用防冲防撞的材料,无论是哪一种,都要预先弄清楚泥石流对排导槽的破坏机理。从本质上讲,排导槽的破坏是泥石流作用力引起的,因此,从这一思路出发对排导槽的破坏机理进行研究[1]。根据泥石流的物质结构和液态特点,可把泥石流分为黏性泥石流和稀性泥石流,二者对排导槽的破坏作用不尽相同。只讨论稀性泥石流对排导槽的破坏作用。

2　公式

　　稀性泥石流体在垂直于边壁方向对排导槽存在压力。这时把稀性泥石流体作为一个整体,它在排导槽中运动时,就像清水一样,要对排导槽产生压力,这种压力(可称全压力,用 P_r 表示)由两部分构成:一是稀性泥石流体对排导槽结构的静压力(P_s,N/m²);二是稀性泥石流体对排导槽结构的动压力(P_d,N/m²)。稀性泥石流体的全压力可表示为

$$P_r = P_s + P_d \tag{1}$$

　　静压力由下式求得:

$$P_s = \gamma_c h \tag{2}$$

式中,γ_c 为稀性泥石流体的容重,N/m³;h 为稀性泥石流体在排导槽中的深度(m)。

　　动压力由下式求得:

$$P_d = \frac{\gamma_c U_c}{2g} \tag{3}$$

式中,U_c 为稀性泥石流体在排导槽中的平均速度(m/s);g 为重力加速度(9.81 m/s²)。

　　稀性泥石流体中固体颗粒在垂直于边壁方向对排导槽存在冲击力。由于稀性泥石流呈紊流特点,其中的砂石要对排导槽产生瞬时的冲击作用,现假定砂石与排导槽壁接触的面积用 A 表示,砂石的密度为 ρ、体积为 V、砂石以速度 U_1,以一定角度(用 α 表示)冲击排导槽壁,其冲击物理模型如图1所示。

28

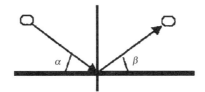

图 1　冲击作用物理简化模型

砂石对排导槽壁冲击作用主要是垂直于边壁冲击力(平行边壁的力将引起磨蚀),根据动量定理,并考虑水体的阻力($\rho_w V$),有如下表达式:

$$F_y = \frac{(\rho - \rho_w)\,V(U_2\sin\beta - U_1\sin\alpha)}{A\Delta t} \tag{4}$$

式中,F_y 为稀性泥石流体中砂石垂直于边壁冲击力(N/m^2);Δt 为砂石对边壁冲击作用时间(s);ρ_w 为清水的密度(kg/m^3)。

砂石在水流作用下,以速度 U_1 冲击建筑物壁面,假设它又以速度 U_2($U_2 < U_1$)、角度 β($\beta < \alpha$)反弹起来,由于冲击壁面的时间 Δt 很短,其值很小,则值 F_y 很大。石子在反作用力下弹跳起来后,又会再次下落冲击壁面。这样反复的结果,相对建筑物壁面讲,会遭受反复多次的摩擦、切削与冲击。当材料强度达到极限或疲劳极限值时,则会发生破坏,表现为表层剥落,并继续向纵深扩展。

稀性泥石流体在垂直于排导槽边壁方向对排导槽的总作用力(R,N/m^2)由稀性泥石流体对排导槽结构的全压力 P_T(其方向始终垂直于排导槽边壁)和稀性泥石流体中砂石垂直于边壁冲击力 F_y 组成:

$$R = P_T + F_y \tag{5}$$

稀性泥石流在平行于排导槽边壁方向对排导槽的作用力。工程运行实践和室内试验研究表明,清水流过混凝土表面,对混凝土破坏作用比较小(除消能不好及空蚀外)。对流过排导槽的稀性泥石流体来说,由于含有大量的固体物质,这些固体物质除了对排导槽产生垂直于边壁的作用力外,在平等于排导槽边壁的方向还要产生磨蚀作用。这种磨蚀作用同样可看成两部分组成。

(1)当稀性泥石流体流过排导槽时,以整体形式对排导槽边壁产生摩擦作用,由液体总流动量定理可得下式:

$$\sum T_x = \rho Q(a_2 V_2 - a_1 V_1) \tag{6}$$

式中:$\sum T_x$ 为作用在稀性泥石流体上平行于排导槽边壁方向的全部外力之和(N);Q 为稀性泥石流体的流量(m^3/s);a_1,a_2 为动量修正系数,一般取 1.02～1.05,粗略计算可取 1;V_1,V_2 为稀性泥石流体两端断面的平均流速(m/s)。

$\sum T_x$ 包含排导槽对泥石流体整体摩擦力 f,除此以外,还有泥石流体两端断面上的压

力 p_1、p_2，图 2 是一排导槽的纵断面图，泥石流运动方向为左到右，取断面 I—I 和 II—II 之间的泥石流隔离体作为讨论的对象。p_1 为上游断面 I—I 所受到的压力，方向平行于排导槽向右；p_2 为下游断面 II—II 所受到的压力，方向平行于排导槽向左；f 方向平行于排导槽向左。

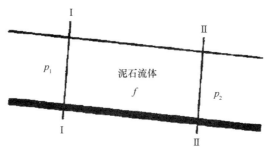

图 2　排导槽的纵断面图

那么，在平行于排导槽的方向有公式

$$\sum T_x = G\sin\theta + p_1 - f - p_2 \tag{7}$$

而

$$p_1 = \frac{1}{2}r_c \cdot h_1^2;\ p_2 = \frac{1}{2}r_c \cdot h_2^2$$

所以有

$$f = G\sin\theta + p_1 - p_2 - \sum T_x$$

即

$$f = G\sin\theta + \frac{1}{2}r_c \cdot h_1^2 - \frac{1}{2}r_c \cdot h_2^2 - PQ(a_2 V_2 - a_1 V_1) \tag{8}$$

式中，G 为所取泥石流隔离体的重力(N)；θ 为排导槽与水平方向的夹角；h_1 为上游断面 I—I 的水深(m)；h_2 为下游断面 II—II 的水深(m)。

(2)当稀性泥石流体中的砂石在冲击排导槽壁时，也要产生平行于排导槽边壁的冲击分力，根据动量定理，并考虑水体的阻力，有如下表达式：

$$F_x = \frac{(\rho - \rho_w)\ V(U_2\cos\beta - U_1\cos\alpha)}{A\Delta t} \tag{9}$$

式中，F_x 为砂石冲击排导槽时，在平行于边壁方向的冲击分力(N/m^2)。

综上所述，在平行于排导槽边壁方向，泥石流作为整体要对排导槽产生 F 的作用力，它长时间作用于排导槽边壁，产生磨蚀作用；另外，稀性泥石流体中砂石在平行于排导槽壁的方向要对排导槽产生冲击力 F_x，这两种作用一起，将造成材料质点剥落，损坏排导槽。

排导槽壁的磨损表达。试验表明，对于混凝土材料的排导槽壁，磨损与冲角关系曲线是单调上升的，当 $\alpha = 90°$ 时磨损损失失重率最大。

根据 Nelson 和 Gilchrist 给出的磨粒磨损公式，可以得到磨损失重率 $I(\alpha)$：

$$I(a) = \frac{1}{2\varepsilon}(V_s \sin\alpha^- V_o)^2 + \frac{1}{2\omega}V_s^2 \cos^2\alpha \sin(na) \quad (a \leqslant a_o)$$

$$I(a) = \frac{1}{2\varepsilon}(V_s \sin\alpha^- V_o)^2 + \frac{1}{2\omega}V_s^2 \cos^2\alpha \quad (a \leqslant a_o) \quad (10)$$

式中，V_s 为砂石的平均速度，m/s；α_o 为临界冲角；V_o 为临界沙速（m/s，当 $v_s \sin\alpha \leqslant V_o$）时，$I(\alpha) = 0$；$\varepsilon$ 为垂直于排导槽边壁方向的冲击磨损耗能因数 $[kg \cdot m^2/(g \cdot s^2)]$；$\omega$ 为平行于排导槽边壁方向的磨损耗因数 $[kg \cdot m^2/(g \cdot s^2)]$；$n$ 为水平回弹率因数。

当 α_o、V_o、ε、ω、n 5 个参数确定后，即可求磨损失重率 $I(\alpha)$。这些参数可由专门设备求出[2]。

3 意义

对于穿越泥石流灾害多发地区的交通线，通常采用排导槽来疏导泥石流。由于泥石流体具有很大的能量，在设计排导槽时，必须考虑泥石流对排导槽的冲击及磨蚀作用。针对稀性泥石流特点，从垂直于排导槽边壁方向和平行于排导槽边壁方向对排导槽的受力情况进行了比较深入的分析，导出了多个公式，为设计排导槽提供了理论依据。

参考文献

[1] 周富春,黄本生,杨钢. 稀性泥石流对排导槽的冲磨破坏机理. 山地学报,2001,19(5):470-478.
[2] 史正涛,祁龙. 甘肃省文关家沟泥石流综合治理[J]. 山地学报,1996,15(2):124-128.

饱和砂土地震液化模型建立

1 背景

从饱和砂土固相颗粒与液相流体在地震惯性力作用下,在固相颗粒相对滑移,液相流体转移渗流过程中,通过砂粒与孔隙水相互作用角度,分析饱和砂土地层的地震液化问题[1-2]。将饱和砂土地震液化过程,视为由接触式随机堆积而成的在宏观上呈现为孔隙性固态的整体结构,地震力作用下变为散粒状悬浮于孔隙水中,使饱和砂土宏观上呈现为液态即液化。邓荣贵等[1]利用公式对饱和砂土动力液化到渗流液化过程进行了探讨。通过悬浮颗粒与孔隙水相互作用的分析,建立饱和砂土地震液化模型和液化判断准则。

2 公式

对于大面积沉积的砂层,其分布常常比较稳定,范围大而厚度相对较小,地表的排水条件接近。因此,饱和砂土地层地震液化可以简化为一维问题,如图 1 所示。设地震前 z 处土体的有效应力 σ_0 为

$$\sigma_0 = p + \gamma_f z \tag{1}$$

式中,p 为地面附加荷载(kPa),γ_f 为砂土浮重度(kN/m^3)。

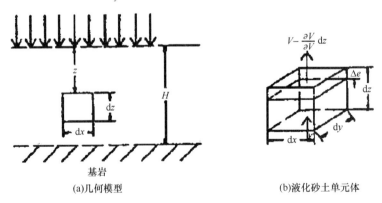

(a)几何模型　　　　　　　　　　(b)液化砂土单元体

图 1　饱和砂土地震液化模型

因饱和砂土地层对地震波具有明显的衰减作用,设地震波传至砂层底面时($z=H$)加速

32

度峰值为 A_0，传至地面时加速度峰值为 $\alpha_0(z=0)$，各点的加速度峰值均随时间 t 变化。地震加速度峰值 α 的变化与砂土层对地震波的衰减强弱等多种因素有关，但总的趋势是随 z 的减小而变小，随 t 的增加而减小并趋于零，于是其变化规律可以通过构造分析确定。由地球物理学可知，地震波的衰减多遵守指数变化规律：

$$a = a_0 e^{-\beta_1 t} e^{\frac{z}{H}\ln\left(\frac{A_0}{a_0}\right)} \tag{2}$$

式中，β_1 为待定系数，由砂土层对地震波的衰减特征确定（s^{-1}）；H 为砂层厚度（m）；α 为任意时刻砂土层中任意点的地震加速度峰值（m/s^2）。

某一烈度的地震作用下，砂土地层可降低的孔隙比 Δe 应随砂土层的埋深增加而减小（埋深越大，沉积时间越长，上覆荷载越大，砂土层就越密实，反之就越疏松），随时间增加而变小且趋于零。根据砂土动力学试验结果其变化亦遵守指数变化规律，通过构造分析得到的下式具有上述变化特征：

$$\Delta e = \Delta e_0 \cdot e^{-\beta_2 t} e^{\frac{-z}{H}\ln\frac{\Delta e_0}{\Delta e_H}} \tag{3}$$

式中，Δe_0 为砂层顶面可降低的最大孔隙比；Δe_H 为砂土层底面可降低的最大孔隙比；Δe 为任意时刻任意点砂土层可降低的孔隙比；β_2 为待定系数，由砂土层的结构特征确定（s^{-1}）。

单位时间内任意点 z 处产生的体积应变应与砂土层可降低的孔隙比、地震惯性力（地震加速度乘净质量）随 z 的变化率和地震力作用时间成正比：

$$\varepsilon_{vt} = A_a t e^{-\beta_0 t} e^{\beta_3 z} \tag{4}$$

式（4）中，

$$A_a = A_1 \Delta e_0 a_0 \ln\left[\frac{A_0}{a_0}\frac{\gamma_s - \gamma_w}{H_g}\right] \tag{5}$$

$$\beta_0 = \beta_1 + \beta_2 \tag{6}$$

$$\beta_2 = \ln\left[\frac{A_0}{a_0}\frac{\Delta e_H}{\Delta e_0}\right]/H \tag{7}$$

式中，A_1 为比例系数，γ_s 为砂粒重度（kN/m^3），γ_w 为水的重度（kN/m^3），g 为重力加速度（m/s^2）。在砂层任意深度 z 处取一单元体（见图1）进行分析，令固体体积为单位体积，单位时间内此单元体内排出的孔隙水量为 Δq，Δq 应等于单元体内孔隙体积的震缩量 ΔV_1，即

$$\Delta q = \Delta V_1 \tag{8}$$

设单元体底面孔隙水排进的渗流速度为 V，顶面排出流速应为 $v-(\partial v/\partial z)dz$，则有

$$\Delta q = \left[\left(v - \frac{\partial v}{\partial z}dz\right) - v\right]dxdydt = -\frac{\partial v}{\partial z}dxdydt \tag{9}$$

单位时间单元体内砂土的体积震缩量 ΔV_1 应为

$$\Delta v_1 = \varepsilon_{vt}dxdydt = A_a t e^{-\beta_0 t} e^{-\beta_3 t}dxdydt \tag{10}$$

将式（9）和式（10）代入式（8）得

$$\frac{\partial v}{\partial z} = -A_a t e^{-\beta_0 t} e^{\beta_0 t} \tag{11}$$

由流体动力学原理有

$$h_e = h + \frac{\mu}{\gamma_w} + \frac{v^2}{2g} \tag{12}$$

式中,h 为孔隙水压力静水头(m),u 为超静孔隙水压力(kPa),γ_w 为孔隙水重度(kPa/m^3),h_e 为孔隙水总水头(m),其余参数同上。

若以 $z = H$ 处的砂土层底部为参考点,则有

$$z = 0 \text{ 时}, h = H, u = 0, v \geq 0$$
$$z = H \text{ 时}, h = 0, u \geq 0, v = 0 \tag{13}$$

由此可以得到以 $z = H$ 为参考点饱和砂土液化方程式及相应的边界条件,即饱和砂土液化模型为

$$\frac{\partial v}{\partial z} = -A_a t e^{\beta_0 t} e^{\beta_3 t} \tag{14}$$

$$h = H - z \tag{15}$$

$$h_e = h + \frac{\mu}{\gamma_w} + \frac{v^2}{2g} \tag{16}$$

$$u = \gamma_w \left(h_e - \frac{v^2}{2g} \right) \tag{17}$$

$$\text{当} z = H, v = 0, h = 0, u = \gamma_w h_e \tag{18}$$
$$\text{当} z = 0, v = v_0, h = H, u = 0 \tag{19}$$
$$\text{当} t = 0, v = 0, v = 0, h = H - z, u = \gamma_w h_e \tag{20}$$
$$\text{当} t \to \infty, v \to 0, h \to H - z, u \to 0 \tag{21}$$

若以分析点 z 为参考点,不考虑孔隙水静水头,则式(15)至式(22)变为

$$\frac{\partial v}{\partial z} = -A_a t e^{\beta_0 t} e^{\beta_3 t} \tag{22}$$

$$h = 0 \tag{23}$$

$$h_e = \frac{\mu}{\gamma_w} + \frac{v^2}{2g} \tag{24}$$

$$u = \gamma_w \left(h_e - \frac{v^2}{2g} \right) \tag{25}$$

$$\text{当} z = H, v = 0, h = 0, v + \frac{\partial v}{\partial z} = \gamma_w h_e \tag{26}$$

$$\text{当} z = 0, v = v_0, h = 0, u = 0 \tag{27}$$
$$\text{当} t = 0, v = 0, v = 0, h = 0, u = 0 \tag{28}$$

$$当\ t \to \infty, v \to 0, h \to 0, u \to 0 \tag{29}$$

对式(23)积分,并利用式(27)的边界条件得

$$v = -\frac{A_a}{\beta_3}te^{-\beta_0 t}(e^{\beta_3 t} - e^{\beta_3 t}) \tag{30}$$

由式(31)、式(25)和式(28)得

$$v_0 = \frac{A_a}{\beta_3}te^{-\beta_0 t}(e^{-\beta_3 t} - 1) \tag{31}$$

$$h_e = \frac{v_0^2}{2g} \tag{32}$$

$$\mu = \frac{\gamma_m}{2g}(v_0 - v^2) \tag{33}$$

式(30)和式(33)为饱和砂土液化过程中,孔隙水渗流速度和超静孔隙水压力变化特征。

根据流体动力学原理,饱和砂土液化孔隙水排出、砂粒下沉时,砂粒受到孔隙水的阻力 R 计算公式如下。

对于斯托克斯理论:

$$R = 3\pi\mu_1 d_s v k_s^{1/2} a_1 \tag{34}$$

对于阿连理论:

$$R = 1.25\pi a_1 k_s^{3/4} v^{3/2}\sqrt{\mu_1 \gamma_m d_s^3/g} \tag{35}$$

对于牛顿理论:

$$R = 0.055\pi\gamma_m d_s^2 v^2 k_s a_1 \tag{36}$$

式中,π 为圆周率;μ_1 为孔隙水的动力黏滞系数($\mathrm{kN \cdot s/m^2}$),据表1确定;d_s 为砂粒当量直径(m,可取砂粒的平均粒径),由砂土级配确定;k_s 为砂粒形状修正系数(无量纲系数),据砂土颗粒形状统计资料查表2确定;a_1 为砂土颗粒间的相互作用系数(无量纲系数),由试验确定(常取 0.2 ~ 1.0)。

表1 水的动力黏滞系数

温度 T(℃)	0	10	20	40	60	80
$\mu_1(10^{-6}\ \mathrm{kN \cdot s/m^2})$	1.79	1.31	1.00	0.66	0.47	0.36

任意点 z 处,饱和砂土颗粒在浮自重力、上覆砂层有效应力和孔隙水阻力作用下,三者的合力为零时处于悬浮状态,即初始液化状态;当孔隙水阻力大于砂粒浮自重与上覆砂层有效应力之和时,砂层处于液化过程中;当地震作用消失,孔隙水不断排出,渗流速度降低并趋于零时,砂粒达到新的排列结构,饱和砂土宏观上又呈现为固体状态,而砂层孔隙比降

低且更加密实了。因此,饱和砂土地震液化判据为

$$R \geqslant (2\pi\gamma_f d_s^3 + 3\pi d_s^2 \sigma_0)/12 \tag{37}$$

上式取等号,则变为

$$R = (2\pi\gamma_f d_s^3 + 3\pi d_s^2 \sigma_0)/12 \tag{38}$$

将式(1)和式(35)至式(37)代入式(38)可求得砂土层不同深度 z 处砂土层液化时孔隙水渗流的临界速度 v_c。

对于斯托克斯理论:

$$v_c = \frac{2\gamma_f d_s^2 + 3d_s(p + \gamma_f z)}{36\mu_1 a_1 k^{1/2} s} \tag{39}$$

表2 典型物体形状修正系数

序号	1	2	3	4
物体名称	球体	棱形体	不规则球体	不规则块体
物体形状				
形状系数	1.0	1.76	1.17	2.27

对于阿连理论:

$$v_c = \left[\frac{2\gamma_f d_s^2 + 3d_s^2(p + \gamma_f z)}{15.0 k_s^{3/4} a_1 \sqrt{\mu_1 \gamma_w d_s^3/g}} \right]^{2/3} \tag{40}$$

对于牛顿理论:

$$v_c = \left[\frac{2\gamma_f d_s + 3(p + \gamma_f z)}{0.66 a_1 k_s \gamma_f/g} \right]^{1/2} \tag{41}$$

相应的超静孔隙水压力临界值为

$$u_c = 0.5g(v_0^2 - v_c^2) \tag{42}$$

v_c 是饱和砂土本身特征(包括固相和液相特征)所决定的,其值越大则抗液化的能力就越强。显然,饱和砂土地震液化准则为

当 $v < v_c$ 时,处于非液化状态;

当 $v = v_c$ 时,处于初始液化状态;

当 $v > v_c$ 时,处于液化状态过程中。 $\tag{43}$

3 意义

根据饱和砂土地层地震液化现象及饱和砂土动力学试验所观察到的现象,从砂粒和孔

隙水两相介质相互作用的角度出发,研究饱和砂土在振动荷载作用下的液化过程和机制。研究结果表明,饱和砂土受振,砂粒相对滑动并重新排列,孔隙率降低,孔隙水受压产生超静孔水压力并不断增大,部分孔隙水挤出渗流,孔隙水渗流对砂粒产生渗流压力。渗流压力与超静孔隙水压力叠加,形成的上托力等于或大于砂粒水中重力时,砂粒在隙水中处于悬浮状态。此时,饱和砂土宏观上表现为液态。为此,根据下沉砂粒与向上渗流孔隙水之间相对运动过程中的动力作用特征,建立了描述饱和砂土液化过程的模型和液化判据。

参考文献

[1] 邓荣贵,张倬元,刘宏. 饱和砂土动力液化到渗流液化过程探讨. 山地学报,2001,19(5):430-435.

[2] A. Pevil,pervasive pressure-solution transfer,-a hole-viscoplastic model,Geophysical Research Letter, No. 2,Vol. 26,P255-258,1999.

黄土高原分形沟网分维计算式

1　背景

分形是非线性理论的一个前沿课题,把组成部分以某种方式与整体相似的形体叫分形。Horton 重要的贡献是准确清楚地表述了河流数量和河长度的递变关系[1-2],引入了沟网概念。不同条件下的大量研究证实沟网分枝率数值变化于 3~5 之间,河长比数值变化于 1.5~3.5 之间[3]。Strahler 构造了沟网的随机拓扑模型,从理论上证实了分枝率等于 4,河长比率接近于 2。从此学术界坚信 Horton 的概念,任何沟网遵守一定的规则并有序排列。雷会珠和武春龙[3]选择了陕北黄土高原丘陵沟壑区的纸坊沟流域,将分形沟网在此流域做探索性的应用。

2　公式

分维描述源于研究海岸线长度的估算分维方法。此处将其应用于沟网。考虑某一线形状(如海岸线或河流),应用长度为 r 的直尺测量其长度,可以认为线的长度为 $L = N \times r$, N 是直尺的步数。令 $r \rightarrow 0$,我们应该得到收敛的真实长度,则

$$L = \lim r \rightarrow o N \times r \tag{1}$$

或

$$n = \approx L_r^{-1} \tag{2}$$

然而,研究发现上述极限常常并不收敛。问题是式(1)中 r 的指数为 1。令指数为一分数 D,可获得独立于 r 的测量 F:

$$F = N_r^D = const \tag{3}$$

式中,$D>1$,称 D 为分维,由上可知

$$N \sim r^{-D} \tag{4}$$

或等价于

$$L \sim r^{1-D} \tag{5}$$

式(5)表明在长度与直尺大小的双对数图上,分维等于 1 斜率递减。

在应用步法程序于沟网时,需要考虑分枝规则。这里我们测量的是每段沟的长度(据 Strahler 对沟网的分级定义)。在每段沟的端点,一般剩余一段比 r 短的残段沟。若距最后

一个步点端点的距离大于$1/2r$,那么把它计入N中;反之,不计入N中。

式(3)可解释为:长度大于r的河流数与$r-D$成正比。对此的概率拟合是一双曲分布:

$$\text{Prob}\,[length > l] \sim l^{-D} \tag{6}$$

式中,D仍然是分维,l是沟长度。双曲分布具有自相似要求的属性。

Horton 律的经常叙述,特别是长度和分枝率,是建立在 Strahler 的河网分极方案基础上的。源头河流定义为一级,两个一级河流交汇变为二级,即两个相同级别河流相汇时成高一级的河流。当低级和高级河流相汇时,河流保持高级河流的级别。

Horton 律包括

$$R_b = N_{w-1}/N_w \tag{7}$$

$$R_1 = L_w/L_{w-1} \tag{8}$$

式中,N_w是级别为w的河流数,L_w是级别为w的平均河长;R_b和R_1可通过N_w和L_w的对数与级别w相关图上的直线坡度求得。

上述 Horton 律是几何尺度化关系,因为它们并未涉及观察沟网的级别或分辨率。如果认为沟网是水的流路的话,有可能想象出,随着分辨率的不断增加,可得到越来越低级的河流,最终可看到草根间的水流,如此看来,极限沟网是具有R_b和R_1控制属性的分形。

令河网级别为Ω,主沟长度为L_Ω。那么,应用 Horton 长度律,级别w的平均沟长($w<\Omega$)为$L_\Omega/(R1)^{\Omega-w}$。

根据 Horton 分枝律,w级河流的数量为$(R_b)^{\Omega-w}$,因此w级河流总长是$L_\Omega(R_b/R_l)^{\Omega-w}$。

对所有w求和可得沟网总长度L:

$$L = L_\Omega[1 - (R_b/R_l)^\Omega]/[1 - (R_b/R_l)] \tag{9}$$

若$R_b/R_l<1$,当Ω趋于无穷时,级数收敛于有限长度L,有$D=1$,注意这是一极限过程,其中L_Ω保持恒定,Ω增大作为分辨率细化。然而,经常是$R_b/R_l \geqslant 1$,级数发散。对很大的Ω,可得到

$$L \sim (R_b/R_l)^{\Omega-1} \tag{10}$$

第一级河流平均长度为

$$S = (1/R_l)^{\Omega-1} \tag{11}$$

此可作为测量河网长度的分辨率。由(11)式可得

$$\Omega - 1 = -(\log s/\log R_l) \tag{12}$$

将式(12)代入式(10)得

$$l \sim s^{1-\left(\frac{\log R_b}{\log R_l}\right)} \tag{13}$$

与式(5)比较,有

$$D = \log R_b/\log R_l \tag{14}$$

任意河网 Horton 分枝律和河长律成立。有w级沟数量为$R_b^{\Omega-w}$,长度为$L_\Omega/R_2^{\Omega-w}$,超过长度$l = l_\Omega/R_l^k$的沟总数量为

$$\sum_{i=0}^{k} R_b^i = (R_b^{k+1} - 1) / (R_b - 1) \tag{15}$$

式中, $K = \log(L_\Omega/l) \log R_l$ 。

若沟总数量是 N_T ,可得

$$\text{Prob}(length \geq l) = [(R_b^{k+1}) / (R_b - 1)] / N_r \tag{16}$$

当 k 很大时, R_b^{k+1} 远大于1,故有

$$\text{Prob}(length \geq l) \sim l^{-(\log R_b)/\log R_l} \tag{17}$$

比较式(17)与式(16),同理可得式(14)。

纸坊沟 $R_b = 4.1, R_l = 2.1$ 。据式(14)计算,分维 $D = 1.9$,近似等于2,此结果表明纸坊沟沟网具有自相似性且是分维接近2的平面空间填充。

3 意义

推测认为黄土高原沟网具有分形性。根据 Hoton 定律推导沟网分维计算式,确定沟网分形结构,用分形理论求算得小流域沟网的分维 $D = 1.9$,接近于平面空间时的 $D = 2$ 理论值。统计分析发现流域边界周长、长轴、短轴、长短轴比、汇合角等地貌指标随流域面积变化,从而证明黄土高原流域的自相似性。对黄土高原丘陵沟壑区地貌形态模拟,对流域形态发育预测有重要的理论价值。

参考文献

[1] 朱晓华,王建. 山系的分维及山系与断层系的关系[J]. 山地学报,1998,16(2):94-98.

[2] Sherve R L. Statistical law of stream numbers,J,Geol. 1966,74,7-37.

[3] 雷会珠,武春龙. 黄土高原分形沟网研究. 山地学报,2001,19(5):474-477.

积雪的变化趋势计算

1 背景

积雪是气候系统中的一个重要组成部分,对气候变化十分敏感,积雪已经成为检验与监测全球变化的一个重要的指数[1]。我国三大稳定积雪区[2]中,2/5 的面积位于西北地区,新疆的积雪更是得天独厚,占全国积雪资源的 1/3[3]。冰雪融水是新疆干旱区农业的命脉,而区域气候变化导致的积雪变化对春、夏季河川径流的影响将会对干旱区经济和脆弱生态环境产生严重的后果,甚至会导致旱涝灾害的频繁发生,这些影响在干旱区尤为突出[4]。张丽旭和魏文寿[1]选用中国科学院天山积雪雪崩研究站的月降水量、月均温(1967—1997年)和年最大积雪深度(1974—1999 年)实测资料建立时间序列,来分析天山西部中山带积雪与气温、降水的关系。

2 公式

2.1 原始资料处理

(1)标准化。为了在趋势分析中消除原始资料由于单位的不同而造成的影响,使它们能在同一水平上进行比较,在实际中常常使用标准化方法[5],使它们变成同一水平的无单位变量,即

$$S_{zi} = \frac{S_i - \bar{S}}{S}, \quad T_{zi} = \frac{T_i - \bar{T}}{S}, \quad P_{zi} = \frac{P_i - \bar{P}}{S},$$

$$(i = 1, 2, 3, \cdots, n) \tag{1}$$

式中,S_{zi}、T_{zi} 和 P_{zi} 分别表示 i 年标准化后的年最大雪深、冷季气温和降水;S_i、T_i 和 P_i 分别为年最大雪深、冷季气温和降水;$\bar{S}$、$\bar{T}$、$\bar{P}$ 分别为年最大雪深、冬季气温和降水平均值;S 为各原始资料的标准差。经过对实测各要素标准化处理,使时间序列变为平均值为 0,方差为 1 的序列。

(2)均值化。为了进行对比和做多元回归分析以及相关分析,弄清积雪的变化和气温与降水之间的函数关系,还要对实测各要素时间序列进行均值化(无量纲化)处理[6],即

$$SI_i = S_i/\bar{S}, \quad TI_i = T_i/\bar{T}, \quad PI_i = P_i/\bar{P},$$

$$(i = 1, 2, 3, \cdots, n) \tag{2}$$

式中,SI_i、TI_i 和 PI_i 分别为 i 年均值化后的年最大雪深、冷季降水和气温;S_i、T_i 和 P_i 分别为 i 年实测的年最大雪深、冷季降水和气温。上述过程实际上是通过对实测各要素进行均值化处理,使得各系列元素的平均值为1,从而在做回归分析时消除各时间序列因权重不同和各要素因单位不同所产生的影响,使不同要素及各系列数据之间具有可比性。经过这样处理并不影响各系列之间的相关性。

2.2 分析模型

(1)趋势检验统计模型。在气候变化的探测与预测分析研究中,下面的统计模型被认为最适合于对观测时间序列进行趋势检验[7]的。

$$Y_t = a + bt + E_t \tag{3}$$

式中,Y_t 代表年最大雪深、冷季降水和气温的实测值;E_t 表示趋势直线的偏差,通常假定它是均值为 0 的平稳随机过程。

(2)多元线性回归模型。在分析积雪的变化与冷季气温和降水关系时,采用多元线性回归模型。由于当年的最大积雪量与上年冷季气温和降水有密切的关系,因此用 1974—1998 年的年最大雪深与 1973—1997 年冷季降水和气温的均值化时间序列做相关分析并建立回归方程。其基本模型为

$$SI_i = c + aTI_i + bPI_i \tag{4}$$

2.3 分析方法

(1)平均差值法。当变化趋势为线性函数时,无偏差趋势估计(BAV)一般用平均差值法计算:

$$B_{AV} = \left(\frac{1}{M}\right) \times \left[\left(\frac{1}{M}\right)\sum_{M+1}^{t} Y_t - \left(\frac{1}{M}\right)\sum_{1}^{M} Y_t\right] \tag{5}$$

式中,t 为时间序列的长度,$M = t/2$。它适合分析阶式变化序列。

(2)最小二乘法。当然,当趋势线呈线性函数时,也一定可以用最小二乘法来拟合,即

$$b_{ls} = \frac{\sum_{1}^{T}(t - \bar{t})Y_t}{\sum_{1}^{T}(t - \bar{t})^2} \tag{6}$$

(3)自回归滑动平均法(ARMA)。当变化趋势线呈非线性时,或者偏差 $|E_t|$ 具有顺序相关的性质时,变化趋势的探测就变得复杂和困难起来。首先上述两种方法不能区别短期变化和长期变化趋势。其次,会给变化趋势的估计带来误差。当时间序列存在随机变化趋势时,为了探测出它的确定变化趋势,可使用自回归滑动平均模型 ARMA(p,q)[5] 进行分析。因为它不需要假设序列呈线性,其趋势取决于序列自身的相关性。由于积雪、降水、气温的时间序列还不够长,为了简化计算,使用一阶自回归模型 $AR(1)$[5]。通过推导将趋势表示成两个估计的加权平均[7]:

$$b_{AR(1)} = \frac{W_{ls}b_{ls} + W_{EP}b_{EP}}{W_{ls} + W_{EP}} \tag{7}$$

式中，$W_{ls} = (1-\rho)^2 T(T-1)$；$W_{EP} = 6\rho[(1-\rho) \cdot (T-1) + 2]$；$b_{EP} = \dfrac{Y_t - Y_1}{T-1}$；$T$ 为时间序列的长度；$\bar{t} = \dfrac{T+1}{2}$；ρ 为时间序列的自相关系数。

3　意义

根据位于巩乃斯河谷的天山积雪雪崩研究站近 30 年来的年最大雪深、月平均气温、月降水量观测记录，用平均差值法、最小二乘法、自回归滑动平均法检验了天山西部中山带积雪、冷季降水、冷季平均气温的变化趋势。积雪的增加主要是因为气候变暖引起的冷季降水的增加对积雪增加的贡献大于由于冷季气温升高而造成积雪减少的贡献的结果。

参考文献

[1]　张丽旭,魏文寿.天山西部中山带积雪变化趋势与气温和降水的关系——以巩乃斯河谷为例.山地学报,2002,22(1):403-407.

[2]　李培基.中国积雪分布[J].冰川冻土,1983,5(4):9-18.

[3]　李培基.中国季节积雪资源初步评价[J].地理学报,1998,43(2):108-119.

[4]　IPPC. Climate change 1995,adaptations and mitigation of climate change[C]. Cambridge：Cambridge University Press,1995.

[5]　黄嘉佑.气象统计分析与预报方法[M].北京:气象出版社,2000.

[6]　丁永建等.祁连山区流域径流影响因子分析[J].地理学报,1999,54(5):432-433.

[7]　Woodward W A,Gray H L. Global warming and the problem of testing for trend in timeseries date[J]. Journal of Climate,1993,6：953-962.

ESR 测年的基本原理

1 背景

摆浪河发源于走廊南山北坡,是黑河的一条支流。在河源区保存有 6 套完整的冰碛和较为完整的阶地序列。赵井东等[1]于 1999 年夏天、2000 年夏天两次对摆浪河流域进行了考察,利用 ESR 技术对采自该处的冰碛物、主冰水阶地中的砾石以及其上覆的黄土进行了年代测定,从获得的年代数据并结合冰碛物的沉积接触关系、冰碛物与冰水阶地在地貌地层学上的联系、阶地上覆黄土的 TL 年龄,恢复了摆浪河流域第四纪冰川演化序列,对祁连山第四纪冰期与冰川作用次数有了新的认识。

2 公式

自然界中的矿物受到地壳运动(地震、断层活动)所产生的剪切压力,机械碰撞(泥石流),太阳的照晒,受热(地热、火山喷发、人类用火),矿物的重结晶作用,某些或是全部 ESR 信号回零,这是 ESR 测年的零点[2]。计时从沉积物沉积的时候开始。石英广泛地分布在三大沉积物中,沉积物沉积之后,石英颗粒在自身和其所在环境中放射性元素(U、Th、^{40}K 等)衰变所产生的 α、β、γ 以及其他射线(宇宙射线)的辐射下,形成自由电子和空穴心,这些自由电子能被矿物颗粒中杂质(Ge 心,Ti 心,Al 心)与晶格缺陷(原先存在的晶格缺陷或者由辐射产生的晶格缺陷)捕获而形成杂质心与缺陷中心,缺少电子的空穴形成空穴心[2]。这些杂质心与空穴心都是顺磁性的,称为顺磁中心。顺磁中心可以用 ESR 谱仪进行测定。这些顺磁中心的数量与沉积的时间的长短成正比,沉积的时间越长,顺磁中心的数量越多。对这些顺磁中心个数进行测量从而达到测定沉积物年龄的目的。顺磁中心的数量与矿物颗粒自沉积以来所接受的总的辐射剂量成正比关系,只要测出沉积物中矿物颗粒所接受的总辐射剂量(TD),并采用一定的物理、化学分析方法测算出矿物颗粒所在环境中的年剂量率(D),就可以算出样品的年龄(T)。这是 ESR 测年的基本原理。

ESR 年龄可由以下的公式得出:

$$TD = \int_0^t D(t)\,\mathrm{d}t$$

式中,TD 是样品自沉积以来所累积的总剂量;D 是样品所接受的辐射剂量率,辐射剂量率是

44

由样品自身(内部剂量)和样品周围环境(外部剂量)中放射性元素(U,Th,^{40}K)衰变以及宇宙射线所产生的。

年剂量率(D)的测定

放射性元素 U、Th、K$_2$O 的含量分别用激光荧光法、比色分光光度法和原子吸收技术等进行测定。年剂量率是由内部剂量与外部剂量两部分组成的,计算公式为

$$D = D_{ex} + D_{in}$$
$$D_{ex} = D_{ex}\alpha + D_{ex}\beta + D_{ex}\gamma + D_{com}$$
$$D_{in} = D_{in}\alpha + D_{in}\beta + D_{in}\gamma$$

式中,D_{ex}是外部剂量率;D_{in}是内部剂量率;$D_{ex}\alpha$,$D_{ex}\beta$,$D_{ex}\gamma$,D_{com}分别为环境中放射性元素衰变过程中 α、β、γ 射线以及宇宙射线的贡献率;$D_{in}\alpha$,$D_{in}\beta$,$D_{in}\gamma$ 分别为样品自身放射性元素衰变过程中 α、β、γ 射线的贡献率。

3 意义

摆浪河流域的 6 套冰碛分别是小冰期、新冰期、末次冰期晚期、末次冰期早期、与深海氧同位素 6 阶段对应的冰期、与深海氧同位素 12 阶段对应的冰期的冰碛。红土坡村所在的主阶地与第五套冰碛物是同一时期形成的。祁连山在更新世中至少存在三次冰期,经历四次冰川作用。祁连山部分地段或是整体至少在 463 ka 前就已经抬升到与当时的冰期气候相耦合的高度。ESR 技术可以用于河流与冰川沉积物的测年。

参考文献

[1] 赵井东,周尚哲,崔建新. 摆浪河流域的 ESR 年代学与祁连山第四纪冰期新认识. 山地学报,2001,19(6):481-488.

[2] Ikeya, M. New Applications of Electron Spin Resnance-Dating, Dosimetry and Microscopy[M]. 1993, World Scientific, Singapore.

坡面径流侵蚀的能量分析

1 背景

土壤侵蚀是当今世界普遍关注的重大环境问题,尤其是在广大的发展中国家,由于土壤侵蚀导致严重的水土流失已成为限制当地经济发展的主要障碍[1]。坡面土壤侵蚀的发生发展过程包括细沟间侵蚀过程、细沟侵蚀过程和浅沟侵蚀过程,三者的发生发展及其在坡面侵蚀产沙中的作用是目前坡面侵蚀机制研究的核心内容,也是坡面侵蚀预报模型所考虑的关键所在[2-3]。丁文峰等[1]利用放水冲刷试验对坡面土壤侵蚀过程中的细沟侵蚀发生临界条件进行了研究。

2 公式

坡面水流在由坡顶向坡下流动过程中,由于势能向动能转化,径流流速应愈来愈大;同时,由于水流在流动过程中要克服冲刷、携带输移土壤颗粒以及流体内部紊动、混掺消耗内能等而做功,其具有的能量将会在流动过程中损失掉一部分。现利用能量守恒定律来分析水流自坡面顶端到坡面上任一断面间的能量损耗。

设单宽径流在坡面顶端所具有的势能为

$$E_{势} = \rho_{qg} L\sin\theta \qquad (1)$$

动能为

$$E_{动} = \frac{1}{2}\rho_q V_1^2 \qquad (2)$$

在理想情况下,水流到达坡面任意断面时的总能量应为

$$E_{总} = \rho_{qg} L\sin\theta + \frac{1}{2}\rho_q V_1^2 \qquad (3)$$

但由于能量耗损,坡面上任意断面处水流的实际总能量与理想情况下有很大差别,可根据实测得到的任意断面处水流的流速与该断面处的径流量,用来计算该断面的实际总能量,即

$$E_x = \frac{1}{2}q'\rho V_x^2 + q'\rho_q (L - X)\sin\theta \qquad (4)$$

式中,L 为坡面的长度,X 为坡面上任意一点距坡顶的距离,V_x 为该断面处的流速,q' 为该断

面处的流量。因此,坡面上径流从坡顶到坡面上任意断面处的能量耗损为

$$E_{耗} = E_{势} + E_{动} - E_X \tag{5}$$

对上式进行时间和长度上的积分得

$$\Delta E_{耗} = \int_0^T \int_0^L (E_{势} + E_{动} - E_X) \, \mathrm{d}l\mathrm{d}t \tag{6}$$

式中,T 为试验所持续的时间,L 为试验土槽的坡长,$\Delta E_{耗}$ 为在坡面径流出口处在整个试验过程中消耗的能量。由于坡面土壤实验前基本使其达到饱和状态。因此在试验过程中入渗的水量可以忽略不计。

在不同的坡度下坡面径流侵蚀产沙率和坡面径流能耗之间均存在着良好的对数关系。该关系可以用下式表达:

$$D_r = k(\ln\Delta E - E_0) \tag{7}$$

式中,k 为与土壤种类有关的侵蚀性系数;ΔE 为径流在坡面上的能耗;E_0 为与坡面土壤细沟侵蚀发生的临界能量有关的参数。

根据试验所得结果我们点绘了坡面细沟径流侵蚀产沙率和径流能耗之间的关系(如图1 所示)。

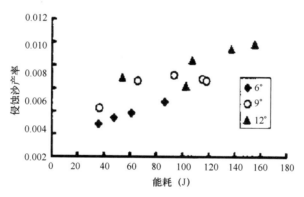

图 1　坡面径流能耗与径流侵蚀产沙率的关系

3　意义

通过玻璃水槽试验和径流冲刷试验,研究了坡面径流的流速分布和坡面细沟侵蚀发生的临界条件。径流在坡面上并非是以均匀流形式运动,而是以滚波的形式运动的,同时运用能量守恒原理分析了坡面土壤侵蚀率(D_r)与径流能耗(ΔE)之间的关系,建立了给定土壤条件下径流能耗模式,进一步可推出坡面土壤侵蚀率估算模型。以期为建立我国具有物理成因的坡面侵蚀预报模型提供理论依据。

参考文献

[1] 丁文峰,李占斌,鲁克新.黄土坡面细沟侵蚀发生的临界条件.山地学报,2001,19(6):551-555.

[2] 张科利,唐克丽.黄土坡面细沟侵蚀能力的水动力学试验研究[J].土壤学报,2000,37(1):9-15.

[3] 郑粉莉.黄土区坡耕地细沟间侵蚀和细沟侵蚀的研究[J].土壤学报,1998,35(1):95-103.

滑坡防治工程的最大抗间距估算模型

1 背景

人们在大量滑坡防治工程实践中发现,抗滑桩间的土体会形成类似隧硐顶和桥梁拱圈的作用机理,并称之为桩间土拱[1-2]。土拱受到滑坡推力作用后,立即将推力的大部传递(分摊)到相邻两抗滑桩上,这就是抗滑桩设计的原理和依据。滑坡抗滑桩分方形桩(含矩形柱)和圆形桩两类,桩间土体也十分复杂,分黏性土、砂性土和淤泥质软土。王成华等[1]研究了方形桩间土拱的力学特性,并提出最大抗间距估算模型。

2 公式

2.1 土拱力学特征

(1)土拱应力分布特征

土拱受到滑坡推力时,有传递滑坡推力的功能。此拱圈横向上的有效推力分布表现为中间小,向两侧抗滑桩逐渐增大;纵向上,滑动面附近推力最大,向上至地表,推力逐渐减少至0。

(2)土拱被动土压分析

若土拱后侧的被动土体重量为 W_{i+1},则被动土压可用下式计算:

$$P = (W_{i+1}\cos\alpha_{i+1}\mathrm{tg}\varphi_{i+1} + C_{i+1}L_{i+1}) - W_{i+1}\sin\alpha_{i+1} \tag{1}$$

式中,α_{i+1}、ϕ_{i+1}、C_{i+1}、L_{i+1}1 分别为被动土体段的滑动面倾角、内摩擦角、内聚力和被动土体段的长度(m);L 为两抗滑桩之间的距离(m)。

从式(1)中看出,当被动土体的抗剪性能很低时,滑动面的倾角在 5°以上,几乎无被动土压存在;当被动土体的抗剪性能较高时,滑动面倾角在 5°以下,有被动土压存在。但由于土拱本身允许的压缩滑动变形较小,则利用土拱后的被动土压力作为支撑力就更小。只有当土拱临近破坏时,被动土压才会被充分利用,所以在实际分析计算时可忽略不计。

(3)土拱剩余抗滑力分析

土拱受到滑坡推力后,土拱本身要产生沿滑动方向的变形,存在一个剩余抗滑力。据滑坡稳定性计算模型,土拱中第 i 段单位宽的剩余抗滑力为

$$R_{i\hat{\kappa}} = W_i\cos\alpha_i\mathrm{tg}\phi_i + C_ib - W_i\sin\alpha_i \tag{2}$$

式中,W_i、ϕ_i、C_i、α_i 分别为土拱第 i 块重量、内摩擦角、黏聚力、滑动面倾角;b 为土拱沿滑动方向宽(m),即抗滑桩侧面宽。

(4)土拱有效推力分析

土拱受到滑坡推力作用后,首先要克服沿滑动方向的变形所产生的剩余抗滑力,同时横向上产生压缩变形,将有效推力传递到两侧抗滑桩上。由此可计算第 i 段单位宽的有效推力[3]:

$$F_{i有} = F_i - R_{i余} \tag{3}$$

将式(2)代入式(3)得:

$$F_{i有} = F_i - [W_i(\cos\alpha_i\mathrm{tg}\phi_i - \sin\alpha_i) + C_i b] \tag{4}$$

若两抗滑桩之间的距离为 L(m),单宽滑坡推力为 F_i(kN),由土拱中间传递到抗滑桩一侧的有效推力为

$$F_有 = \frac{1}{2}L\{F_i - [W_i(\cos\alpha_i\mathrm{tg}\phi_i - \sin\alpha_i) + C_i b]\} \tag{5}$$

若桩间土拱岩性较均匀,则式(5)变成为

$$F_有 = \frac{1}{2}L\{F_i - [W_i(\cos\alpha_i\mathrm{tg}\phi_i - \sin\alpha_i) + C b]\} \tag{6}$$

式中,W_i、ϕ、C、α 分别为土拱单宽重量、沿滑动面滑动的土体内摩擦角、内聚力和滑动面倾角。

2.2 最大桩间距估算模型

(1)基本假定

第一,土拱类似桥隧拱圈的特性,将滑坡推力传递到两侧抗滑桩上。假设传递过程中无能量损耗,并以正压力方式全部转化为桩侧摩阻力。实为桩侧最大摩阻力(图1)。

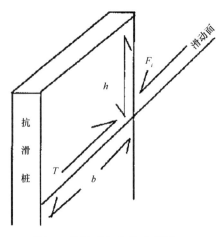

图1 桩侧平衡力学示意图

第二,桩侧摩阻力承担桩间全部滑坡推力。

(2)土拱平衡力系

据上假定,桩侧最大摩阻力 T 为平衡力系的一端,为

$$T = \frac{1}{2}LF_i \text{tg}\phi + cbh$$

平衡力系的另一端有两种约定,一是选桩间全部滑坡推力;二是选滑坡推力克服土拱本身剩余抗滑力后的有效滑坡推力。用前者建立的平衡方程存在滑坡力的分析准确性欠佳的问题;用后者建立的平衡方程就考虑了滑坡力的分析不准确性的问题。所以选择了有效滑坡推力为平衡力系另一端。土拱平衡力系为

$$\frac{1}{2}L\{F_i - [W_i(\cos\alpha \text{tg}\phi - \sin\alpha) + cb]\} = \frac{1}{2}LF_i\text{tg}\phi + cbh$$

化简上式为

$$L = \frac{2cbh}{F_i - F_i\text{tg}\phi - - [W_i(\cos\alpha\text{tg}\phi - \sin\alpha) + Cb]} \tag{7}$$

式中,b、h 为抗滑桩侧滑动面以上宽和高(m),式(7)即为抗滑桩最大桩间距计算模型。

(3)最大桩间距估算模型

从式(7)中看出,桩侧面内聚力越大,则桩间距也大;滑坡单位推力越大,则桩间距反而变小。这与实际情况一致。

据前面式(2),$W_i(\cos\alpha\text{tg}\phi - \sin\alpha) + cb$ 为土拱本身的剩余抗滑力,用 R_i 表示,则式(7)变为

$$L = \frac{2cbh}{F_i(1 - tg\phi) - R_i} \tag{8}$$

据计算统计分析,滑坡单宽推力 $F_i > 500$ kN,滑动面倾角大于 $5°$,滑带土 $C < 10$ kPa,$\phi < 8°$;计算出的剩余抗滑力 R_i 很小,在滑坡推力 F_i 的 10 % 以下。自然界中大多数滑坡满足这个条件,所以在实际估算抗滑桩间最大距离时,可不计土拱本身的剩余抗滑力。此时式(8)变为

$$L = \frac{2cbh}{F_i(1 - tg\phi)} \tag{9}$$

因不计土拱本身沿滑动面滑移变形的剩余抗滑力,所以算出的最大桩间距偏小。对工程的安全有利。

在实际工作中,设计人员常根据滑坡区地形与环境地质特征先确定桩间距 L,而后确定抗滑桩的几何尺寸。可按下式计算抗滑桩最小侧面宽:

$$b = \frac{LF_1(1 - tg\phi)}{2ch} \tag{10}$$

3   意义

抗滑桩最大桩间距确定的基础理论至今未建立起来,工程实践中仍依赖专家经验。从方桩桩间土拱形成的原理、力学特性论证入手,较全面地分析了桩间土拱的受力、变形,力的传递和土拱破坏瞬间的最大桩间距。并建立了最大桩间距平面计算模型。若较大的压缩变形还传递不到两抗滑桩上,则表明桩间土拱未形成,桩间土体会产生滑移变形或流动。所以不能无限加大抗滑桩的侧面宽来达到增大桩间距、节省投资的目的。

参考文献

[1]   王成华,陈永波,林立相. 抗滑桩间土拱力学特性与最大桩间距分析. 山地学报,2001,19(6): 556-559.

[2]   铁道部科学研究院西北研究所. 滑坡防治[M]. 北京:人民铁道出版社,1981.

[3]   林峰,黄润秋. 关于滑坡推力计算方法的合理性及改进方法的探讨[J]. 山地学报,2000,18(增刊): 69-72.

工程中可拓决策技术模型

1 背景

山区铁路线路工程的建设中,不可避免地要遇到跨越泥石流沟的问题。铁路路线工程与泥石流沟的空间位置重叠。使二者构成一对尖锐的空间对立系统,解决这一矛盾一般有"非此即彼""彼此兼顾"和"转换桥"法。"转换桥"是连接和转换矛盾双方并使之转化为兼容或共存的工具,是可拓决策中的重要思想方法。在工程实践中,这三类方法既可以单独使用,又可以混合使用。试就成昆铁路大田箐沟的泥石流防治方案的比选和优化为例,来说明可拓决策方法的应用。[1-2]

2 公式

早期铁路部门在进行泥石流沟普查时,大田箐沟被认为是处于衰退期的泥石流沟,后由于当地农民大规模的垦荒,使得该沟泥石流重新活跃起来,仅在 1994 年 5 月 29 日至 9 月 13 日,就先后爆发 10 次规模不等的泥石流。鉴于此,铁路原有的越沟措施显得不够,表现为:①大桥的过流能力不足;②大桥的 5 号和 6 号桥墩正对原沟,可能遭受泥石流携带的 4~6 m 粒径石块的撞击;③下游回淤严重。因此需要在原有的工程基础上增加新的工程措施,确保线路的安全。根据可拓学观点,该问题可描述为:

$$(R_1 \Theta R_2) \downarrow \{r[B(R_1, R_2)]\}$$

因 $R'_2 = TR_2$,使得

$$(R_1 \Theta R'_2) \uparrow \{r[B(R_1, R_2)]\} \tag{1}$$

式中,R_1 表示线路工程物元;R_2 表示泥石流物元;$B(R_1, R_2)$ 表示物元 R_1, R_2 之间的**转换桥**;T 表示物元的变换;$(R_1 \odot R_2) \downarrow \{r[B(R_1, R_2)]\}$ 表示 R_1, R_2 在条件 r 下兼容;$(R_1 \Theta R'_2) \uparrow \{r[B(R_1, R'_2)]\}$ 表示 R_1, R'_2 在条件 r 下不兼容。

系统因物元 R_2 的拓展由兼容转为不兼容,要恢复系统的兼容状态,则必须进行相应的物元变换。考察系统的具体情况,因受当地条件和运输任务等诸多因素的限制,物元 R_1 没有可拓空间,物元 R_2 的负拓展一时难以奏效,因此可考虑改变系统的约束条件,使之兼容,即:通过 $B'(R_1, R'_2) = TB(R_1, R'_2)$,$r' = Tr$,使得

$$(R_1 \Theta R'_2) \downarrow \{r'[B'(R_1, R'_2)]\} \tag{2}$$

式(2)表明,通过转换桥 $B(R1, R'_2)$ 的物元变换,可达到系统的相容。这种"转换桥"的构造是否成功,是否真正起到了"转换"的作用,则可通过泥石流与转换桥这一对共轭物元的相容度的评判来进行评价。

可拓集合是利用关联函数来刻画事物与量值之间的关系,因此建立在实轴上的关联函数,使得解决矛盾问题的过程定量化成为可能。

设 $X_0 = <a, b>, X = <c, d>, X_0 \subset X$,且无公共端点,令

$$K(x) = \frac{\rho(x, X_0)}{D(x, X_0, X)} \tag{3}$$

其中, $$\rho(x, X_0) = \left| x - \frac{a+b}{2} \right| - \frac{1}{2}(b-a)$$

$$D(x, X_0, X) = \begin{cases} \rho(x, X_0) - \rho(x, X_0) , x \notin XX_0 \\ -1 , x \notin X_0 \end{cases}$$

称 $K(x)$ 为 x 关于区间 X, X_0 的关联函数。

为了能进行相容性评判,这里引进相容物元的概念。观察泥石流与防护工程两类物元的属性特征,其冲击力与抗冲能力、流量与过流能力、投资控制与投资额都是共轭特征。对于这些共轭特征,若

$$R^1(t) = \{N_1(t), c, c[N_1(t)]\}$$
$$R^2(t) = \{N_2(t), \hat{c}, \hat{c}[N_2(t)]\}$$

c 和 $\hat{c}$ 是共轭特征,在 $c[N_1(t)]$ 的取值范围内建立可拓集合 X_1, $\hat{c}c[N_2(t)] \in X_2$,则称

$$< \min_{x \in X_2} K_{X_1}(x), \max_{x \in X_2} K_{X_2}(x) > = < p_1, p_2 > \tag{4}$$

为 R_2 关于 R_1 的相容度区间。其中若 $p_1 > 0$,则称 R_2 关于 R_1 相容;若 $p_2 < 0$,则称 R_2 关于 R_1 不相容;若 $0 \in <p_1, p_2>$,则称 R_2 关于 R_1 既相容,又不相容。

有了上述的概念,根据式(3)和式(4)对物元 A_1, B'_i ($i = 1, 2, 3$)进行相容性评判。以 (A_1, B'_2) 的 K_1 计算说明算法。

令 $X_o = < 120, 130 >, X = < 110, 170 >$,则

$$\rho(x, X_0) = |x - 125| - 5$$

$$D(x, X_o, X) = \begin{cases} |x - 140| - |x - 125| - 25 , x \notin X_o \\ -1 , x \in X_0 \end{cases}$$

所以,当 $x = < 120, 140 >, k_1 = < -0.25, 0 >$。

对于泥石流,可将其抽象为一种流动的空间自然几何体。它在运动扩展过程中出现的堆积、漫流、冲刷、超高和爬高等现象,是其受到所流经地段地形地貌的影响后,形成的一种三维空间的可变占据状态。

假设体积(v)一定的泥石流,在某流通段其三维空间的扩展分别为 x、y、z,则

$$v = \Delta x \times \Delta y \times \Delta z \tag{5}$$

其中，
$$\Delta x = \{\Delta x \mid x \in U, \Delta x = <0, x>\}$$
$$\Delta y = \{\Delta y \mid y \in U, \Delta y = <0, y>\}$$
$$\Delta z = \{\Delta z \mid z \in U, \Delta z = <0, z>\}$$

此时，对其一个属性可拓域的变换，由式（5）的关系，必然会导致另外两个属性可拓域的因变，若

$$T\Delta y = \{y \mid y \in U, y = <0, y'>\}$$

则有

$$T\Delta x = \{x \mid x \in U, x = <0, x'>\} \vee T\Delta z = \{z \mid z \in U, z = <0, z'>\} \tag{6}$$

工程上常利用这一特性在泥石流流路上有选择地修建约束工程，通过人造的微地貌改变泥石流在空间各方向上的可拓域，控制其可拓域与 R_2 的对应属性量值的交集，降低了系统在空间上的对立程度。

3 意义

泥石流防治工程规划属于一种半结构化的决策问题。可拓决策是根据物元的可拓性，采用定性分析与定量计算相结合的方法解决矛盾问题的一种决策技术。根据可拓学的基本理论与方法，提出了一种首先基于系统物元兼容性评判进行方案比选，再对初选方案通过系统物元变换进行方案优化设计的可拓决策模式，并以成昆铁路大田箐沟泥石流防治方案的优化设计为例说明这种可拓决策技术的应用程序。

参考文献

[1] 汤家法,姚令侃,王沁. 泥石流防治工程规划的可拓决策技术. 山地学报,2001,19(6):541-555.
[2] 姚令侃. 可拓学在泥石流预报减灾决策上的应用[J]. 系统工程理论与实践. 1998,(1):139-144.

祁连山林区的气候特征

1　背景

　　祁连山是我国著名的高大山系之一,位于欧亚大陆中心,地处青藏、蒙新、黄土三大高原交汇地带。山地与气候之间的关系,是通过构成山地的地貌、土壤、植被、河流等下垫面因子与气候之间的作用及反作用而表现出来的。山区地形直接制约着各种气象要素的局地变化,引起垂直方向气候差异,这种气候差异又影响着山地土壤的发育和植被的生长。植被和土壤既是气候的产物,又是气候的指示[1-2]。张虎等[1]就祁连山北坡中部气候特征及垂直气候带的划分展开了研究。

2　公式

　　祁连山林区位于中纬度北温带,深居内陆、远离海洋,它又处于青藏、蒙新、黄土三大高原的交汇地带。由于青藏高原对大气环流的特殊影响,使夏季来自太平洋东南季风的湿润气流得以北进西伸,波及本区;冬季受内蒙古干冷空气、西北寒冷气流的影响,致使本区冬季降温幅度大,气温年较差较大(表1)。根据波兰学者焦金斯基公式[3]:

$$K = \frac{1.7A}{\sin\theta} - 20.4$$

式中,K 为大陆度(%);A 是温度年较差(℃);θ 为纬度。

　　气温随海拔高度变化差异较大,在同一坡面年平均温度与高度之间,大体为直线关系,以同处一地的龙渠(山脚)、花寨(浅山)海拔 2 140 m,寺大隆(中山)海拔 2 700 m,煤窑沟脑(深山)海拔 3 800 m 资料分析,结果表明:年平均气温(TH)与海拔高度(H)之间存在着极密切的线性负相关,回归方程为

$$T_H = 15.5 - 5.369 \times 10^{-3}H$$

$$R = -0.956$$

式中,T_H 为年平均温度;H 为海拔高度;R 表相关系数。

表 1　祁连山林区气温较差与大陆度(1986—1988 年)

地名	海拔 (m)	月平均日较差(℃)												年较差	大陆度
		1	2	3	4	5	6	7	8	9	10	11	12		
煤窑沟	3 800					10.2	10.0	10.0	10.7	10.1	9.9				
寺大隆	2 700	14.6	12.6	13.3	13.7	12.8	11.5	12.8	13.4	13.1	12.4	12.9	13.2	25.1	48.2
塔尔沟	2 320	14.7	15.4	15.8	15.1	15.4	12.3	14.0	14.0	14.1	14.3	15.7	14.3	27.1	53.4
龙渠	1 680	16.9	15.6	16.2	16.5	16.0	13.6	16.6	15.4	15.7	15.9	16.4	15.1	29.6	60.0

3　意义

通过对祁连山北坡中部气候特征、森林植被类型和土壤类型的定位观测研究,对祁连山北坡中部森林生态系统的主要气象要素垂直分布特征进行分析,应用气候指标和生物学原理,将祁连山林区按不同海拔高度划分为:①山地荒漠草原气候带;②山地草原气候带;③山地森林草原气候带;④亚高山灌丛草甸气候带;⑤高山亚冰雪稀疏植被气候带。明确平均气温与海拔高度的关系,进而提出了合理开发祁连山山地气候资源,以促进当地经济发展。

参考文献

[1]　张虎,温娅丽,马力.祁连山北坡中部气候特征及垂直气候带的划分.山地学报,2001,19(6):497-502.

[2]　顾卫,李宁.中国温带干旱、半干旱区山地气候垂直带谱研究[J].干旱区资源与环境,1994,8(3):1-11.

[3]　朱炳海,王鹏飞,束家鑫.气象学词典[Z].上海:上海辞书出版社,1985.40.

土壤侵蚀^{137}Cs示踪法的计算模型

1 背景

由于^{137}Cs半衰期短,同时又因地壳中基本不存在天然的^{137}Cs,因此利用原子爆炸产生的^{137}Cs同位素作为示踪物研究侵蚀泥沙问题。地球表层环境中的^{137}Cs,主要来源于20世纪50—70年代期间的大气核试验。^{137}Cs随降水沉降到地表后,一旦接触到土壤颗粒,立即被牢固吸附[1-2]。^{137}Cs被土壤颗粒吸附后,基本不淋溶流失和被植物摄取,它以后的运动主要伴随被吸附的泥沙颗粒运移,因此其是侵蚀泥沙研究的一种很有价值的人工环境核同位素。文安邦等[1]对长江上游紫色土坡耕地土壤侵蚀利用^{137}Cs示踪法展开了研究。

2 公式

土壤剖面的^{137}Cs面积浓度低于或高于区域^{137}Cs本底值,一般表明该土壤剖面处有侵蚀或堆积发生,根据^{137}Cs的流失量或堆积量,可以定性分析或定量计算取样剖面处的平均土壤侵蚀速率。取样点平均侵蚀速率的计算模型为[3]

$$X = X_o \left(1 - \Delta H/H\right)^{N-1963} \tag{1}$$

式中,X为取样剖面点^{137}Cs面积浓度(Bq/m^2);X_0为研究区域的^{137}Cs本底值(Bq/m^2);H为犁耕层深度;ΔH为年土壤流失厚度(cm);N为取样年份。

上式计算结果仅为取样剖面点的侵蚀强度,不表征取样地块的平均侵蚀速率。结合取样地块的坡长,加权计算取样地块^{137}Cs平均面积浓度,运用上式计算研究地块的平均土壤侵蚀速率。

长江上游坡耕地侵蚀量的计算模型必须采用^{137}Cs有效本底值,^{137}Cs有效本底值(X_e)和^{137}Cs本底值(X_0)之间存在以下关系[4]:

$$X_e = X_0(1 - R) \tag{2}$$

式中,R=径流系数。

3 意义

运用^{137}Cs示踪法对长江上游"长治"水土保持工程重点治理区的云贵高原区、川中丘陵区和三峡库区 8 块紫色土坡耕地土壤侵蚀速率进行研究,可知影响紫色土坡耕地平均侵蚀速率的主要因子为坡度、坡长、降雨量和土壤粒度组成,4 个研究区土壤平均侵蚀速率介于 758~9 854 t/(km^2·a),计算值与长江上游类似地区径流试验场观测值基本一致,为相似地区土壤侵蚀研究提供借鉴。

参考文献

[1] 文安邦,,张信宝,王玉宽. 长江上游紫色土坡耕地土壤侵蚀¹³⁷Cs 示踪法研究. 山地学报,2001,19(增刊):56-59.

[2] Rictchie J C, Mchenry J R. Fallout Cs-137: a tool in conservation research, J[J]. Soil Water Conserv. 1975, 30: 228-286.

[3] 张信宝,Higgitt D L,Walling D E. ¹³⁷Cs 法测算黄土高原土壤侵蚀速率的初步研究[J]. 地球化学,1991,(3):212-218.

[4] Zhang X B, Quine T A, Walling D E, et al. A Study of soil Erosion on a Steep Cultivated Slope in the Mt. Gongga Regionnear Luding, Sichuan, China, Using the137Cs Technique[M]. ACTAGEOLOGICAHIS-PANICA, 2000, VOL. 35,229-238.

粮食安全的预警模型

1 背景

在加入 WTO 之后,由于我国粮食生产成本高,国内市场粮价高于国际市场粮价,粮食生产不可避免地要受到国际粮食的巨大冲击。国外已经开发出运行化的粮食安全预警系统,故研制适合我国国情的粮食安全预警系统,为国家粮食宏观调控部门提供科学快速的决策支持工具,成为当前摆在我国粮食安全科研工作者面前的紧迫任务。张勇等[1]研究分别适用于我国国家宏观层次和分省层次粮食安全预警的指标体系,为研制区域粮食供需平衡预警空间决策支持系统(GSDBSDSS)提供模型支持。

2 公式

(1)全国粮食总供求差率 ΔZ:为粮食总供给与粮食总需求之差占粮食总需求的百分比,正为过剩,负为短缺。

$$\Delta Z = (G_T - X_T) / X_T \times 100\% \tag{1}$$

式中,G_T 为粮食总供给,X_T 为粮食总需求。

该指标可以反映粮食总供给偏离总需求的程度和粮食总体的安全水平,同时它综合了全国粮食的供应与需求两方面的影响,因此应该作为衡量我国粮食安全的主要指标,赋予相对大的权重(0.25)。指标的警级划分参照马九杰等[2]的成果,如表1。

(2)口粮供求差率 ΔK:为总产量与口粮需求之差占口粮总需求的百分比,正为过剩,负为短缺。

$$\Delta K = (G_C - X_K) / X_K \times 100\% \tag{2}$$

该指标可反映国内当年口粮供给偏离正常需求的程度,即在粮食总储备水平不变的情况下,口粮的国内保障水平。将 FAO 规定的粮食安全储备占产量的比重作为过剩预警的重警限,产量刚能满足口粮需求时作为短缺预警限,警级划分如表1。

(3)需求波动指数 ΔX_t:为粮食实际需求量与其趋势需求之差占趋势需求的百分比,正短缺,负为过剩。

$$\Delta X_t = (X_t - X'_t) / X'_t \times 100\% \tag{3}$$

式中,X_t 为 t 时期粮食实际需求,X'_t 为 t 时期粮食趋势需求。

该指标可反映一定时期粮食实际需求偏离其趋势值的状况。根据 FAO 统计资料计算,20 世纪 60 年代以来,我国谷物需求的波动系数在 -7% ~7% 之间,以此作为需求波动指数的预警警限,警级划分如表 1。

表 1　全国粮食安全预警警情指标、警度和警限

警度	警度值	警兆指标及其警限值(%)						供需平衡综合指数 J
		粮食总供求差率 ΔZ	口粮供需差率 ΔK	需求波动指数 ΔX	生产波动指数 ΔG_{et}	外贸依存度 WY	全球总供求差率 ΔZ_w	
短缺重警	-3	<-5	<-2	>7	<-3	>15	<-5	<-3
短缺中警	-2	-5~-3	-2~-1	3~7	-3~-1.5	10~15	-5~-3	-3~-2
短缺轻警	-1	-3~0	-1~0	1~3	-1.5~-0.5	5~10	-3~0	-2~-1
无警	0	0~5	0~1	-1~1	-0.5~1.5	-5~5	0~5	-1~1
过剩轻警	1	5~10	1~10	-3~-1	1.5~4	-15~-5	5~10	1~2
过剩中警	2	10~15	10~15	-7~-3	4~7	-30~-15	10~15	2~3
过剩重警	3	>15	>15	<-7	>7	<-30	>15	>3
权重	0.25	0.2	0.1	0.25	0.1	0.1	1	

(4)生产波动指数 ΔG_{ct}:为粮食实际产量与其趋势产量之差占趋势产量的百分比,正为剩余,负为短缺。

$$\Delta G_{ct} = (G_{ct} - G'_{ct}) / G'_{ct} \times 100\% \tag{4}$$

该指标可反映一定时期粮食实际生产量偏离其趋势值的状况。根据 FAO 统计资料计算[3],20 世纪 80 年代以来,我国谷物生产的波动系数在 -11.8%~13.2% 之间,参考历史数据和今后的发展趋势,以 80 年代以来最大短缺的 1/4(即 -11.8%/4≈-3%)和最大过剩的 1/2(即 13.2%/2≈7%)作为重警限,警级划分如表 1。

(5)外贸依存度 WY:为净进口量占总需求量的百分比,正为短缺,负为剩余。

$$WY = (I_t - E_t) / X_t \times 100\% \tag{5}$$

式中,I_t 为 t 时期粮食进口量,E_t 为 t 时期粮食出口量,X_t 为 t 时期粮食总需求。

该指标可反映国家粮食消费对国际市场的依赖程度。以 FAO 确定的粮食储备最低水平(15%)作为外贸依存度的短缺重警限,以其 2 倍水平(30%)作为过剩重警限,警级划分如表 1。

(6)全球粮食总供求差率 ΔZ_w:为全球总供给与总需求之差占总需求的百分比。

$$\Delta Z_w = (G_w - X_w) / X_w \times 100\% \tag{6}$$

式中,G_w 为全球粮食供给量,X_w 为全球粮食需求量。

该指标可反映一定时期全球粮食供需状况。警限确定和警级划分参考全国粮食供需差率(表 1)。

(7)供需平衡综合指数 J:用来对全国粮食供需平衡进行预警的最终指标,它综合反映我国的粮食安全的总体水平。它是由上述六个指标的对应警级通过加权派生出来的加权平均值。

$$J = \sum (X_i \cdot \gamma_i) \tag{7}$$

式中,X_i 代表上述每个指标的对应警级,γ_i 代表该指标相应的权重值。权重值见表1。

在张勇等[1]研究中,利用平衡分析的结果,结合系统开发和模型参数测试,采取对预警指标自动统计计算生成的方法,实时确定不同地区的警限。具体划分方式如表2所示。其中,$\Delta Z_{\max}$ 为总供求差率历史数据的最大值,$\Delta K_{\max}$ 为口粮供需差历史数据的最大值,$G_{ct\min}$、$G_{ct\max}$ 分别为生产波动指数历史数据的最小值和最大值。

表 2　地区粮食预警警情、警度和警限

产销区划类型	警度	警度值	警兆指标及其警限值(%)			地区供需平衡综合指数 J_D
			总供求差率 ΔZ	口粮供需差率 ΔK	生产波动指数 ΔG_{ct}	
产区	短缺重警	−3	≤ 0	≤ 0	$< G_{ct\min}$	<-3
	短缺中警	−2	$0 \sim \Delta D_z$	$0 \sim \Delta D_K$	$G_{ct\min} \sim G_{ct\min} + \Delta G_{ct}$	$-3 \sim -2$
	短缺轻警	−1	$\Delta D_z \sim 2\Delta D_z$	$\Delta D_K \sim 2\Delta D_K$	$G_{ct\min} + \Delta G_{ct} \sim$ $G_{ct\min} + 2\Delta G_{ct}$	$-2 \sim -1$
	无警	0	$2\Delta D_z \sim 3\Delta Z_{\max} - 2\Delta G_z$	$2\Delta D_K \sim 3\Delta K_{\max} - 2\Delta G_K$	$G_{ct\min} + 2\Delta G_{ct} \sim$ $G_{ct\max} - 2\Delta GG_{ct}$	$-1 \sim 1$
	过剩轻警	1	$3\Delta 2Z_{\max} - 3\Delta G_z \sim$ $3\Delta Z_{\max} - \Delta G_z$	$3\Delta K_{\max} - 2\Delta G_K \sim$ $3\Delta K_{\max} - \Delta G_K$	$2G_{ct\max} - 2\Delta GG_{ct} \sim$ $2G_{ct\max} - \Delta GG_{ct}$	$1 \sim 2$
	过剩中警	2	$3\Delta Z_{\max} - \Delta G_z \sim 3\Delta Z_{\max}$	$3\Delta K_{\max} - \Delta G_K \sim 3\Delta K_{\max}$	$2\Delta G_{ct\max} - \Delta GG_{ct} \sim G_{ct\max}$	$2 \sim 3$
	过剩重警	3	$>3\Delta Z_{\max}$	$>3\Delta K_{\max}$	$>2G_{ct\max}$	>3
	权重		0.25	0.25	0.5	
销区和产稍平衡区	短缺重警	−3	<-5	<-2	<-3	<-3
	短缺中警	−2	$-5 \sim -3$	$-2 \sim -1$	$-2 \sim -1.5$	$-3 \sim -2$
	短缺轻警	−2	$-3 \sim 0$	$-1 \sim 0$	$-1.5 \sim -0.5$	$-2 \sim -1$
	无警	0	$0 \sim 5$	$0 \sim 1$	$-0.5 \sim 1.5$	$-1 \sim 1$
	权重	0.45	0.35	0.2		

注解:表中一些符号的含义如下。

$\Delta D_z = \sqrt{\dfrac{1}{n}\sum_{i=1}^{n}(\Delta Z_i - \Delta \bar{Z})^2}$,$\Delta \bar{Z}$ 为 ΔZ_i 的平均值,$\Delta G_z = |(3\Delta Z_{\max} - 2\Delta D_Z)/3|$;$\Delta D_K = \sqrt{\dfrac{1}{n}\sum_{i=1}^{n}(\Delta K_i - \Delta \bar{K})^2}$,$\Delta \bar{K}$ 为 ΔK_i 的平均值,$\Delta G_K = |(3\Delta K_{\max} - 2\Delta D_K)/3|$;$\Delta DG_{ct} = |(G_{ct\min} - \bar{G}_{ct}/2.5)|$,$G_{ct\min}$ 和 $\bar{G}_{ct}$ 分别为 G_{ct} 历史数据的最小值和平均值;$\Delta GG_{ct} = |(2G_{ct\max} - \bar{G}_{ct}/2.5)|$,$G_{ct\max}$ 和 $\bar{G}_{ct}$ 分别为 G_{ct} 历史数据的最大值和平均值。

3 意义

针对国家和地区层次的粮食安全分别建立预警指标体系和预警模型。运用独立开发出的"粮食供需平衡监测预警系统"对近年来国家和地区的粮食安全分别进行预警分析。从而可知设计的区域粮食安全预警指标体系可以较客观地反映我国粮食供需状况,可以作为粮食供需平衡监测预警系统的模型支撑。遥感估产结果可以用于全国整体的粮食安全预警,但在地区层次上需要和统计数据做进一步的结合,才可以提供有效的预警信息。

参考文献

[1] 张勇,曾澜,吴炳方.区域粮食安全预警指标体系的研究.农业工程学报.2004,20(3):192-195

[2] 马九杰,张象枢,顾海兵.粮食安全衡量及预警指标体系研究.管理世界,2001,(1):154-162.

[3] 聂振邦,马晓河.防止粮食供求波动与确保粮食安全问题研究——中国粮食安全预警系统研究.2002,(5):4-20.

山区高空间的气温分布模型

1 背景

山区海拔高度、坡度、坡向、地形起伏程度和遮蔽度等地形因素的变化,造成气温具有明显的空间分布特征,对农业生产有着重要影响。由于实测的气温资料非常有限,一般都采用理论推导公式来计算。李军等[1]以浙江省仙居县气象站为基本站,对仙居县内 8 个气象哨的月平均气温进行了时间序列订正,建立气象哨月平均气温的短序列订正模型。用 GPS 实地获取的气象站(哨)的经度、纬度和海拔高度数据建立了月平均气温随纬度、海拔高度变化的回归模型。

2 公式

2.1 月平均气温的短序列订正模型

根据选用资料少、订正误差小、计算过程简便而精度又能满足要求等原则,采用一元回归订正法[2]对各气象哨的月平均气温进行订正。

设 X 站为基本站,具有 N 年资料;Y 站为订正站,有 n 年资料;$n<N$,并且 n 年包括在 N 年内,需要将订正站 n 年资料订正到 N 年。采用一元回归法对各气象哨的资料进行订正。订正的基本形式为

$$\overline{Y'_N} = \overline{Y_n} + r \frac{\sigma_y}{\sigma_x}(\bar{X}_N - \bar{X}_n) \tag{1}$$

式中,$\bar{X}_n$、$\bar{Y}_n$ 分别表示基本站和订正站 n 年平行观测时期内月平均气温累年平均值;$\bar{X}_N$ 为基本站 N 年观测时期内月平均气温累年平均值;$\overline{Y'_N}$ 为订正站 N 年观测时期内月平均气温订正后的累年平均值;σ_x、σ_y 分别表示基本站和订正站在 n 年内月平均气温的标准差;r 为基本站和订正站在 n 年内月平均气温的相关系数。

以仙居县气象站为基本站,8 个气象哨分别为订正站,采用一元回归订正法将各气象哨的月平均气温订正到与仙居县气象站相同的时间序列长度。订正结果如下(表 1)。

表1　仙居县气象哨月平均气温订正结果

订正站名称	一元线性回归方程	相关系数(r)	样本数(n)	绝对误差(℃)
安岭乡气象哨	$Y=1.000X-1.243$	0.998 1	48	0.42
淡竹乡气象哨	$Y=1.001X-0.093$	0.999 7	42	0.15
广度乡气象哨	$Y=0.993X-2.837$	0.998 3	48	0.35
横溪镇气象哨	$Y=1.003X-0.347$	0.998 7	48	0.29
苗辽林场气象哨	$Y=0.974X-2.863$	0.996 9	43	0.49
上张乡气象哨	$Y=0.995X-1.280$	0.999 2	48	0.27
下各镇气象哨	$Y=0.993X-0.399$	0.999 6	12	0.21
埠头镇气象哨	$Y=0.987X-0.996$	0.998 5	47	0.33

由表1可知,使用一元回归法对各气象哨的月平均气温进行订正时,它们的月平均气温之间的相关系数都很高,经过信度1%的F检验,相关性都表现为极显著。

2.2　山区月平均气温的空间推算模型

气温推算的常规统计模型通常采用如下的多元线性回归方程表示:

$$T_H = a_0 + a_1\lambda + a_2\Phi + a_3h \tag{2}$$

式中,T_H为常规统计模型模拟的气温值;λ为经度;ϕ为纬度;h为海拔高度;a_0为常数;a_1、a_2、a_3为偏回归系数。

在常用统计模型的基础上,利用坡度、坡向因子进行山区气温空间小尺度模拟的修正模型——地形调节统计模型,根据太阳辐射强度与地形的函数关系,将实际气温值T_T用下面的函数简化表示:

$$T_T = T_H(\cos\alpha - \sin\alpha\cos\beta) \tag{3}$$

式中,T_H为常规统计模型模拟的气温值;α为坡度($0 \leqslant \alpha < 90°$);β为坡向。

3　意义

根据浙江省仙居县气象站数据的分析,对仙居县内8个气象哨的月平均气温进行了时间序列订正,建立气象哨月平均气温的短序列订正模型。这是用GPS实地获取的气象站(哨)的经度、纬度和海拔高度数据建立了月平均气温随纬度、海拔高度变化的回归模型。同时利用1:10 000的地形图,建立空间高分辨率的数字高程模型,展示了高空间的气温分布,可据此做出高空间分辨率的气象要素分布图。这可对山区气候资源进行更有针对性、实用性的利用,可以满足诸如高山反季节蔬菜、果树栽培选址的要求。

参考文献

[1] 李军,黄敬峰,王秀珍. 山区月平均气温的高空间分辨率分布模型与制图. 农业工程学报,2004,
20(3):19-23
[2] 屠其璞. 平均气温序列延长方法的讨论[J]. 南京气象学报,1979,(2):193-200.

渠道砼衬砌的冻胀模型

1 背景

采用各种形式的砼衬砌渠道可以减少渗漏、防止渠道冲刷、节省耕地和改善水流条件。渠道衬砌工程主要依据水力学及衬砌实践经验和构造要求进行设计的,在寒冷地区衬砌渠道由于较大的冻胀力导致衬砌板胀裂、隆起及滑塌等破坏十分严重。因此,探明寒区渠道砼衬砌的冻害机理,研究衬砌与渠床基土相作用,建立寒区砼衬砌渠道冻胀破坏的力学模型,对科学地指导寒区渠道工程砼衬砌的设计及建设非常必要。王正中[1]将在前人研究基础上通过简化,提出渠道砼衬砌冻胀破坏的力学模型。

2 公式

2.1 计算简图

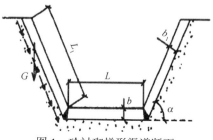

图 1　砼衬砌梯形渠道断面

设渠道底板长为 L,厚为 b,坡板厚为 b_1,坡板长为 L_1,坡角为 α。

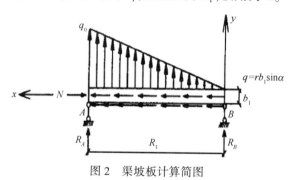

图 2　渠坡板计算简图

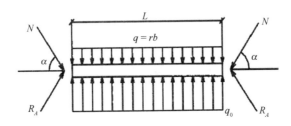

图 3　渠道底板计算简图

2.2　渠坡板内力

坐标系如图 4 所示。

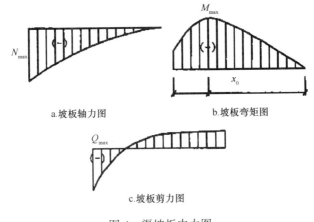

a.坡板轴力图　　　　　b.坡板弯矩图

c.坡板剪力图

图 4　渠坡板内力图

2.2.1　支反力

$$R_A = \frac{1}{3}q_0 L_1 , R_B = \frac{1}{6}q_0 L_1 \qquad (1)$$

2.2.2　轴力

任一截面轴压力为
$$N(x) = \frac{\tau_0 L_1}{2} \cdot x^2 \qquad (2)$$

最大压力为
$$N_{max} = \frac{\tau_0 L_1}{2} \qquad (2a)$$

2.2.3　弯矩

弯矩应包括偏心冻结力产生的偏心弯矩 M_1 及法向冻胀力产生的弯矩 M_2。

$$M(x) - M_1(x) + M_2(x) , M_1(x) = \frac{\tau_0}{4L_1}x^2 b_1$$

$$M_2(x) = \frac{1}{6}q_0 L_1 x - \frac{q_0 x^3}{6L_1}$$

$$M(x) = \frac{1}{6}q_0 L_1 x - \frac{q_0 x^3}{6L_1} + \frac{\tau_0 b_1 x^2}{4L_1} \qquad (3)$$

最大弯矩截面为

$$x_0 = \frac{\tau_0 b_1}{2q_0} + \sqrt{\left(\frac{\tau_0 b_1}{2q_0}\right)^2 + \frac{L_1^2}{3}} \qquad (4)$$

$$M_{max} = M(x_0) = \frac{1}{6}q_0 L_1 x_0 - \frac{q_0 x_0^3}{6L_1} + \frac{\tau_0 b_1 x_0^2}{4L_1} \qquad (5)$$

2.2.4 剪力

$$Q(x) = \frac{1}{6}q_0 L_1 - \frac{q_0}{2L_1}x^2 \qquad (6)$$

$$Q_{max} = -\frac{1}{3}q_0 L_1 \qquad (6a)$$

$$N(x_0) = \frac{\tau_0}{2L_1} \cdot x_0^2 \qquad (7)$$

2.3 渠底板内力

此时底板上的冻胀力为由 q'_0 变到 q_0，呈梯形分布；主要取决于坡板产生的约束力大小，若约束力太小时，渠底板在法向冻胀力作用下即产生较大的上抬位移，从而维持系统的静力平衡条件。

根据图3，由静力平衡条件得

$$\left(\frac{q_0 + q'_0}{2} - q\right)L + (R'_A + R_A)\cos\alpha = (N' + N)\sin\alpha$$

亦即

$$\frac{q_0 + q'_0}{2} = \frac{rb + \frac{L_1}{L}\left(\frac{\tau'_0 + \tau_0}{2}\right)\sin\alpha}{1 + \frac{2L_1}{3L}\cos\alpha} \qquad (8)$$

2.3.1 最大轴力

$$N_0 = \left(\frac{1}{6}q_0\sin\alpha + \frac{1}{2}\tau_0\cos\alpha\right)L_1$$

跨中轴力为

$$N'_0 = \left[\frac{1}{8}(q_0 + q'_0)\sin\alpha + \frac{1}{4}(\tau_0 + \tau'_0)\cos\alpha\right]L_1 \qquad (9)$$

2.3.2 弯矩

跨中最大弯矩为

$$M_{max} = \frac{1}{8}\left(\frac{q_0 + q'_0}{2} - rb\right)L^2 \tag{10}$$

2.3.3 剪力

最大剪力在阴坡坡脚处公式为

$$Q_{max} = \frac{\tau_0}{2}L_1\sin\alpha - \frac{1}{3}q_0L_1\cos\alpha \tag{11}$$

2.4 砼衬砌板厚度验算

砼衬砌板的胀裂与否，取决于衬砌板弯矩最大部位的最大拉应变是否超过其允许拉应变；一般剪力不会导致衬砌板胀裂破坏。

2.4.1 渠坡板

渠坡板属于偏压组合变形问题，最大拉应力在最大弯矩所在部位，该部位的最大拉应力计算公式为

$$M(x_0) = \frac{1}{6}q_0L_1x_0 - \frac{q_0x_0^3}{6L_1} + \frac{\tau_0b_1x_0^2}{4L_1}$$

$$N(x_0) = \frac{\tau_0}{2L_1} \cdot x_0^2$$

最大拉应力为

$$\sigma_0 = \frac{6M(x_0)}{b_1^2} - \frac{N(x_0)}{b_1} \tag{12}$$

式中，x_0 按式（4）计算，q_0 可根据式（8）计算。

验算抗裂条件为 $\qquad \dfrac{\sigma_0}{E_c} \leqslant \varepsilon_t \tag{13}$

式中，ε_t，E_c 可根据选用砼标号查文献［2］。

2.4.2 渠底板

渠底板属于压弯组合变形问题，理论上讲最大弯矩应在渠中心稍偏阴坡一边，计算时最大拉应力可近似在底板中部，计算如下。

最大拉应力为 $\qquad \sigma'_0 = \dfrac{6M_{max}}{b^2} - \dfrac{N_0}{b} \tag{14}$

式中，M_{max} 及 N_0 由式（10）及式（9）计算，其中 q_0 及 q'_0 仍按式（8）计算。

抗裂条件验算同式（13）。

3 意义

通过对梯形渠道砼衬砌冻胀破坏机理的分析,建立了渠道砼衬砌的冻胀模型。并指出了渠坡衬砌板的计算简图为在法向冻结力、切向冻结力、法向冻胀力及衬砌板约束力作用下的两端简支梁;渠底衬砌板和两衬砌板都属压弯组合变形构件;同时衬砌板上除重力以外的各种冻结力、冻胀力及相互约束力的大小及方向都是相互依存,最终都可以表达为最大切向冻结力的函数,而最大冻结力则是反映土质、负温及水分状况的综合指标,只要根据经验或实验确定了最大冻结力,力学模型就可求解。在实际工程计算中表明该模型是安全合理的,使用简单且精度较好。

参考文献

[1] 王正中. 梯形渠道砼衬砌冻胀破坏的力学模型研究. 农业工程学报. 2004,20(3):24~29
[2] 李安国. 渠道防渗工程技术. 北京:中国灌排技术中心,1997.3.

扇贝柱的微波干燥公式

1 背景

扇贝柱是扇贝的闭壳肌,经煮熟、干燥后得到的干贝是深受消费者喜爱的重要海产珍品之一。传统的扇贝柱干燥方法主要是日光干燥或日光与热风联合干燥,而日光干燥由于干燥时间长、干燥条件不能人为控制,产品的品质和卫生难以保证。微波真空干燥利用微波快速均匀加热,并在真空条件下使水分蒸发,是综合了微波干燥和真空干燥各自优点的一项新技术。张国琛等[1]拟对微波真空干燥扇贝柱的物理和感观特性进行试验研究,以期为这项新技术在扇贝加工生产中的应用提供设计依据,并为其他水产干品的生产提供一定的参考。

2 公式

在进行干燥试验前,检测经预处理的扇贝柱的初始含水率;在试验中,每隔一定时间(微波真空干燥 5 min,热风干燥 30 min,室内日光干燥 12 h)检测扇贝柱质量变化,得出扇贝柱湿基含水率随干燥时间变化的干燥曲线,干燥终止含水率为 20%±1%(湿基)。

2.1 收缩率

$$r\% = [(V - V_0)/V] \times 100\%$$

式中,V 为热风干燥前扇贝柱的体积,cm^3。可采用浮力法进行测试。V_0 为干燥终止后扇贝柱的体积,cm^3。

由于干贝的复水速度很快,所以不能用浮力法进行体积测定,试验中参考 Torringa 等测定干燥草莓体积的方法[2],采用置换法进行干贝体积的测定,置换介质为小米,粒度大小经筛分后控制在 Φ0.9~1.1 mm 范围内。

2.2 复水率

将扇贝柱放入 100℃ 的恒温水中进行复水率的测定,每隔 2 min 将扇贝柱捞出,用滤纸擦干表面水分后检测质量变化,试验持续 20 min,由下式求出复水率:

$$R_f = (m_f - m_g)/m_g$$

式中,m_f 为样品复水后沥干质量,g;m_g 为干贝样质量,g。

分别利用自然干燥、热风干燥和不同参数组合的微波真空干燥对扇贝柱进行干燥试验,得到图 1 所示干燥速度曲线。

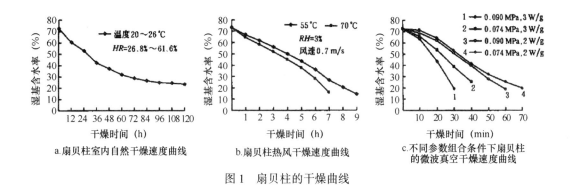

a.扇贝柱室内自然干燥速度曲线　　b.扇贝柱热风干燥速度曲线　　c.不同参数组合条件下扇贝柱的微波真空干燥速度曲线

图1　扇贝柱的干燥曲线

由图1可见,扇贝柱的微波真空干燥速度远大于热风干燥速度和自然干燥速度,在微波平均功率为3 W/g、真空度为0.090 MPa时,仅需30 min就达到了20%的湿基含水率,而同样的扇贝柱在55~70℃的热风下需6.5~7.5 h,在室内自然干燥条件下则需5 d时间。在微波真空条件下,不同的微波功率和真空度组合对干燥速度也有明显影响,在0.090 MPa真空度下微波功率由3 W/g减小到2 W/g时,干燥到20%湿基含水率分别需30 min和60 min;当微波功率保持3 W/g,真空度由0.090 MPa降低到0.074 MPa时,干燥到20%湿基含水率所需时间由30 min增加到45 min。由此可见,就微波功率和真空度而言,微波功率对扇贝柱干燥速度的影响更为显著。

3　意义

根据扇贝柱的微波真空干燥试验,建立了扇贝柱的微波干燥公式,研究微波真空干燥参数对扇贝柱物理和感观特性的影响规律,并与传统的自然干燥和热风干燥进行对比分析,从而可知不同微波功率和真空度组合对扇贝柱的物理和感观特性有明显影响。通过扇贝柱的微波干燥公式的计算,各种参数组合条件下的微波真空干燥扇贝柱,其干燥速度和抗破碎能力均明显优于自然干燥及热风干燥。利用微波真空干燥扇贝柱,对提高干燥速度和改善产品品质具有明显优势。

参考文献

[1]　张国琛,毛志怀,牟晨晓,等. 微波真空干燥扇贝柱的物理和感观特性研究. 农业工程学报,2004,20(3):141-144

[2]　Torringa H M,Erle U,Bartels P V,et al. Microwave-vacuum drying of osmotically pre-treated fruit. Drying'98 - Proceedings of the 11th International Drying Symposium(IDS'98)[C]. Greece:1998,922-929.

小麦排种器的排种轮模型

1 背景

　　球勺内窝孔精密排种器是 2BF-8 型小麦精密播种机的核心部件,其主要任务是将种子群化整为零,产生等时距均匀种子流。排种轮结构比较复杂,是由内侧充种垂直圆盘排种器演变而来,其轮缘上均布两排复式型孔,以实现"一器两行"的排种要求。复式型孔由"充种大孔"和"球勺内窝孔"复合而成。杨欣等[1]首次采用三维特征造型软件 Inventor 对小麦排种器进行参数化特征造型并基于装配进行关联设计,以弥补传统设计之不足。

2 公式

2.1 排种轮零件实体模型

　　创建轮盘草图特征时不必关心图线的长短,大约地快速完成轮盘断面轮廓,通过"平行"、"垂直"、"共线"等几何约束规整草图,图 1a、b 中显示了轮盘草图的部分约束。若线 1 设置为中心线(轮盘轴线),当草图特征赋值时,与之平行的线自动识别为直径。外径直接赋数值,内径赋值为特征关系式(如图 1a):

$$d_1 = d_0 - 2\Delta r = r \tag{1}$$

式中, d_1 为排种轮内径基本尺寸,mm; d_0 为排种轮外径基本尺寸,mm; Δr 为轮缘厚度,mm。

　　复式型孔建模应首先建立定位特征,即创建与坐标系相关的工作面、工作轴和工作点,以用于确定型孔在轮缘上的具体位置(如图 1c)。工作面 S_0 距轮盘外侧圆平面距离为 Δl,工作面 S_1 和 S_2 垂直于工作面 S_0,且经过轮盘轴线 l,夹角为 α。三面交线 l_1 和 l_2 为两条工作轴,分别代表"充种大孔"和"球勺内窝孔"理论轴线。工作点 P 为 l_2 与轮盘外轮廓面的交点。内窝孔的理论球心 O' 应该在 l_2 上且满足:

$$r' = d_0/2 \pm \Delta r' \tag{2}$$

式中, r' 为内窝孔理论球心半径,mm; d_0 为排种轮外径基本尺寸,mm; $\Delta r'$ 为内窝孔理论球心距截面轮廓线距离,mm,取负号时 O' 在实体内部。

2.2 基于排种轮的装配关联关系

　　图 2a 所示为排种轮为基准零件关联设计壳体、护种板和导种管,通过 Inventor 的"投影几何元"和"在位草图设计"功能,自动把壳体内径、护种板外径、导种管长度建立以下关联

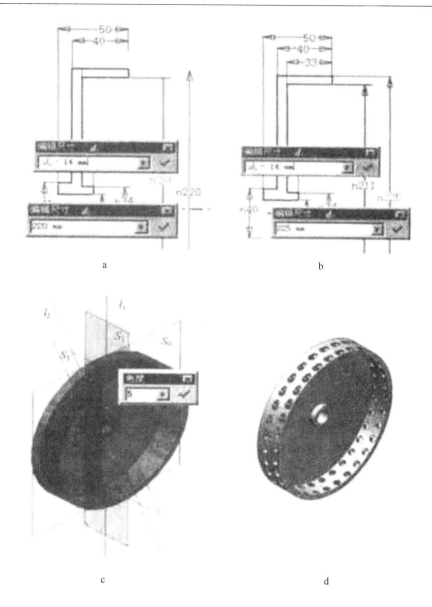

图 1 轮盘草图与排种轮模型

关系：

$$\begin{cases} d'_1 = d_0 \\ d'_2 = d'_1 + 2\Delta r_1 \end{cases} \tag{3}$$

$$\begin{cases} d'_3 = d_1 \\ d'_4 = d'_3 - 2\Delta r_2 \end{cases} \tag{4}$$

$$l' = d_0 + \Delta r_3 \tag{5}$$

式中，d_1' 为壳体内径基本尺寸，mm；d_2' 为壳体外径基本尺寸，mm；d_3' 为护种板外径基本尺寸，mm；d_4' 为护种板内径基本尺寸，mm；l' 为导种管长度，mm；d_0 为排种轮外径基本尺寸，mm；Δr_1 为壳体厚度，mm；Δr_2 为护种板厚度，mm；Δr_3 为排种轮外径与导种管长度差，mm。

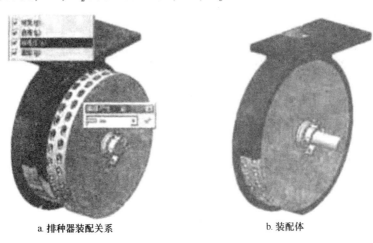

a. 排种器装配关系   b. 装配体

图 2 　排种器装配关联设计

由式（3）、式（4）、式（5）和式（1）可知，壳体、护种板、导种管的大小被排种轮关联约束，若改变排种轮外径 d_0，关联零件也随之变化。

3　意义

利用三维特征造型软件 Inventor 对小麦精密排种器进行参数化特征造型和基于装配的关联设计，探讨了排种器三维建模过程中的技术要点和基于装配的关联设计技术关键，建立了小麦排种器的排种轮模型。此模型动态地模拟了装配过程，并且产生了二维工程图，提高了排种器改型设计和系列化设计的效率，确保了较高的设计精度。同时为 Inventor 软件在其他机构设计过程中的应用提供了参考和借鉴。

参考文献

[1]　杨欣,刘俊峰,冯晓静. 小麦精密排种器特征造型及装配关联设计. 农业工程学报. 2004,20(3)：89－92

温室内外的太阳辐射计算

1 背景

太阳辐射是日光温室的主要能源,不同云量天气条件下进入室内的太阳辐射差异较大,这种差异又直接影响温室内的热环境形成与作物生长发育。不同云量条件下的温室内外地面上的太阳辐射通常可以借助太阳辐射计测量得到。但日光温室的前屋面、墙体、后屋面与地面有一定夹角,测量其上的太阳辐射不方便,而前屋面、墙体、后屋面获得的太阳辐射又不能忽略。李小芳和陈青云[1]应用云遮系数法计算了不同云量天气条件下到达日光温室内外地面太阳辐射通量密度,并进行了计算值与实测值相关性分析检验。

2 公式

2.1 室外有云天太阳辐射的计算

所谓云遮系数法就是用云量对晴天地面太阳辐射进行修正作为有云天到达地面的太阳辐射。根据此方法,可以计算天空有云时水平面所获得的太阳总辐射、直接辐射、散射辐射。在已知总云量时,某时刻到达室外水平面上太阳总辐射通量密度 $I_{SHC}(\text{W/m}^2)$ 可按下式计算:

$$I_{SHC} = I_{SH}CCF \tag{1}$$

$$CCF = P + Q(CC) + R(CC)^2 \tag{2}$$

式中,CCF 为与云量有关的函数;CC 为云量;P,Q,R 为常数,与地区和季节有关,参见表1;I_{SH} 为全晴天水平面到达的太阳总辐射通量密度,W/m^2。

表 1 P,Q,R 常数值

季节	P	Q	R
春	1.06	0.012	-0.008 4
夏	0.96	0.033	-0.010 6
秋	0.95	0.030	-0.010 8
冬	1.14	0.003	-0.008 2

其中,

$I_{SH} = I_0 [1 + 0.033\cos(360x/370)] R_0^2 \cdot P_2^m \sinh + [(1 - P_2^m)/(1 - 1.4\ln P_2)]/2^{[5]}$

式中等号右侧第一项为全晴天直接辐射 I_{DH}(W/m²),第二项为散射辐射 I_{dh}(W/m²)。I_0 为太阳常数,W/m²;P_2 为大气透明度;m 为大气质量数;h 为太阳高度角;x 为日序号(1月1日时,$x=1$;12月31日,$x=365$ 或 $x=366$);R_0 为日地平均距离修正系数。

根据云遮系数法,有云时到达室外水平面上的直接辐射通量密度 I_{DHC}(W/m²)为

$$I_{DHC} = \left(1 - \frac{CC}{10}\right) I_{DH} \tag{3}$$

有云时到达室外水平面上的散射辐射通量密度 I_{dhc}(W/m²)为

$$I_{dhc} = I_{SHC} - I_{DHC} \tag{4}$$

2.2 室外斜面上太阳总辐射 $I_{S\theta C}$、直接辐射 $I_{D\theta C}$、散射辐射 $I_{d\theta c}$ 的计算

有云天倾角为 θ 的斜面上太阳直接辐射通量密度为 $I_{D\theta C}$(W/m²),总辐射通量密度为 $I_{S\theta C}$(W/m²),散射辐射通量密度为 $I_{d\theta c}$(W/m²)。

$$I_{D\theta C} = \left(1 - \frac{CC}{10}\right) I_0 [1 + 0.033\cos(360x/370)]/R_0^2 \cdot P_2^m \sinh' \tag{5}$$

其中[5],

$$\sinh' = \sinh\cos\theta + \cosh\sin\theta\sin(A - \alpha)$$

式中,h' 为斜面上的太阳高度角;h,A 为太阳高度角和方位角;α 为温室方位角。

有云天倾角为 θ 的斜面上太阳总辐射通量密度 $I_{S\theta C}$(W/m²)可按下式计算:

$$I_{S\theta C} = I_{S\theta} CCF \tag{6}$$

其中,

$$I_{S\theta} = I_0 [1 + 0.033\cos(360x/370)]/R_0^2 \cdot P_2^m \sinh' + I_{dh}(1 + \cos\theta)^2$$

式中,$I_{S\theta}$ 为全晴天斜面上的太阳总辐射通量密度,W/m²;右侧第一项、第二项分别为全晴天倾角为 θ 时斜面的直接辐射通量密度和散射辐射通量密度。

利用公式(5)、式(6),有云天倾角为 θ 的斜面上的散射辐射通量密度 $I_{d\theta c}$(W/m²)可按下式计算:

$$I_{d\theta c} = I_{S\theta C} - I_{D\theta C} \tag{7}$$

2.3 有云天室内水平面直接辐射

太阳直接辐射透过日光温室前屋面后,分别落在地面、墙体、后屋面上。由于前屋面不同点入射角度的不同而使到达的太阳直接辐射不同。

为了计算方便,将日光温室的前屋面曲面转化为平面。将曲面划分为 N 个小折面,当 N 足够大时,即可逼近曲面。

给定一个整数 N,有

$$\Delta X = (XI - P)/N \tag{8}$$

地面等分点 i 的横坐标 X_i 为

$$X_i = P + i \times \Delta X \tag{9}$$

式中,X_i 为温室的跨度,m;P 为后屋面投影长度,m。

透过前屋面某小折面到达日光温室内的太阳直接辐射通量密度 $I_i(\mathrm{W/m^2})$ 的计算公式:

$$I_i = I_{D\theta C} R_k \tag{10}$$

式中,$I_{D\theta C}$ 为到达前屋面每个小折面上的太阳直接辐射通量密度;R_k 为日光温室前屋面某小折面的透过率,不同时刻、不同小折面的透过率不同。

从图 1 可以看出,根据公式(10),日光温室跨度方向上到达地面的太阳辐射不均,到达地面平均太阳直接辐射通量密度 $I_g(\mathrm{W/m^2})$ 则为

$$I_g = \sum_{i=i_1}^{i_2} I_{D\theta C} R_k / XI \tag{11}$$

式中,i_1,i_2 为分别为太阳直射光透过前屋面到达地面的小折面的起始和终止数[公式(5)]。

对于日光温室,在高纬度地区冬季和有云天,散射辐射在总辐射中占主导作用,到达室内地面的太阳散射辐射通量密度 $D_g(\mathrm{W/m^2})$ 为

$$D_g = I_{dhc} U R_d \tag{12}$$

式中,R_d 为塑料薄膜对散射光的透过率,$R_d = 0.721$;I_{dhc} 见公式(4);U 为天空率,日光温室地面由于墙体和后屋面对太阳辐射的遮挡,从整体上来说,可以近似地看成从 1/2 个天球面受光,因此大约取 $U = 1/2$。

到达日光温室内地面太阳总辐射通量密度 $I_{Sg}(\mathrm{W/m^2})$ 为直接辐射与散射辐射之和,即

$$I_{Sg} = I_g + D_g \tag{13}$$

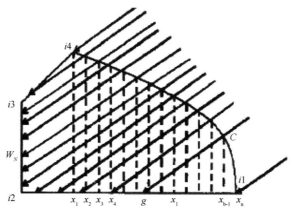

图 1　到达日光温室各个面的直射光示意图

到达北墙的太阳直接辐射为

$$I_w = \sum_{i=i_2}^{i_3} I_{D\theta C} R_k / ZM \tag{14}$$

式中,$i2$,$i3$ 为分别为太阳直射光透过前屋面到达北墙的小折面起始和终止数;$I_{D\theta C}$的计算见公式(5)。

到达后屋面的太阳直接辐射为

$$I_r = \sum_{i=i3}^{i4} I_{D\theta C} R_k / ZMN \tag{15}$$

式中,$i3$,$i4$ 为分别为太阳直射光透过前屋面到达后屋面的小折面起始和终止数;ZM,ZMN 分别为北墙高度和后屋面长度,m。

散射辐射只与倾斜角有关,与温室的方位角无关,所以对于三面墙体散射辐射认为是均匀的。墙体与后屋面的散射辐射通量密度 D_w 和 D_r(W/m^2) 为

$$D_w = I_{dhc} U R_d / 2, \quad D_r = I_{dhc} U R_d (1 + \cos\theta) / 2 \tag{16}$$

北墙与后屋面总辐射通量密度(W/m^2)的公式为

$$I_{sw} = I_w + D_w, I_{sr} = I_r + D_r \tag{17}$$

用云遮系数法计算求得的墙体与后屋面的太阳总辐射如图 2 所示。

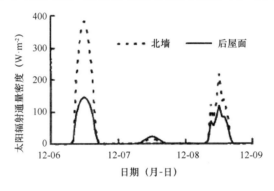

图 2　日光温室内后屋面与北墙的太阳辐射分布

3　意义

通过温室内外的太阳辐射计算,得到了室外地面太阳辐射计算值和对具有倾斜前屋面的温室内地面太阳辐射计算值。这些计算表明:云遮系数法及其推荐的参数可以用于计算北京地区到达日光温室内外地面太阳辐射,解决了有云时计算墙体和后屋面太阳辐照度的问题,为进行日光温室墙体的传热机理分析和室内温度预报打下基础,为日光温室结构优化、采暖和热环境调控提供依据。

参考文献

[1] 李小芳,陈青云.用云遮系数法计算日光温室内太阳辐射.农业工程学报.2004,20(03):212-216.

覆盖材料的传热系数公式

1 背景

聚对苯二甲酸乙二醇酯(PET)是对苯二甲酸与乙二醇的缩聚产物,是一种新型聚合塑料材料。它具有化学性质稳定、抗腐蚀性能良好、力学强度高、质轻、透光性能良好等多方面优良性能,目前在化工、包装、医疗等各行业有广泛的应用。通过不同物理化学方法可以对 PET 薄膜进行改性(PETP),使其具有一些特殊性能[1]。曹楠等[2]采用一维稳态"热箱法",通过比较相同条件下不同覆盖材料的传热系数(K)值来评价 PETP 薄膜的保温性能。"热箱法"采用保温密闭性能好的箱体,内部加热,保证热量沿一维方向通过试验材料传递,通过测量、分析热量和各测点温度间的变化计算覆盖材料在特定条件下的传热系数(K)值。

2 公式

一维稳态传热条件下,覆盖材料传热系数计算公式如下:

$$K = \frac{Q_C}{F_C \Delta T} = \frac{Q_T - Q_W}{F_C \Delta T}$$

式中,K 为覆盖材料传热系数,W/(m^2 · ℃);Q_C 为单位时间通过覆盖材料的传热量,W;Q_T 为单位时间输入箱体的总热量,W;Q_W 为单位时间通过箱体壁面和底面散失的热量,W;F_C 为覆盖材料表面积,m^2,$F_C = \pi r_1^2$;ΔT 为覆盖材料两侧的空气温度差,℃。

散失的热量 Q_W 包括四壁散热量 Q_b 和底面散热量 Q_d,通过壁面和底面的热辐射散失热量忽略不计。考虑到箱体的几何形状,采用简化计算公式如下:

$$Q_W = Q_b + Q_d = \frac{2\pi\lambda\left(l_1 + \dfrac{l_2}{2}\right)}{\ln\dfrac{r_2}{r_1}}\Delta T_b + \frac{\lambda}{\delta}\pi\left(\frac{r_1 + r_2}{2}\right)^2 \Delta T_d$$

式中,l_1 为壁面计算高度,m;l_2 为底面厚度,m;r_1,r_2 为热箱内外圆筒半径,m;ΔT_b 为热箱内外壁面温度差,℃;ΔT_d 为热箱内外底面温度差,℃;δ 为填充保温材料厚度,m;λ 为填充材料的导热系数,W/(m · ℃),填充材料为岩棉 $\lambda = 0.050$ W/(m · ℃)。

经测试表明各种覆盖材料各测点温度经过约60~100 min 后处于稳定状态,图1为输入

热量 $Q = 49.5$ W 条件下,不同测试材料各测点温度均值随时间的变化曲线。

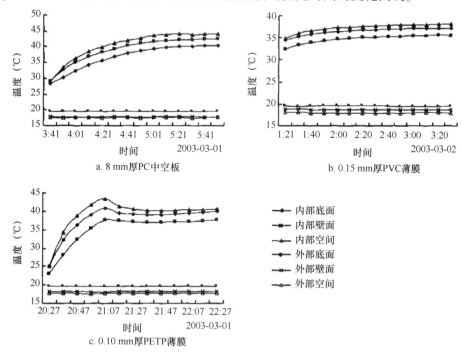

a. 8 mm厚PC中空板

b. 0.15 mm厚PVC薄膜

c. 0.10 mm厚PETP薄膜

- ◆ 内部底面
- ■ 内部壁面
- ▲ 内部空间
- ◆ 外部底面
- ✕ 外部壁面
- △ 外部空间

图1 室内不同材料各表面平均温度

3 意义

通过覆盖材料的传热系数公式,计算覆盖材料的传热系数 K 值,可以更好地比较不同厚度的传热系数。同时,可以用于比较分析传统农用薄膜、PC 中空板的传热系数。通过与传统农用薄膜、PC 中空板的 K 值进行对比分析,发现 PETP 薄膜的保温性能介于 8 mm 厚 PC 中空板和 0.15 mm 厚 PVC 薄膜之间,且随厚度的增加,保温性能增强。在夜间温室辐射能量集中的波段(5~25 μm),PETP 薄膜的透过率低于 PVC 和 PE,将其作为新型农用覆盖材料具有很好的保温性,在我国设施园艺领域具有良好的应用前景。

参考文献

[1] 张从容.聚对苯二甲酸乙二酯生产技术进展[J].当代石油石化,2002,10(2):42-44.

[2] 曹楠,林聪,王宇欣,等.PETP 薄膜保温特性的试验研究初报.农业工程学报.2004,20(4):242-245

热水加温的室内温度预测模型

1 背景

温室加温方式多种多样,加热器的控制策略也不尽相同:有当温度低于设定值时启动加热器,温度高于设定值时停止加热的位式控制,等等。比例积分控制被广泛应用于热水加温温室中,用简单的 PI 控制方法,加温系统反应滞后,就会影响控制效果。用带前馈的 PI 控制方法,可以让系统在室内气温还未波动之前,针对外界气候变化对自身做出调整,用径向基函数神经网络可以建立较好的温室气候模型,余朝刚等[1]以此模型为基础整定带前馈的 PI 控制方法中使用的参数,取得较好的结果。

2 公式

热水加温温室内对加热系统带前馈的比例积分控制一般步骤是:指定室内加温温度,计算期望室内气温,计算出管道温度,进而调节电动阀门叶片的角度,使温室内温度达到控制要求。温室气候环境是一个大时变、响应滞后的复杂系统,从调节电动阀门到调控气温目标的实现,中间经历一个延迟时间间隔。延迟时间可认为由两段构成:①从调节电动阀门到管道温度达到计算值;②从管道温度达到计算值后到室内气温达到期望值。考虑温室有关性质,一般取 5 min 为一个时间间隔来研究室内气温的变化。

用当前室内实际气温 $t_2(n)$ 与一段时间间隔前室内气温 $t_2(n-1)$ 的差 $|t_2(n)-t_2(n-1)|$ 来衡量室内气温变化快慢。当 $|t_2(n)-t_2(n-1)|$ 大于设定的阈值 σ 时采用比例调节,此时用下式计算一段时间间隔后的管道温度:

$$T(n+1) = T + k_p \times [t_1(n+2) - t_2(n)]$$

式中,T 为指定的标准温度;$t_1(n+2)$ 为两个时间间隔即 10 min 后的期望的室内气温;k_p 为比例系数。

室外气候环境的改变直接影响温室内气温,如室外温度下降或风速的增大均会导致室内温度下降,而光照增强又会使温室内温度升高,因此,计算机在控制室内温度时将温度控制与室外气候联系起来,这种控制方式称为"前馈控制"。加入前馈控制后,管道温度计算公式为[2]

$$T(n+1) = T + k_p \times [t_1(n+2) - t_2(n)] + T_o + T_f + T_l$$

$$T_o = k_1 \times (t - t_0)$$
$$T_l = k_3 \times (l - l_0)$$
$$T_f = k_2 \times v_{f0}$$

式中, T_o, T_f, T_l 为分别是室外温度、风速、太阳辐照度对计算管道温度的影响; k_1, k_2, k_3 为相应的系数; t 为当前室外温度; t_0 为指定的室外温度参考值; v_f 为当前风速; l 为当前室外辐照度; l_0 为指定的室外辐照度参考值。

当 $|t_2(n) - t_2(n-1)| < \sigma$ 时, $|t_2(n) - t_1(n+2)| > \sigma_1$ 为消除稳态误差, 引入积分环节, σ_1 是设定的另一个阈值, 计算管道温度公式变为

$$T(n+1) = T(n) + T_i$$

$$T_i = \begin{cases} \delta_i & t(n) > t_2(n) \\ -\delta_i & t(n) < t_2(n) \end{cases}$$

δ_i 是一正数, 称为积分系数, 只有当前室内实际气温与一个时间间隔前室内实际气温之差小于 σ 并且当前室内实际气温与两个时间间隔后室内期望温度之差的绝对值大于 σ_1, 才进行积分调节, 调节强度由 δ_i 决定。

3 意义

由于受到室外温度、空气流动、太阳辐射等的影响, 温室室内温度控制较为复杂。针对热水加温温室的特点, 提出用带前馈的比例积分(PI)控制方法来控制热水管道温度。在实际应用中设定恰当的参数是取得理想控制效果的关键。以室外温度、太阳辐照度、风速及温室的状态等为输入, 利用径向基函数神经网络建立了热水加温的室内温度预测模型, 在此基础上, 通过计算机模拟, 快速地确定带前馈的比例积分控制方法中使用的参数。

参考文献

[1] 余朝刚, 应义斌, 王剑平. 带前馈的比例积分(PI)控制方法在温室热水加温系统中的应用. 农业工程学报. 2004, 20(4):227-229
[2] 蔡象元. 现代蔬菜温室设施和管理. 上海:上海科学技术出版社, 2000.

冬小麦生长的评估模型

1 背景

近年来遥感技术在农业上获得了大量的应用,其中归一植被差异指数已经广泛用来定性和定量评价植被覆盖及其生长活力,简称为 NDVI,它是基于物理知识,将电磁波辐射、大气、土壤、植被覆盖等相互作用因素集合在一起,对植物在红光和近红外波段的光谱进行分析。王秀等[1]介绍了一种测量冬小麦生长归一化植被差异指数 NDVI 的新型仪器,该仪器能快速、方便地测定农作物的 NDVI 值,准确地对作物的生长情况做出评估,对指导作物管理具有重要作用。

2 公式

通常情况下归一化植被差异指数 NDVI 定义为

$$NDVI = \frac{R_{IR} - R_R}{R_{IR} + R_R}$$

式中,R_{IR} 为某红外光特征波长处的植被反射率;R_R 为某红光特征波长处植被的反射率。

王秀等[1]为了便于小麦田间管理,根据小麦生长对日光谱的反射特性,提供一种用于测量归一化植被差异指数($NDVI$)的新方法,设计一种新型简易的 $NDVI$ 测量仪。

利用日光做光源,通过 4 个具有特殊光谱响应特性的光电探测器,在近红外和红光两个特定波长处,分别对入射光和植被的反射光进行探测,测得的 4 个参数,经模拟—数字转换后,由单片机进行处理得到 $NDVI$ 值,所得结果由液晶显示器(LCD)显示。若仪器测得红光特征波长处的入射光信号为 E_R、对应波长植被反射光信号为 E_{RR}、红外光特征波长处的入射光信号为 E_{IR}、对应波长植被反射光信号为 E_{IRR},则有

$$R_{IR} = k_{IR} \frac{E_{IRR}}{E_{IR}}, \qquad R_R = k_R \frac{E_{RR}}{E_R} \qquad (1)$$

式中 k_R,k_{IR} 为比例常数,由仪器的光学系统、光电探测器及其适配放大器的特性参数决定。若令 $k_{IR} = k_R \cdot k$,就有

$$NDVI = \frac{k_R \dfrac{E_{RR}}{E_R} - k_{IR} \dfrac{E_{IRR}}{E_{IR}}}{k_R \dfrac{E_{RR}}{E_R} + k_{IR} \dfrac{E_{IRR}}{E_{IR}}} = \frac{E_{RR} E_{IR} - k E_{IRR} E_R}{E_{RR} E_{IR} + k E_{IRR} E_R} \qquad (2)$$

公式(2)表明:只要确定仪器的待定特征常数 k,就可由 4 个光电探测器测得的信号求得 $NDVI$ 值。

仪器的待定特征常数 k 的确定,可通过对在近红外和红光两特征波长处光谱反射率相等的参考板标定求得,参考板的尺寸应与仪器探测范围相符。由于 $R_R = R_{IR}$,由 $NDVI$ 计算公式可知 $NDVI = 0$,根据式(2)就可得到待定特征常数的计算公式为

$$k = \frac{E_{RR} E_{IR}}{E_R E_{IRR}} \qquad (3)$$

上述模拟—数字转换器、单片机及显示器的作用是将硅光电二极管适配放大器输出的模拟信号,经模拟—数字转换器转换为数字信号,再由单片计算机按公式(2)计算,求出 $NDVI$ 值由液晶显示器(LCD)显示。

仪器标定是使用美国 ASD 公司生产的光谱仪 ASD FieldSpec Pro 光谱辐射仪,该光谱仪是国内外公认的性能稳定、操作简便直观和用户最多的地物光谱辐射计,该仪器的光谱范围为 350~2 500 nm,采样间隔在 350~1 000 nm 范围内为 1.4 nm,仪器固定扫描时间为 0.1 s,光谱平均最多可达 31 800 次。将光谱仪测量得到与仪器相同波段处的 $NDVI$ 值和研制的 $NDVI$ 仪测定的数值进行回归,得到如下回归方程:

$$NDVI_{光谱仪} = 0.9903 NDVI + 0.0275 r^2 = 0.93 \qquad (4)$$

在上式中 $NDVI_{光谱仪}$ 是由光谱仪测量得到的数值,而 $NDVI$ 值则是由研制的仪器测量得到的数值。

3　意义

在此介绍一种测量冬小麦生长归一化植被差异指数的新型仪器,该仪器能快速、方便地测定农作物的 $NDVI$ 值,准确地对作物的生长情况做出评估,对指导作物管理具有重要作用。它利用日光作光源,通过 4 个具有特殊光谱响应特性的光电探测器,在近红外和红光两个特征波长处,分别对入射光和植被的反射光进行探测,根据测得的信号,经模拟/ 数字转换后,由单片机按照冬小麦生长的评估模型,求出归一化植被差异指数,所得 $NDVI$ 结果由液晶显示器(LCD) 显示。应用冬小麦生长的评估模型,在冬小麦田对仪器在田间进行了不同测试方式的研究,提出了优化的田间测量方式。

参考文献

[1]　王秀,赵春江,周汉昌,等.冬小麦生长便携式 NDVI 测量仪的研制与试验.农业工程学报.2004,20
(4):95-98

冬小麦的灌溉模型

1 背景

水分是光合作用的原料之一,缺乏时可使光合作用下降,干物质积累缓慢。在大田生产条件下,依据冬小麦各生理过程和各生育阶段对水分亏缺的敏感程度,建立最优灌溉制度是农田水分管理的重要手段。在水资源日益紧缺的今天,研究冬小麦的耗水规律与最优灌溉制度,提高水分生产率,对北方冬麦区发展高效节水农业具有重要的指导意义。刘增进等[1]通过实验对冬小麦水分利用效率与最优灌溉制度进行了研究。

2 公式

2.1 冬小麦灌水生产函数

冬小麦灌水生产函数采用 $y = ax^2 + bx + c$ 模型比较合理,且拟合程度较好,精度较高,易于应用推广。根据田间试验数据,采用最小二乘法拟合的灌水生产函数模型为

$$y = (-34.48 \times 10^{-3}) x^2 + 27.46x + 640.704 \tag{1}$$

式中,y 为冬小麦产量,kg/hm^2;x 为灌水量,mm。

经一元方差分析计算,灌水生产函数的均方差为 0.300,复相关系数 0.956 8。

2.2 冬小麦阶段水分生产函数

基于 Blank 模型,根据田间试验数据,采用最小二乘法拟合的冬小麦阶段水分生产函数为

$$
\begin{aligned}
F = \max y_a/y_m &= \max \sum_{i=1}^{5} A_i \left(ET_a/ET_m\right)_i \\
&= 0.00257 ET_{a1} + 0.00598 ET_{a2} + 0.0264 ET_{a3} \\
&\quad + 0.00224 ET_{a4} + 0.00148 ET_{a5}
\end{aligned}
\tag{2}
$$

式中,Y_a 为实际产量,kg/hm^2;Y_m 为最大产量,kg/hm^2;A_i 为第 i 阶段的冬小麦缺水系数;ET_{ai} 为第 i 阶段冬小麦实际蒸发蒸腾量,mm;ET_{mi} 为第 i 阶段冬小麦最大蒸发蒸腾量,mm。

2.3 多年冬小麦耗水生产函数

把黑龙港区冬小麦灌溉试验站 10 年耗水量与产量的试验资料(样本容量为 137 个)进行统计分析对比,采用最小二乘法拟合的多年冬小麦耗水生产函数为

$$y = (-30.61 \times 10^{-3}) x^2 + 29.71x - 1825.38 \qquad (3)$$

式中,x 为耗水量,mm。

经一元方差分析计算,耗水生产函数的均方差为 35.41,复相关系数 0.831 2。

2.4 有效降水量的计算

对于旱作物而言,有效降水量是指降水后存留在作物根系吸水层内的降水入渗量,根系层以下的深层渗漏量及地表径流量为无效降水量,由于降水过程的蒸发损失相对较少,计算时可以不计,即

$$P_0 = P - S - F \qquad (4)$$

式中,P_0 为有效降水量,mm;P 为降水量,mm;S 为地表径流量,mm;F 为深层渗漏量,mm。

采用实测资料计算时,有效降雨量为降雨前后计算土层深度内土壤储水量的差值,即

$$P_0 = 10\gamma H(\theta_t - \theta_0) \qquad (5)$$

式中,γ 为计划湿润层土壤平均容重,g/cm³;θ_t,θ_0 为降雨前、后计划湿润层土壤含水率,以占干土重的百分数计;H 为计划湿润层深度,cm,计算时取 100 cm。

2.5 耗水量计算

采用测定土壤含水率计算作物耗水量时,耗水量的计算公式为

$$ET_{1-2} = 10\sum_1^n \gamma_i H_i(\theta_{i1} - \theta_{i2}) + M + P_0 + K \qquad (6)$$

式中,ET_{1-2} 为阶段耗水量,mm;i 为土壤层次号数;n 为土壤层次总数;γ_i 为第 i 层土壤干容重,g/cm³;H_i 为第 i 层土壤厚度,cm;θ_{i1} 为第 i 层土壤时段初的含水率,以占干土重的百分数计;θ_{i2} 为第 i 层土壤时段末的含水率,以占干土重的百分数计;M 为时段内的灌水量,mm;K 为时段内的地下水补给量,mm,当地下水埋深大于 2.5 m 时,可以不计。

2.6 冬小麦最优灌溉制度动态模型

2.6.1 状态变量

阶段变量以冬小麦的自然生育阶段为顺序编号,即:播种—返青,返青—拔节,拔节—抽穗,抽穗—乳熟,乳熟—成熟 5 个阶段,$n = 1,2,3,4,5$,其编号与冬小麦生育阶段编号一致。决策变量为各生长阶段的灌水量 m_i,$i = 1,2,3,4,5$。

状态变量有 2 个:①第 i 阶段初用于分配的有效灌溉水量 q_i;②第 i 阶段初计划湿润土层内可供作物利用的土壤含水量 W_i,W_i 是土壤含水率的函数,即

$$W_i = 10\gamma H(\theta_i - \theta_\omega) \qquad (7)$$

式中,W_i 为第 i 阶段初计划湿润土层内可供作物利用的土壤含水量,mm;γ 为土壤容重,g/cm³;H 为第 i 阶段土壤计划湿润层深度,cm;θ_i 为第 i 阶段计划湿润层内土壤平均含水率,以占干土重的百分数计,%;θ_ω 为土壤含水率下限,以占干土重的百分数计,%。

2.6.2 系统方程

(1)水量分配方程,若对第 i 个生长阶段采用决策 m_i 时,可表达如下:

90

$$q_{i+1} = q_i - m_i \qquad (8)$$

式中，q_i，q_{i+1} 分别为第 i，$i+1$ 阶段初可用于分配的水量，mm；m_i 为第 i 阶段的灌水量，mm。

（2）土壤计划湿润层内的水量平衡方程，可写成：

$$W_{i+1} = W_i + P_{0i} + m_i - ET_{ai} \qquad (9)$$

式中，W_{i+1}，W_i 分别为第 i，$i+1$ 阶段初土壤含水量，mm；P_{0i} 为第 i 阶段有效降水量，mm；ET_{ai} 为第 i 阶段冬小麦耗水量，mm。

2.6.3 目标方程

本模型的目标是在灌水量一定时产量的最大化。采用 Blank 提出的在供水不足条件下需水量和实际作物产量的模型，目标函数为单位面积的实际产量与最高产量的比值：

$$F = \max y_a / y_m = \max \sum_{i=1}^{5} A_i \left(ET_a / ET_m \right)_i \qquad (10)$$

2.6.4 约束条件

决策条件为

$$0 \leqslant m_i \leqslant q_{i+1} \quad i = 1,2,3,4,5 \qquad (11)$$

$$\sum_{i=1}^{5} m_i = Q \quad i = 1,2,3,4,5 \qquad (12)$$

式中，Q 为可用于分配的总水量，mm。

土壤水量约束为

$$W_{\min} \leqslant W_i \leqslant W_{\max} \quad i = 1,2,3,4,5 \qquad (13)$$

式中，$W_{\max}$ 为土壤含水量上限，mm；$W_{\min}$ 为土壤含水量下限，mm。

$$\theta_\omega \leqslant \theta_i \leqslant \theta_f \quad i = 1,2,3,4,5 \qquad (14)$$

式中，θ_ω 为土壤含水率上限，mm，以占干土重的百分数计，%。

2.6.5 初始条件

冬小麦播种时田间土壤含水量 W_0 为

$$W_0 = 10\gamma H(\theta_0 - \theta_\omega) \qquad (15)$$

式中，W_0 为播种时田间土壤含水量，mm；θ_0 为土壤初始含水率，以占干土重的百分数计，%。

第 1 阶段初可用于分配的水量为冬小麦全生育期的灌水量：

$$q_i = Q \qquad (16)$$

2.7 冬小麦最优灌溉制度模型求解

由状态方程和目标方程得冬小麦最优灌溉制度模型的递推方程为

$$f^*(q_i, w_i) = \max\{ (A_i ET_{ai} / ET_{mi}) f_{n+1}^*(q_{i+1}, w_{i+1}) \} \qquad (17)$$

$$f^*(q_i, w_i) = \max\{ A_i ET_{ai} / ET_{mi} \} \quad i = 1,2,3,4,5 \qquad (18)$$

式中，$f(q_{i+1}, w_{i+1})$ 为当前阶段状态为 q 和 w，决策为 m 时，其后阶段（$i+1$，N 阶段）的最大相

对产量。

3 意义

依据冬小麦大田非充分灌溉试验资料,采用最小二乘法拟合的灌水生产函数、阶段生产函数、多年耗水生产函数比较合理,且拟合程度较好,精度较高,易于推广应用。通过耗水资料的分析整理,揭示了冬小麦的水分效应及耗水规律;依据动态规划原理,建立了冬小麦最优灌溉制度动态模型,依据冬小麦大田非充分灌溉试验资料,对冬小麦耗水量变化幅度及规律和麦田有效水分储量及其变化规律进行了系统的研究和展延,其结果具有较好的使用价值。

参考文献

[1] 刘增进,李宝萍,李远华,等.冬小麦水分利用效率与最优灌溉制度的研究.农业工程学报.2004,20(4):58-63

反刍动物的甲烷排放预测模型

1 背景

甲烷是一种仅次于二氧化碳(CO_2)的温室气体。甲烷的主要来源有湿地、稻田和反刍动物。据资料介绍,反刍动物在能量代谢过程中因产生甲烷而消耗的饲料能量约为2%~12%。有效地控制和减少反刍动物甲烷的排放量,能提高反刍动物对饲料的利用率和转化率,提高生产率,减轻甲烷产生的温室效应,达到环境和经济的双重效益。樊霞等[1]就目前该领域的研究现状做一阐述,为在中国进一步开展甲烷排放预测模型的研究提供参考,也为控制中国的反刍动物甲烷排放提供理论依据。

2 公式

2.1 基于饲料组成的经验模型

(1)Kriss[2]于1930年对24头牛(包括4头母牛和20头公牛)进行了试验,对饲料组成中的干物质含量和动物所产生的热能进行了研究。在研究的过程中,Kriss由得到的131组数据发现每头牛甲烷产量与干物质摄入量之间存在着一种线性关系:

$$CH_4(g/d) = 18 + 22.5 \times DMI, R^2 = 0.94$$

式中,DMI为干物质摄入量,kg/d;CH_4为甲烷产量,g/d。

(2)Axelsson[3]在1949年发现牛的甲烷排放量可由以下模型预测:

$$CH_4(g/d) = -37.47 + 47.71 \times DMI - 1.90 \times DMI^2, R^2 = 0.78$$

式中,DMI为干物质摄入量,kg/d。

(3)美国农业部动物科学研究所的Moe和Tyrell[4]进行了相关研究,利用开放式呼吸代谢箱对牛的甲烷排放量进行了测定,经回归分析得到预测奶牛的甲烷排放量模型:

$$CH_4(g/d) = 61.74 + 9.25NDS + 31.48Hemi + 48.01Cel, R^2 = 0.67$$

式中,NDS为摄入的中性洗涤可溶物,kg/d;$Hemi$为摄入的半纤维素,kg/d;Cel为摄入的纤维素,kg/d。

以上方程中的可变参数均为动物的采食量,在此基础上,Moe和Tyrell[4]总结出了由消化量来预测甲烷排放量的模型:

$$CH_4(g/d) = 33.30 + 20.71NDS + 38.83Hemi + 105.66Cel, R^2 = 0.73$$

式中,NDS 为可消化中性洗涤可溶物,kg/d;$Hemi$ 为可消化半纤维素,kg/d;Cel 为可消化纤维素,kg/d。

（4）Kirchgessner 等在经过对 60 头肉牛的营养代谢试验的大量数据研究后分析得出了回归模型：

$$CH_4(g/d) = 0.76 + 1.03CF + 0.13NFE = 0.35CP - 0.81EE, \ R^2 = 0.69$$

式中,CF 为粗纤维摄入量,kg/d;NFE 为无氮浸出物摄入量,kg/d;CP 为粗蛋白质摄入量,kg/d;EE 为粗脂肪摄入量,kg/d。

（5）日本的 Shibata 等用 6 头荷斯坦小母牛、10 头去势雄绵羊和 11 头去势雄山羊究了三种不同精粗比日粮(0∶100,70∶30,30∶70)对甲烷排放量的影响,得出甲烷排放量与 DMI 的回归式：

$$CH_4(g/d) = 21.87DMI - 3.18, \ R^2 = 0.98$$

他们在研究不同的能量摄入水平对甲烷排放量的影响时,在得出相关结果的基础上,对甲烷排放量和 DMI 进行了回归计算,结果发现：

$$CH_4(g/d) = -17.77 + 42.79DMI - 0.849DMI^2, \ R^2 = 0.93$$

式中,DMI 为干物质摄入量,kg/d。

（6）日本国家动物和草地科学研究所的 Kurihara 和 Nishida 等通过对 165 头牛的试验研究发现,牛的甲烷转化速率(Y_m,即每 100 MJ 的总能摄入量所产生的 MJ 甲烷能的数量)受其摄入的能量和采食中营养成分的影响。在不同的营养水平下($EIL \leqslant 1.5M$、$1.5M<EIL<2.5M$、$EIL \geqslant 2.5M$,M 为维持营养水平,EIL 为牛的能量摄入水平),甲烷转化速率的回归方程为

$$EIL \leqslant 1.5M: Y_m = 3.37 - 0.27CP + 0.12DDMI, \ R^2 = 0.70$$

$$1.5M<EIL<2.5M: Y_m = 6.34 - 0.43CP + 0.095DDMI, \ R^2 = 0.57$$

$$EIL \geqslant 2.5M: Y_m = 13.81 - 0.67CP + 0.20DDMI - 0.195NFE, \ R^2 = 0.76$$

式中,Y_m 为甲烷转化速率,MJ/(100 MJ);CP 为粗蛋白质,%;$DDMI$ 为可消化的干物质含量,%;NFE 为无氮浸出物,%。

（7）巴西的 Demarchi 等对 16 头 Nelore 牛利用 SF6 示踪技术进行了甲烷排放量的测定,结果发现,甲烷的排放量与季节有关,同时与牛的体重(BW)和可消化的干物质摄入量($DDMI$)之间存在显著的线性相关关系,其关系如下：

春季
$$CH_4(g/d) = 0.30BW + 38.11, \ R^2 = 0.95$$
$$CH_4(g/d) = 36.31DDMI - 3.9, \ R^2 = 0.92$$

冬季
$$CH_4(g/d) = 0.15BW + 55.81, \ R^2 = 0.61$$
$$CH_4(g/d) = 18.11DDMI + 53.64, \ R^2 = 0.53$$

式中,BW 为试验动物的平均体重,kg;$DDMI$ 为可消化的干物质摄入量,kg/d。

(8)韩继福等[5]在呼吸代谢箱内就不同日粮的纤维消化、瘤胃内 VFA 对甲烷产生量的影响进行了试验研究,该试验是对 4 头装有瘤胃瘘管和真胃瘘管的成年阉牛进行的,结果发现:随着 DMI 的增加,甲烷排放量也会随之增加,不同饲养水平下的 DMI 和甲烷排放量之间的关系有如下回归关系式:

$$CH_4(g/d) = 14.56DMI + 44.92, R^2 = 0.94$$

式中,CH_4 为甲烷排放量,g/d;DMI 为干物质摄入量,kg/d。

同时,对 NDF 和 ADF 降解量与甲烷排放量的关系进行了回归分析,从而得出成年阉牛在维持饲养水平下的回归方程。NDF 降解量与甲烷产生量的回归关系为

$$CH_4(g/d) = 121.37 + 13.81NDF, R^2 = 0.76$$

式中,CH_4 为甲烷排放量,g/d;NDF 为中性洗涤纤维降解量,kg/d。

ADF 降解量与甲烷排放量的回归关系为

$$CH_4(g/d) = 112.88 + 41.37ADF, R^2 = 0.96$$

式中,CH_4 为甲烷产生量,g/d;ADF 为酸性洗涤纤维降解量,kg/d。

随着精料比例增加,甲烷排放量下降,维持饲养水平下乙酸、丙酸产量与甲烷排放量的回归关系为

$$CH_4 = 60.47 + 5.19C_2, R^2 = 0.94$$

$$CH_4 = 166.00 - 4.61C_3, R^2 = 0.93$$

$$CH_4 = 22.58 + 7.03C_2 + 1.66C_3, R^2 = 0.96$$

$$CH_4 = 120.25 + 5.94C_2/C_3, R^2 = 0.78$$

式中, CH_4 为甲烷排放量,g/d;C_2 为乙酸产量,mol/d;C_3 为丙酸产量,mol/d;C_2/C_3 为乙酸产量/丙酸产量。

(9)冯仰廉、莫放等用呼吸测热箱对消化道瘘管牛饲喂不同日粮的研究结果表明,8 种日粮的甲烷排放量与瘤胃可发酵有机物质(FOM)中的可发酵中性洗涤纤维($FNDF$)的含量呈显著线性相关:

$$CH_4(L/kgFOM) 60.46 + 0.297(FNDF/FOM,\%), R = 0.97$$

该公式可简化为

$$CH_4(L/kgFOM) = 48.13 + 0.54(NDF/OM,\%), R^2 = 0.94$$

另外,消化能(DE)中的甲烷能量损失也与 $FNDF/FOM$ 呈显著线性相关:

$$CH_4E/DE(\%) = 8.68 + 0.037(FNDF/FOM,\%), R = 0.97$$

该公式可简化为

$$CH_4E/DE(\%) = 7.18 + 0.67(NDF/OM,\%), R^2 = 0.90$$

式中,CH_4E/ED 为消化能中的甲烷能量损失,%。

(10)Blaxter 和 Clapperton 分析了 DMI 与甲烷排放量之间的关系,提供了估算动物采食能量转化为甲烷比例的计算公式如下:

$$Y_m = 1.30 = 0.112D + L(2.37 - 0.050D)$$

式中,Y_m 为每 100MJ 的饲料摄入总能产生的甲烷量,MJ/(100 MJ);D 为饲料的表观消化率;L 为采食水平,摄入能量与维持能的比值。

(11)OECD 提供了单位动物甲烷排放量的计算公式:

$$M = GE(Y_m/100) \times 365 \times 0.018$$

式中,M 为单位动物年甲烷排放量,kg/(a·头);GE 为总能,MJ;Y_m 为每 100 MJ 的饲料摄入总能产生的甲烷量,MJ/(100 MJ)。

(12)A. Moss 等用去势羊研究饲料种类和甲烷产生量关系的过程中得出了如下关系式:

$$CH_4E/GEI(\%) = 2.69 + 4.03NDF + 1.13S,\ R^2 = 0.75$$

式中,$CH_4E/GEI(\%)$ 为甲烷能占饲料总能的比例;NDF 为饲料中 NDF 的消化率(%);S 为饲料中的淀粉含量,%。

(13)孙家义采用开放式呼吸面具对 9 只 3~7 月龄小尾寒羊进行了气体能量代谢试验,得出了甲烷能与摄入总能(GEI)的回归关系为

3~5 月龄
$$CH_4 = 6.25 + 0.89GEI,\ R^2 = 0.85$$
$$CH_4E = 330.64 + 50GEI,\ R^2 = 0.86$$

5~7 月龄
$$CH_4 = 8.26 + 0.77GEI,\ R^2 = 0.90$$
$$CH_4E = 455.87 + 42.8GEI,\ R^2 = 0.90$$

式中,CH_4 为甲烷排放量,g/d;CH_4E 为甲烷能,MJ/d;GEI 为摄入总能,MJ/d。

(14)德国洪保德大学的 Pelchen 和 Peters 等对所收集到的文献资料中大量的数据进行了分析,以前人对 1137 头不同年龄的羊进行试验所得到的数据,建立了羊的甲烷排放模型为

$$CH_4(g/d) = 14.25 - 22CPI + 2.1DEI - 1.33ME,\ R^2 = 0.70$$

$$CH_4(g/d) = 16.15 - 64.5EEI + 2DEI - 14.9CPI/DEI - 1.35ME,\ R^2 = 0.72$$

式中,CPI 为粗蛋白摄入量,kg/d;DEI 为消化能摄入量,MJ/d;ME 为单位日粮中的能量密度,MJ/kg;EEI 为粗脂肪摄入量,kg/d。

2.2 机理模型

Baldwin 等建立了反刍动物的瘤胃机理模型,利用该模型可根据饲料的化学成分来估算动物的甲烷排放量。

由碳水化合物、氨基酸发酵为 VFA 所产生的氢的数量:

$$Hy_{Hex}(mol/d) = (Ac_{Hex} \times 2.0) - (Pr_{Hex} \times 1.0) + (Bu_{Hex} \times 2.0) - (Vl_{Hex} \times 1.0)$$

式中,Hy_{Hex} 为碳水化合物发酵过程中氢的产量;Ac_{Hex}、Pr_{Hex}、Bu_{Hex}、Vl_{Hex} 分别为碳水化合物发酵过程中产生的醋酸、丙酸、丁酸和戊酸(mol/d)。

$$Hy_{AA}(\text{mol/d}) = (Ac_{AA} \times 2.0) - (Pr_{AA} \times 1.0) + (Bu_{AA} \times 2.0) - (Vl_{AA} \times 1.0)$$

式中 Hy_{AA} 为氨基酸发酵过程中氢的产量；Ac_{AA}、Pr_{AA}、Bu_{AA}、Vl_{AA} 分别为氨基酸发酵过程中产生的醋酸、丙酸、丁酸和戊酸，mol/d。

消耗于细胞单元组成的生物合成、不饱和脂肪酸的氢化过程中的氢的数量：

$$Hy_{MiGr}(\text{mol/d}) = [MiGr_1 \times (-0.42)] + (MiGr_2 \times 2.71)$$

式中，Hy_{MiGr} 为用于细胞单元组成的生物合成所消耗的氢的数量；$MiGr_1$、$MiGr_2$ 分别为依赖氨基酸生长和不依赖氨基酸生长的微生物的数量，kg/d。

$$Hy_{FA}(\text{mol/d}) = 1.8 \times Lipid_{Sing} \times Hy_{SaFA}$$

式中，Hy_{FA} 为用于不饱和脂肪酸的氢化所消耗的氢的数量；$Lipid_{sing}$ 为吸收的脂类，mol/d；Hy_{SaFA} 为 1 mol 不饱和脂肪酸氢化所消耗的氢的数量。

瘤胃内氢平衡的计算：

$$Hy_{rumen}(\text{mol/d}) = Hy_{Hex} + Hy_{AA} - Hy_{MiGr} - Hy_{FA}$$

反刍动物甲烷产量的计算：

$$CH_{4rumen}(\text{mol/d}) = Hy_{rumen}/4.0$$

式中，4.0 是产生 1mol 甲烷所需要氢的数量（mol）。

因此有

$$CH_{4rumen}(\text{MJ/d}) = CH_{4rumen}(\text{mol/d}) \times 0.882(\text{MJ/mol})$$

3 意义

根据国内外对反刍动物甲烷排放预测模型的有关研究进行了分析和综述，主要对反刍动物甲烷排放预测的经验模型和机理模型进行了分析比较。最后，结合中国国内当前关于甲烷排放研究的实际情况，对中国反刍动物甲烷排放需进一步研究的问题进行了探讨。建议在参考国外相关研究成果的基础上，就我国目前的饲养现状，在保证营养平衡的条件下，针对不同品种、不同类型的反刍动物，分别测定甲烷排放量，建立数据库，从而研究分析出最佳饲料配方及相关的减排措施。

参考文献

[1] 樊霞,董红敏,韩鲁佳. 反刍动物甲烷排放预测模型研究现状. 农业工程学报. 2004, 20(4): 250-254

[2] Kriss M. Quantitative relations of the dry matter of the food consumed, the heat production, the gaseous outgo and the insensible loss in body weight of cattle. Journal of Agricultural Research, 1930, 40:283-288.

[3] Axeless J. The amount of produced methane energy inthe European metabolic experiments with adult cattle. Ann R Agriculture Coll. Sweden, 1949, 16:404-409.

[4]　Moe P W, Tyrrell H F. Methane production in dairycows. Journal of Dairy Science, 1979, 62（6）: 1583-1586.

[5]　韩继福,冯仰廉,张晓明,等. 阉牛不同月粮的纤维消化、瘤胃内 VFA 对甲烷产量的影响. 中国兽医学报,1997, 3:278-280.

灌区水资源的优化配置模型

1 背景

南阳渠灌溉工程位于甘肃省东乡族自治区境内。因受气候变化与人类活动的影响,东乡族自治区干旱少雨,植被稀疏,水土流失严重,是国家级贫困县。南阳渠工程包括牙塘水库水源工程和总干渠、干渠、支渠及田间配套等灌溉工程。如何在保护生态环境条件下,提高当地水土资源利用率,则是兴建南阳渠灌区的重点和难点之一。赵丹等[1]采用水资源系统分析与节水灌区规划相结合的方法,从牙塘水库水资源优化调度出发,对灌区生态需水量与考虑公平和效率的水资源优化配置方案进行了探讨。

2 公式

2.1 牙塘水库水资源优化调度数学模型

牙塘水库优化调度的目标就是要充分利用该地区非常有限的入库径流,最大限度地满足下游最小生态环境需水量和灌区经济发展对水资源的需求,提高水资源利用效率与用水效率,达到供水量最大、废弃水量最小,生态环境最小需水量基本满足该目的。

(1)目标函数

将经济用水目标与生态环境用水目标合并为

$$F_1 = \min \sum_{k=1}^{n} [U_L(k) - W_L(k)] \tag{1}$$

式中,F_1 为灌区总缺水量;$U_L(k)$、$W_L(k)$ 分别为灌区计划用水量和实际供水量;k 为时段序号,按时间(月或旬)划分;n 为运行期内的总时段数。

为满足水库未来时段或年份的用水要求,应在水库运行期调度过程中充分利用水库调蓄容积去调蓄天然来水量,使水库废弃水量最小。相应的目标函数为

$$F_2 = \min \sum_{k=1}^{n} [D_L(k)] \tag{2}$$

式中,F_2 为水库总弃水量;$D_L(k)$ 为水库时段弃水量。

在建立的两个目标函数中,应优先考虑目标函数 F_2,使牙塘水库废弃水量最小,提高水资源利用率。在目标函数 F_2 得到满足的情况下,进而以目标函数 F_1 为目标,进行灌区的水资源优化配置。

(2)约束条件

水库水量平衡方程约束为

$$S_{k+1} = S_k + Q_k - D_k - L_k \tag{3}$$

式中,Q_k为k时段入库径流量;L_k为k时段水库蒸发、渗漏损失水量;D_k为k时段水库下泄水量,包括对灌区的供水量、水库下游生态环境最小需水量约束、水库弃水量3个部分;S_k,S_{k+1}分别为时段初、末水库蓄水量。

2.2 灌区内水资源优化配置数学模型

2.2.1 灌区内生态环境用水与农村经济用水分配数学模型

根据可持续发展理论,干旱半干旱地区的水资源优化分配必须以满足生态环境最小需水量为前提。为此,建立了如下南阳渠灌区生态环境用水与农村经济用水分配数学模型。

$$W_e(k) = \min\{U_L(k), \max[0, D(k) - E_c(k)]\}$$
$$W_c(k) = D(k) - W_e(k) \tag{4}$$

式中,$W_e(k)$,$E_c(k)$,$W_c(k)$分别为灌区经济用水的供给量、最小生态环境需水量、生态环境供水量。

2.2.2 灌区内不同渠系间水资源公平分配模型

考虑到南阳渠灌区作物结构比较单一,区内当地地表水和地下水都很缺乏,又是新建灌区,各渠系节水措施与用水效率也基本一致,故可根据各渠系控制灌溉面积进行不同渠系间的水资源公平分配。具体数学关系模型为

$$GW(k, j) = \frac{F(j)}{\sum_{i=1}^{m} F(j)} \cdot W_e(k) \tag{5}$$

式中,$GW(k, j)$为在k时刻各干、支渠的水资源分配量;$F(j)$为第j条干、支渠的控制面积;m为各干、支渠的数量和。

2.2.3 灌区内不同用水户之间保障优先水权的水资源分配模型

利用优先水权原理,在灌区水资源分配过程中,采用优先满足农村居民生活用水,其次是企业用水和农业用水。可解决东乡族人民的饮用水问题,促进各种企业与农业生产的协调发展。数学描述为

$$Ws(k, j) > Wg(k, j) > Wa(k, j)$$

且满足条件
$$Ws(k, j) + Wg(k, j) + Wa(k, j) = GW(k, j) \tag{6}$$

式中,$Ws(k, j)$,$Wg(k, j)$,$Wa(k, j)$为分别为k时刻的生活用水供给量、工业用水及农业用水供给量。

当灌区总的供水量在满足生活用水后,出现企业用水与农业灌溉用水不足时,除特殊情况外,一般根据水权公平分配原则,按其各自用水需求比例实行均衡亏水。

3 意义

针对干旱半干旱地区日益严重的水资源短缺和生态环境问题,以系统分析的思想为基础,建立了面向生态和节水的灌区水资源优化配置序列模型系统,提出了综合考虑节水、水权、生态环境等因素的多目标多情景模拟计算方法,得出了比较合理的南阳渠灌区水资源优化配置方案,最大限度地利用了当地水资源。分析计算出现状年、2010 年和 2030 年分别为工农业及城乡生活提供水资源量为 $5\,641.5\times10^4\,m^3$, $5\,796.7\times10^4\,m^3$ 和 $5\,657.2\times10^4\,m^3$,缺水量分别为 $1\,544.6\times10^4\,m^3$, $2\,100.3\times10^4\,m^3$ 和 $3\,627.9\times10^4\,m^3$,所得结果对灌区规划与发展具有重要参考价值。

参考文献

[1] 赵丹,邵东国,刘丙军. 灌区水资源优化配置方法及应用. 农业工程学报,2004,20(4):69-73

喷雾的雾滴分布质量模型

1 背景

中国是世界水果生产大国,但在果树病虫害防治过程中农药过量使用和农药在农产品中的残留问题日益突出。仿形喷雾技术就是通过检测果树实际形状,自动控制喷头组在理想的喷雾距离下进行作业以提高雾滴在果树内的分布均匀性的一种方法。由于果树的生长环境、品种以及果树个体之间的差异较大,在果树实际生长环境中进行仿形喷雾的机理研究,势必增加试验的干扰因素和成本,而且试验的影响因素多,重复性差,因而洪添胜等[1]的试验是在室内环境、采用同一果树模型的情况下进行的。

2 公式

采用涡流式扇形微雾喷头,孔径 Φ0.8 mm,雾锥角 110°,喷雾半径 0.2~0.5 m,流量 0.45~1.30 L/min。共采用了 6 个喷头,每边为 3 个。在水平方向,按照试验果树模型的形状进行布置,在垂直方向,各喷头的间隔为 300 mm。为了能够观察和分析仿形喷雾分布质量,试验采用 10 g Rhodamine-B 染料加入 10 L 清水配成的溶液(示踪剂)进行喷雾,因而示踪剂浓度为 0.001 g/mL。

设清洗后的溶液浓度为 $d(\mu g/mL)$,由于棉布小块样品全部采用 50 mL 的清水清洗,而每片棉布小块样品(果树内每区域 2 块,地面前半部 10 块,后半部 5 块)的面积均为 4 cm× 7 cm,因而可以计算出单位面积的雾滴沉积量为 $d_T(mL/m^2)$,单位面积的前半部落地损失量为 $d_F(mL/m^2)$,单位面积的后半部落地损失量为 $d_B(mL/m^2)$,各沉积量的计算公式如下:

$$d_T = \frac{d \times 50}{2 \times 4 \times 7 \times 10^{-4} \times 0.001 \times 10^{-6}} = \frac{d \times 500}{56} \tag{1}$$

$$d_F = \frac{d \times 50}{10 \times 4 \times 7 \times 10^{-4} \times 0.001 \times 10^{-6}} = \frac{d \times 500}{280} \tag{2}$$

$$d_B = \frac{d \times 50}{5 \times 4 \times 7 \times 10^{-4} \times 0.001 \times 10^{6}} = \frac{d \times 500}{140} \tag{3}$$

由上述各式,可分别求出各次试验的沉积平均值 d_V、落地损失平均值 L_V 以及沉积量偏差平均值 A_V,各值的计算方法如下:

$$d_V = \frac{1}{n}(d_{TA1} + d_{TA2} + \cdots + d_{TZ5}) \tag{4}$$

$$L_V = \frac{1}{2}(d_F + d_B) \tag{5}$$

$$A_V = \frac{1}{n}\sum |d_{Ti} - d_V| \tag{6}$$

式中,n 为果树内沉积量采样数($n = 60$);d_{Ti} 为果树内各区域单位面积雾滴沉积量,mL/m^2,i 为A1 至A5(见图1)。

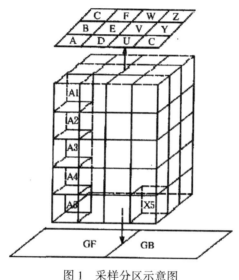

图 1   采样分区示意图

总体的评价指标中,d_V表示果树内单位面积雾滴沉积量的平均值(mL/m^2),用以比较喷雾总体沉积量的大小;L_V表示单位面积落地损失沉积量的平均值(mL/m^2),用以比较落地损失的大小;A_V表示各区域单位面积雾滴沉积量与其平均值的偏差的平均值(mL/m^2),用以比较沉积的分布均匀性。为了综合比较不同喷雾参数下的分布质量,定义分布质量系数 C_{DQ} 用以评估喷雾总体分布情况。分布质量系数的定义如下:

$$C_{DQ} = \frac{d_V}{L_V + A_V} \tag{7}$$

由式(7)可以看出,C_{DQ}越大,分布质量越好。

3   意义

按照不同的喷雾参数组合采用正交试验的方法进行了仿形喷雾试验,建立了喷雾的雾滴分布质量模型,并且根据雾滴的整体分布质量对分布质量系数进行评价。从而可知。在室内模拟试验条件下,喷雾距离是影响雾滴在果树内分布质量的首要因素,其次是喷雾压力,而喷雾时间对雾滴分布质量的作用不显著。喷雾距离超过 80 cm 时,果树内的沉积量显著减少,在喷雾距离不大于 50 cm 的范围内,增加喷雾压力有利于提高分布均匀性。

参考文献

[1] 洪添胜,王贵恩,陈羽白,等. 果树施药仿形喷雾关键参数的模拟试验研究. 农业工程学报,2004,20(4):104-107

土地当量比的农业资源评价模型

1 背景

由设施农业生产特征可知,设施农业变被动生态适应为主动生态调节,以实现农业资源的高效利用。而用于定量评价间作(混作、复种)群体对以耕地为代表的环境资源时空利用效果的指标——土地当量比(Land Equivalent Ratio),能很好地反映农用地的不同种植方式对土地集约利用的程度和状况。王秀芬等[1]借鉴土地当量比概念,以露地为对比,从产量、产值、纯收益3个角度建立评价设施农业资源利用程度的指标:产量当量比、产值当量比和纯收益当量比。

2 公式

2.1 产量当量比

生产力的提高是农业资源利用效率提高的综合表现,而生产力的提高首先表现为农作物产量的提高,故在此用产量当量比作为表达设施农业资源利用程度的指标。保护地产量初始当量(PAIYE,Protected Agricultural Initial Yield Equivalent):一年内单位面积保护地种植方式的总产量与复种的各作物单作一熟产量的算术平均数的比值;露地产量初始当量(OAIYE,Open Agricultural Initial Yield Equivalent):一年内单位面积露地种植方式的总产量与复种的各作物单作一熟产量的算术平均数的比值。然后通过计算保护地产量初始当量和露地的产量初始当量的比值得到产量当量比,即产量当量比=保护地产量初始当量/露地产量初始当量,公式表达如下:

$$PAIYE = \left(\sum_{i=1}^{n} a_i \Big/ \sum_{i=1}^{n} b_i \right) \cdot n \tag{1}$$

式中,PAIYE 为保护地产量初始当量;a_i 为保护地栽培模式下复种第 i 茬作物单位面积产量;b_i 为第 i 茬作物单作一熟单位面积产量;n 为保护地栽培模式下作物收获的茬数;i 为保护地复种的第 i 茬作物。

$$OAIYE = \left(\sum_{j=1}^{m} a_j \Big/ \sum_{j=1}^{m} b_j \right) \cdot m \tag{2}$$

式中,OAIYE 为露地产量初始当量;a_j 为露地栽培模式下复种第 j 茬作物单位面积产量;b_j 为第 j 茬作物单作一熟单位面积产量;m 为露地栽培模式下作物收获的茬数;j 为露地复种

的第 j 茬作物。

$$YER = \left(\sum_{i=1}^{n} a_i \Big/ \sum_{i=1}^{n} b_i \right) \cdot m \Big/ \left(\sum_{j=1}^{m} a_j \Big/ \sum_{j=1}^{m} b_j \right) \cdot m \qquad (3)$$

式中, YER 为产量当量比; a_i、a_j、m、i、k 含义同上。

2.2 产值当量比

产量当量比并不能全面反映设施农业的资源利用程度。在产量当量比的基础上有必要再设立一个指标——产值当量比,产值当量比界定为保护地种植方式下单位面积各茬作物产值之和与露地种植方式下各茬作物单位面积的产值之和的比值。

$$ERPV = \sum_{i=1}^{n} (a_i p_i) \Big/ \sum_{j=1}^{m} (a_j p_j) \qquad (4)$$

式中, $ERPV$ 为产值当量比; p_i 为保护地第 i 茬作物平均单价; p_j 为露地第 j 茬作物平均单价; a_i、a_j、m、n、i、j 含义同上。

2.3 纯收益当量比

土地利用的终极目标是从土地上获得一定的纯收益,而纯收益的实现必须在实现总产值增加的前提下进行成本核算,即土地纯收益的实现与所投入的成本直接相关。纯收益当量比与前两个当量比相比能够更进一步反映设施农业的资源利用程度。纯收益当量比界定为保护地种植方式下各茬作物纯收益之和与露地种植方式下各茬作物纯收益之和的比值。

$$ERNI = \left(\sum_{i=1}^{n} a_i p_i - \sum_{i=1}^{n} c_i \right) \Big/ \left(\sum_{j=1}^{m} a_j p_j - \sum_{j=1}^{m} c_i \right) \qquad (5)$$

式中, $ERNI$ 为纯收益当量比; c_i 为保护地第 i 茬作物单位面积成本; c_j 为露地第 j 茬作物单位面积成本; a_i、a_j、m、n、i、j、p_i、p_j 含义同上。

3 意义

根据土地当量比概念,以露地为对比从产量、产值和纯收益 3 个方面建立了设施农业资源利用程度评价的指标:产量当量比、产值当量比和纯收益当量比以及它们的计算模型,并以河北省曲周县为例进行实证分析。通过对曲周县塑料大棚为主的设施农业资源利用程度评价表明:曲周县设施农业资源利用程度大部分都处于较低水平,设施农业资源利用效率的提高仍有较大的空间。

参考文献

[1] 王秀芬,毕继业,郝晋珉,等. 河北省曲周县设施农业资源利用程度评价. 农业工程学报. 2004, 20(4):223-226

油菜籽脱皮的冷榨压榨比模型

1 背景

油菜籽脱皮冷榨具有诸多优点,近年来越来越受人们的重视。压榨系用以表征油液在多孔介质中渗流速度,亦即压榨速度;压榨比用以表征油料被压榨的程度,亦即油料分离出油液的量。物料物理模型有半固态饱和物料和滤饼物料两种,采用不同的物理模型将分别获得两种不同的理论压榨比模型。郑晓[1]在油菜籽脱皮侧限排油一维冷榨试验基础上,同时采用半固态饱和物料和滤饼物料物理模型分别建立两个理论压榨比模型,运用Hopfeild神经网络进行压榨系数识别,最终建立符合实际的油菜籽脱皮冷榨理论的压榨比模型。

2 公式

2.1 压榨比计算模型

2.1.1 实际压榨比

基于饱和多孔介质假设和固体颗粒与液体均为不可压缩假设,由孔隙度定义有

$$n_i = \frac{V_{il}}{V}, n = \frac{V_l}{V}, n_f = \frac{V_{fl}}{V} \tag{1}$$

压榨比指压榨过程中油料孔隙度的变化与压榨结束时孔隙度的变化之比。根据压榨比的定义有

$$U_p = \frac{n_i - n}{n_i - n_f} = \frac{V_{il} - V_l}{V_{il} - V_{fl}} = \frac{\Delta H}{\Delta H_f} \tag{2}$$

式中,U_p 为实际压榨比,%;n_i 为压榨开始时脱皮油菜籽的孔隙度,%;n_f 为压榨结束时脱皮油菜籽的孔隙度,%;n 为压榨过程中任一时刻脱皮油菜籽的孔隙为度,%;V_{il} 为压榨开始时脱皮油菜籽中液体体积,mm^3;V_{fl} 为压榨结束时脱皮油菜籽中液体体积,mm^3;V_l 为压榨过程中任一时刻脱皮油菜籽中液体体积,mm^3;ΔH 为压榨过程中任一时刻脱皮油菜籽压缩变形量,mm;ΔH_f 为压榨结束时脱皮油菜籽压缩变形量,mm。

2.1.2 理论压榨比

设脱皮油菜籽孔隙度的变化与孔隙流体压力的变化呈线性关系,由压榨比的定义式有

$$U_T = \frac{p_0 - p}{p_0 - p_f} \tag{3}$$

式中,p_0 为作用在脱皮油菜籽上的总压力,MPa;P 为任一时刻脱皮油菜籽中孔隙流体压力,MPa;P_f 为压榨结束时脱皮油菜籽中孔隙流体压力,MPa。

一般情况下,压榨结束时孔隙流体压力很小,可近似 $p_f \approx 0$。平均压榨比为

$$U_T = 1 - \frac{\int_0^H p\,\mathrm{d}z}{\int_0^H p_0\,\mathrm{d}z} \tag{4}$$

一维压榨时,其压榨微分方程为

$$\frac{\partial p}{\partial t} = C_v \frac{\partial^2 P}{\partial Z^2} \tag{5}$$

式中,t 为压榨时间,s;C_v 为压榨系数,mm²/s;Z 为一维坐标,mm。

对于半固态饱和物料,压榨初始时刻物料孔隙压力呈均匀分布,而对于滤饼物料,压榨初始时刻物料孔隙压力呈正弦曲线分布。求解式(4)及式(5),可分别得半固态饱和物料和滤饼物料压榨比:

$$U'_T = 1 - \sum_{m=1}^{\infty} \frac{8}{\pi^2(2m-1)^2} \exp\left[-\frac{\pi^2(2m-1)^2}{4}T_c\right] \tag{6}$$

$$U''_T = 1 - \exp\left(-\frac{\pi^2}{4}T_c\right) \tag{7}$$

式中,U_T' 为半固态饱和物料压榨比,%;U''_T 为滤饼物料压榨比,%;$T_c = \frac{C_v t}{H^2}$;H 为最长排油距离,mm。

式(6)、式(7)可分别用来模拟半固态饱和物料和滤饼物料的实际压榨过程。

2.2 压榨系数识别

在理论压榨比计算公式中,压榨系数 C_v 是一待定参数,压榨系数对理论压榨曲线与实际压榨曲线的逼近有着重要影响,压榨系数的确定应使理论压榨曲线能很好地逼近实际压榨曲线,故压榨系数的识别可归结为如下优化问题:

$$求 \quad x = C_v$$

$$\min f(x) = \frac{1}{2}\sum_{i=1}^{n}(U_{Ti} - U_{Pi})^2$$

$$s \cdot tg(x) = x \geqslant 0$$

其中,
$$U_{Ti} = U'_T = 1 - \sum_{m=1}^{\infty} \frac{8}{\pi^2(2m-1)^2}$$

$$\exp\left[-\frac{\pi^2(2m-1)^2}{4}\frac{t_i}{H_2}x\right] \quad (i=1,2,\cdots,10)$$

或 $$U_{Ti} = U''_{T} = 1 - \exp\left(-\frac{\pi^2}{4}\frac{t_i}{H_2}x\right) \quad (i=1,2,\cdots,10)$$

由于神经网络的能量函数极小点与网络系统的稳定平衡点相对应,故可采用 Hopfeild 神经网络方法求解上面的优化问题。采用外罚函数法将上面优化问题转为无约束优化问题:

$$\min E(X,k) = f(X) + \frac{1}{2}k\left(\min\{0,g(X)\}\right)^2 \quad (k>0) \tag{8}$$

采用梯度下降法求解,其迭代公式为

$$\frac{dx}{dt} = -\mu(t)\frac{\partial E(X,k)}{\partial x} \tag{9}$$

动态方程为

$$\frac{dx}{dt} = -c\left[\frac{\partial f(X)}{\partial x} + k\left(\min\{0,g(X)\}\right)\frac{\partial g(X)}{\partial x}\right] \tag{10}$$

式中,c 为学习参数。当动态方程收敛时,即可获得最优解。

3 意义

在油菜籽脱皮侧限排油一维冷榨试验基础上,采用半固态饱和物料和滤饼物料物理模型分别建立两个理论压榨比模型,运用 Hopfeild 神经网络方法识别压榨系数。识别结果表明:脱皮油菜籽在压力低于 10M Pa 段为半固态状饱和物理模型,在压力高于 20M Pa 段则为滤饼状物理模型,对整个压榨过程,采用分段计算物理模型可有效提高整体压榨模型精度。脱皮冷榨的压榨系数远小于未脱皮冷榨的压榨系数。

参考文献

[1] 郑晓,李智,林国祥,等. 基于 Hopfeild 神经网络的油菜籽脱皮冷榨压榨系数识别. 农业工程学报. 2004,20(4):125-129

黄粒米的质量评定模型

1　背景

稻米的品质是稻米作为商品在流通过程中所必须具有的基本特征。根据标准规定,现行黄粒米的检验方法采用人工目测的方式完成。该方法由于主观性强,随意性大,效率低且可重复性差,在实际生产中,尤其是粮食收购过程中,很难得到有效准确的执行。为了探讨对黄粒米品质进行客观判别的可行性,尚艳芬等[1]利用计算机图像识别技术,自行开发了一套检测系统,基本探明了一条解决黄粒米品质客观、快速检测的途径。

2　公式

2.1　灰度值

依据 RGB 色度理论[2],利用自行开发的稻米品质评价系统测定米样的色度平均值。正常米与黄粒米的平均色度差值见表1。其中,样品1~样品3为粳米品种,样品4和5为籼米品种。灰度值 Y 是按照式(1)计算的混合颜色。

$$Y = 0.299R + 0.587G + 0.114B + 0.5 \tag{1}$$

式中,R 为红色分量值;G 为绿色分量值;B 为蓝色分量值;Y 为灰度值。

由表1可以看出,黄粒米与正常稻米的 B 值差别最大。因此,尚艳芬等[1]认为应依据 B 值进行黄粒米与正常稻米的分割。

表 1　正常米与黄粒米的平均色度差表

样品号	ΔB	ΔG	ΔR	ΔY
1	24.3	0.1	0.9	9.4
2	13.5	2.2	−5.3	0.9
3	18.2	2.4	−5.1	2.0
4	22.8	10.1	5.4	9.9
5	20.2	8.5	0.7	7.0

2.2　计算模型

当米粒中 B 值从 i 到 j 范围内的像素数占整粒米总像素数的百分含量达到某一数值

(N)时,则该粒米被视为黄粒米,并从群体米样中被分割。其计算模型如式(2)所示:

$$K = \frac{\sum\limits_{m=i}^{j} P_m}{\sum\limits_{r=0}^{255} P_r} \times 100\% \qquad (2)$$

式中, P_m 为单粒米中 B 值等于 m 时的像素数; P_r 为单粒米中 B 值等于 r 时的像素数; K 为 B 值分布在 $i\sim j$ 范围内的像素百分含量。

3　意义

针对现行稻米质量评定中黄粒米指标的检测方法采用人工方式完成,在市场交易中,很难得到有效准确执行的问题,于是,研究开发了一套稻米品质评价系统,建立了黄粒米的质量评定模型。利用模型及评价系统,根据 RGB 色度学原理,应用计算机图像识别技术,可以对稻米中的黄粒米进行自动检测。在对群体米样的色度值分布进行试验研究的基础上,确定了从样品中进行黄粒米分割的最佳色度阈值。本系统可计算黄粒米的粒数及黄粒米粒率,结果表明:利用图像处理技术自动识别黄粒米是行之有效的方法。

参考文献

[1]　尚艳芬,侯彩云,常国华. 基于图像识别的黄粒米自动检测研究. 农业工程学报. 2004,20(4):146-148

[2]　方如明,蔡健荣,等. 计算机图像处理技术及其在农业工程中的应用. 北京:清华大学出版社,1999,99-114.

灌溉分区的节水模型

1 背景

在灌溉分区中常用的经验法、指标法、类型法、重叠法、聚类法等诸方法中,模糊聚类方法因具有较为严谨、适用性强等特点而应用较广。主成分分析法可以将原来多个变量化为少数几个综合指标,可较好地解决工作量较大,依赖于使用者的经验从而影响其使用精度与范围等问题。吴景社等[1]将模糊聚类方法与主成分分析法结合运用,基于对节水灌溉分区所需众多指标相关矩阵内部结构的研究,找出影响节水灌溉分区的互不相关并为原指标的线性组合的数个综合指标,替代原来的指标,并用于研究全国范围的节水灌溉分区。

2 公式

2.1 主成分分析的基本原理

在确定了 p 个分区指标后,假定收集到全国 n 个不同地区的指标数值,每个地区 p 个指标的值分别为 $x_1, x_2, \cdots, x_p$,则可得 $n \times p$ 阶矩阵:

$$X = \begin{Bmatrix} x_{11} & x_{12} & \cdots & x_{1p} \\ x_{21} & x_{22} & \cdots & x_{2p} \\ \vdots & \vdots & \vdots & \vdots \\ x_{n1} & x_{n2} & \cdots & x_{np} \end{Bmatrix} \tag{1}$$

记原来的变量指标为 $x_1, x_2, \cdots, x_p$,它们的综合指标——新变量指标为 $y_1, y_2, \cdots, y_m$($m \leqslant p$)。则可将 $x = (x_1, x_2, \cdots, x_p)$ 的 p 个指标综合成 m 个新指标,新的指标可以由原来的指标 $x_1, x_2, \cdots, x_p$ 线性表示,即

$$\begin{cases} y_1 = \mu_{11}x_1 + \mu_{12}x_2 + \cdots + \mu_{1p}x_p \\ y_2 = \mu_{21}x_1 + \mu_{22}x_2 + \cdots + \mu_{2p}x_p \\ \vdots \quad\quad \vdots \quad\quad \vdots \quad\quad \vdots \\ y_m = \mu_{m1}x_1 + \mu_{m2}x_2 + \cdots + \mu_{mp}x_p \end{cases} \tag{2}$$

在式(2)中,系数 μ_{ij} 由下列原则来决定:①y_i 与 $y_j(i \neq j; i,j = 1,2,\cdots,m)$ 相互无关;②y_1 是 $x_1, x_2, \cdots, x_p$ 的一切线性组合中方差最大者;y_2 是与 y_1 不相关的 $x_1, x_2, \cdots, x_p$ 的所有线性组合中方差最大者;至到 y_m 是与 $y_1, y_2, \cdots\cdots, y_{m-1}$ 都不相关的 $x_1, x_2, \cdots, x_p$ 的所有线性组合

中方差最大者。

2.2 主成分分析的计算步骤

2.2.1 原始数据的标准化

采用式(3)进行原始数据的标准化：

$$x_{ij} = \frac{x_{ij}^* - \overline{x_j^*}}{\sqrt{\mathrm{var}(x_j^*)}} \quad i = 1,2,\cdots n; \quad j = 1,2,\cdots,p \tag{3}$$

式中,x_{ij}^* 为第 i 样本的第 j 个指标的原始数据;$\overline{x_j^*}$,$\sqrt{\mathrm{var}(x_j^*)}$ 分别是第 j 个指标原始数的平均值和标准差。

2.2.2 计算相关系数矩阵

$$R = \begin{Bmatrix} r_{11} & r_{12} & \cdots & r_{1p} \\ r_{21} & r_{22} & \cdots & r_{2p} \\ \vdots & \vdots & \vdots & \vdots \\ r_{n1} & r_{n2} & \cdots & r_{np} \end{Bmatrix} \tag{4}$$

在式(4)中,$r_{ij}(i,j=1,2,\cdots,p)$ 为原来变量 x_i 与 x_j 的相关系数,其计算公式为

$$r_{ij} = \frac{\sum_{k=1}^{n}(x_{ki} - \overline{x_i})(x_{kj} - \overline{x_j})}{\sqrt{\sum_{k=1}^{n}(x_{ki} - \overline{x_i})^2 \sum_{k=1}^{n}(x_{kj} - \overline{x_j})^2}} \tag{5}$$

式中,$\overline{x_i}$,$\overline{x_j}$ 分别为第 i 个指标和第 j 个指标的平均值。

2.2.3 计算特征值与特征向量

令 $|R - \lambda_1 I| = 0,\cdots,|R - \lambda_p I| = 0$,$\lambda_1,\lambda_2,\cdots,\lambda_P$ 为 R 的非负特征值。$R-\lambda_1 I = 0$,即

$$\begin{vmatrix} r_{11} - \lambda_1 & r_{12} & \vdots & r_{1p} \\ r_{21} & r_{22} - \lambda_1 & \vdots & r_{2p} \\ \vdots & \vdots & \vdots & \vdots \\ r_{p1} & r_{p2} & \vdots & r_{pp} - \lambda_1 \end{vmatrix} \tag{6}$$

其他类同。求出特征值 $\lambda_i(i=1,2,\cdots,p)$,并使其按大小顺序排列,即 $\lambda_1 \geqslant \lambda_2 \geqslant,\cdots, \geqslant \lambda_p \geqslant 0$;然后分别求出对应于特征值 λ_i 的特征向量 $u_i(i=1,2,\cdots,p)$。

2.2.4 计算主成分贡献率及累计贡献率

第 k 个主成分 y_k 的方差贡献率为

$$\alpha_k = \lambda_k / \left(\sum_{i=1}^{p}\lambda_i\right) \tag{7}$$

主成分 $y_1,y_2,\cdots,y_m$ 的累计贡献率为

$$\sum_{i=1}^{m} \lambda_i / \Big(\sum_{i=1}^{p} \lambda_i \Big) \tag{8}$$

α_1 值越大,表明 y_1 综合 $x_1, x_2, \cdots, x_p$ 信息的能力越强,正因为如此,才把 y_1 称为 x 的主成分。

2.2.5 计算特征向量

$$\mu_1 = \begin{bmatrix} \mu_{11} \\ \mu_{21} \\ M \\ \mu_{p1} \end{bmatrix}, \mu_2 = \begin{bmatrix} \mu_{12} \\ \mu_{22} \\ M \\ \mu_{p2} \end{bmatrix}, \cdots, \mu_p = \begin{bmatrix} \mu_{1p} \\ \mu_{2p} \\ M \\ \mu_{pp} \end{bmatrix} \tag{9}$$

2.2.6 计算出主成分

$$\begin{cases} y_1 = \mu_{11}x_1 + \mu_{12}x_2 + \cdots + \mu_{1p}x_p \\ y_2 = \mu_{21}x_1 + u_{22}x_2 + \cdots + \mu_{2p}x_p \\ \quad \vdots \qquad \vdots \qquad \vdots \qquad \vdots \\ y_p = \mu_{p1}x_1 + \mu_{p2}x_2 + \cdots + \mu_{pp}x_p \end{cases} \tag{10}$$

2.3 模糊 C 均值(Fuzzy C-Means,FCM)聚类算法的原理

主成分分析只是确定了影响分区的主要因素,还必须根据各地区的主成分分析值利用一定的分类方法才能确定科学可靠的分区方案,这里采用模糊 C 均值聚类算法进行。

现在引入聚类中心向量 V 的概念,将 Y 分为 C 类时,对应有分类矩阵 R,向量 $V = [v_1, v_2, \cdots, v_C]^T$,其定义如下:

$$v_i = \Big(\sum_{k=1}^{n} r_{ik}^Q y_k \Big/ \sum_{k=1}^{n} r_{ik}^Q \Big) \tag{11}$$

为得到合理可靠的聚类中心,构造泛函 $J(R,V) = \sum_{k=1}^{n} \sum_{i=1}^{c} r_{ik}^Q \parallel y_i - v_i \parallel^2$,其中 $y_k - v_i$ 为 y_k 与 v_i 之间的距离。通过求得适当的分类矩阵 R 与一组聚类中心 V,使得 $J(R,V)$ 的值达到最小值,即为较好的聚类结果。

2.4 FCM 计算步骤

选定 $C(2 \leqslant C \leqslant n)$,取定初始模糊分类矩阵 $R(0)$,迭代次数 L(初值为 0),允许误差 E(> 0)和指数($Q \geqslant 1$)。在确定 $R(0)$ 时注意 i、k 应满足 $r_{ik} \in [0,1]$,且

$$\sum_{i=1}^{C} r_{ik} = 1 \tag{12}$$

计算聚类中心: $\qquad\qquad V = \{ v_i^{(L)} \}$

$$v_i^{(L)} = \Big[\sum_{k=1}^{n} (r_{ik}^{(L)})^Q y_k \Big] \Big/ \sum_{k=1}^{n} (r_{ik}^{(L)})^Q \tag{13}$$

修改 $R^{(L)}$：

$$r_{ik}^{(l+1)} = 1 \Big/ \sum_{i=1}^{c} \left(\frac{\| y_k - y_k^{(L)} \|}{\| y_k - y_j^{(l)} \|} \right)^{1/(Q-1)} \quad \forall_i, \forall_k \tag{14}$$

比较 $R^{(L+1)}$ 与 $R^{(L)}$，当 $\| R^{(L+1)} - R^{(L)} \| \leqslant E$ 则迭代停止；否则 $L = L + 1$，转回再进行迭代。

2.5 距离 d 的算法

这里采用欧式距离法计算：

$$d = \sqrt{\sum_{j=1}^{k} \| y_{ij} - v_{ij} \|^2} \tag{15}$$

3 意义

针对节水灌溉特点，建立了灌溉分区的节水模型，提出了集模糊聚类与主成分分析方法的各优点组合的节水灌溉综合分区方法与分区指标体系，利用主成分分析法对分区指标进行降维处理，简化了计算。通过主成分分析降维处理，用较少的几个综合指标来代替原来较多的变量指标，同时各指标之间又彼此独立，有效地减轻工作量，提高精度，而且分区结果比较客观地反映了节水灌溉发展现状与区域发展水平。

参考文献

[1] 吴景社,康绍忠,王景雷,等. 基于主成分分析和模糊聚类方法的全国节水灌溉分区研究. 农业工程学报. 2004,20(4):64-67

复垦区的可垦性评价模型

1 背景

土地复垦是对因采矿等人为和自然因素毁坏或退化的土地采取因地制宜的整治措施,使其恢复到所期望状态的行动和过程,它是相对破坏土地而言的。破坏土地的复垦存在可垦或不可垦以及复垦工程难易程度不同的问题。胡振琪等[1]根据当前土地复垦相关研究成果,结合山东省兴隆庄矿采煤塌陷地土地复垦实例,提出土地复垦可垦性分析的研究内容与方法。

2 公式

2.1 土壤退化系数模型

土壤退化系数是反映开采沉陷前后耕地土壤理化特性退化程度的指标。根据土壤生产力模糊指数模型[2],可建立土壤退化系数模型为

$$S_d = \frac{FPI_{Post}}{FPI_{Pre}} \tag{1}$$

式中,S_d 为土壤退化系数;FPI_{Post} 为采前土壤生产力水平;FPI_{Pre} 采后土壤生产力水平。当 $FPI_{Post} \geqslant FPI_{Pre}$ 时,$S_d = 1$。

2.2 环境影响评价值

根据复垦工程对各环境因子的影响性质以及不同环境因子之间的相互关系,建立复垦环境影响评价系统,从而对项目有可能造成的生态风险做出预测。评价内容包括大气、地表水、地下水、固体废弃物、污染物排放等。评价方法可以采用二级因子权重综合评价[3]。一级评价体系:因子集,主要影响因子有大气质量、地表水质量、地下水质量、土壤质量、农作物质量、景观质量;对应有权重集 $Q = \{q_1, q_2, \cdots, q_n\}$;因子 b_i 的受影响程度为 $f_i = \{$严重有害,中度有害,轻度有害,微弱有害$\}$,则一级环境影响评价值 W_i 为

$$W_i = \sum_{i=1}^{n} q_i \cdot f_i \tag{2}$$

二级评价体系:是针对因子集 B 中的各个元素逐一进行量化评价得到 f_i 值,方法与一级评价基本相同。

2.3 评价单元可垦性分析

根据对评价单元土地破坏程度、土地稳定性、工程适宜性和环境影响的评价结果,参照表1给出的评价因子赋值标准,利用式(3)对评价单元的可垦性进行综合分析。

$$S_{cell} = \sum_{i=1}^{4} A_i \cdot p_i \tag{3}$$

式中,S_{cell} 为评价单元可垦性分析值;A_i 为第 i 主导因素的分值;p_i 为第 i 主导因素的权重。

表1 可垦性评价参评因子赋值表

参评因子	参评因子赋值			
	100~75	75~50	50~25	25~0
破坏程度	无明显破坏	轻度破坏,稍加改良可以利用	中度破坏	重度破坏
稳定性预测	已全部稳定	未稳沉,但沉陷预计<1.5 m	沉陷预计 1.5~3.0 m	沉陷预计>3 m
环境影响	有利影响或无有害影响	轻度有害	中度有害	严重有害
工程适宜性	完全满足某项或多项工程实施条件	经过前期准备,可以满足施工条件	可以采用某项施工措施满足要求,但成本高	无法采用任何工程措施

2.4 待复垦区可垦性的综合分析

根据评价单元的可垦性综合分析结果,利用式(4)计算待复垦区的可垦性:

$$S = \left(\sum_{i=1}^{n} S_{cell(i)} \right) / n \tag{4}$$

式中,S 为复垦区可垦性综合分析值;$S_{cell(i)}$ 为评价单元 i 的可垦性分析值;n 为评价单元数。

3 意义

根据土地复垦规划中可垦性分析的重要性分析,阐述了可垦性分析的含义和内容,提出可垦性分析的一般程序和多因素综合评价法,建立了复垦区的可垦性评价模型,即在选定评价单元的基础上,选择可垦性分析的主导因素,采用层次分析法给主导因素打分,采用乘法模型计算评价单元的可垦性综合分值,从而得到待复垦区域的可垦性分析值,通过量化的综合分值可以确定待复垦区域的可垦性。并以山东某矿采煤塌陷地为例进行分析,经验证该方法得出的评价结果能够反应待复垦区的实际情况,为土地复垦规划设计提供参考。

参考文献

[1] 胡振琪,赵艳玲,赵姗,等.矿区土地复垦工程可垦性分析.农业工程学报.2004,20(4):264-267

[2] 郑南山,胡振琪,顾和和.煤矿开采沉陷对耕地永续利用的影响分析.煤矿环境保护,1998,12(1):18-21.

[3] 郭广礼,何国清,等.煤矿开采沉陷对环境影响的预测与评价[J].矿山测量,1995,(1):27-29.

小麦叶色的光照识别模型

1 背景

计算机在农业中的应用日益广泛,利用计算机图形图像技术识别叶色来鉴别农作物长势已成为一个全新的领域。特别是随着虚拟现实技术在农业中的不断应用与发展,建立适用于作物虚拟显示的叶色识别方法,已成为急待解决的问题。陈国庆等[1]在前人的基础上,借助虚拟现实技术,考虑到光与颜色的内在关联,建立适用于不同日期(天)及同一日期不同时刻变化的普适性小麦叶色识别模型,从而实现计算机对不同时间拍摄的图片进行叶色识别,为实现小麦的虚拟显示提供技术支持。

2 公式

2.1 模型检验方法

国际上模型检验常用的 RMSE(root mean square error,简称 RMSE)统计方法对模拟值与观测值之间的符合度进行统计分析。$RMSE$ 的值越小,表明模拟值与实际观测值的一致性越好,即模型的模拟结果越准确、可靠。$RMSE$ 计算方法为

$$RMSE = \sqrt{\frac{\sum_{i=1}^{n}(OBS_i - SIM_i)^2}{n}} \tag{1}$$

式中,OBS_i 为观测值,SIM_i 为模拟值,n 为样本容量。

2.2 拟合曲线方程

对于太阳光来说,它的颜色值 R、G、B 是相等的,只是光的亮度不一样,从而可见光的颜色值来表示光的亮度(表1),一天中不同时刻光亮度的相对值呈现先逐渐升高后逐渐降低的趋势(图1),得出的拟合曲线方程为

$$SunL = -0.0057T^2 + 0.1389T + 0.1123$$
$$R^2 = 0.8222 \tag{2}$$

式中,$SunL$ 为太阳光某一时刻的相对亮度,T 为一天中的某一时刻。

表 1　一天中不同时刻光亮度的相对值

时间	8:00	10:00	12:00	14:00	16:00	18:00
1	0.852 3	0.943 7	0.964 9	1	0.908 9	0.778 2
2	0.807 0	0.895 3	0.905 4	1	0.868 1	0.757 8
3	0.827 0	0.895 3	0.928 7	1	0.842 5	0.765 3
4	0.869 2	0.921 4	0.930 4	1	0.848 7	0.774 4

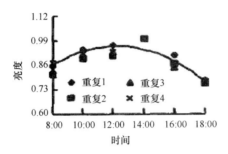

图 1　一天中太阳亮度的变化

2.3　各种光 *RGB*

环境光的光源是太阳光,但被周围的叶片多次反射而变得没有方向。在环境光下,叶片的各个部位受光均等。陈国庆等[1]利用白板遮住太阳直射光(只存在环境光)的影响,来确定环境光在不同时间的数值。环境光作用于叶片后,表现出来的颜色用 RGB(FR,FG,FB)来表示[2]。

$$FR = ER \times MR \tag{3}$$

$$FG = EG \times MG \tag{4}$$

$$FB = EB \times MB \tag{5}$$

式(3)~式(5)中,MR、MG、MB 分别表示小麦叶片对光的反射属性 RGB(MR,MG,MB)。由于环境光的亮度与太阳光的亮度直接相关,所以一天中太阳光的亮度变化同样可以来描述环境光在一天中的变化。

在环境光的影响下,叶片的颜色值为

$$RGB(FR,FG,FB) = RGB(MR,MG,MB) \times RGB(ER,EG,EB) \times SunL \tag{6}$$

对单独的一个物体来说,漫射光是影响物体颜色的最重要的因素,当太阳光照射叶片时,被叶片均匀的反射。其强度取决于入射光的颜色以及入射光和叶片顶点法线向量的夹角,当入射光垂直于表面时漫射光最强。在漫射光作用下,小麦叶片的颜色为

$$RGB(DR,DG,DB) = RGB(MR,MG,MB) \times RGB(1,1,1) \times SunL \tag{7}$$

镜面光照射到叶片上时,会被强烈的反射到另一方向。所以,看到的镜面光只是一个

亮斑,它的颜色始终为白色,即 *RGB* 值为(1,1,1)。陈国庆等[1]将镜面光忽略不计。因此,太阳光对叶色的影响为:

$$RGB(AR, AG, AB) = RGB(MR, MG, MB) \times (RGB(ER, EG, EB) + RGB(1,1,1)) \times SunL$$

$$(8)$$

由于太阳照射的角度不同以及叶片倾斜的影响,角度 α(观察点与太阳光入射点的连线和植株冠层平面的交角)不同;当角度 α 在 0~180° 之间变化时,观察点处所得到的太阳光的亮度不同,符合二次曲线(图2):

$$RGB(MR, MG, MB) = \frac{RGB(AR, AG, AB)}{[RGB(ERm, EGm, EBm) + RGB(1,1,1)] \times SunL \times (1 + V\alpha)}$$

$$(9)$$

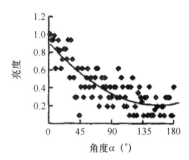

图2　亮度随角度 α 的变化

3　意义

建立小麦叶色的光照识别模型,通过对模型的分析以及数据的检验,表明此模型能够很好地模拟小麦叶片的颜色值,更加有效地实现计算机对叶色的识别。与国内外已有的叶色识别方法相比,此模型首次利用了虚拟现实技术中的光处理技术,更加真实地模拟了光在人类肉眼对颜色进行辨别中的关键作用,有力地支持了小麦的虚拟现实技术。此外,此模型将不同时期(天)以及同一日期不同时刻的光亮度变化进行了量化,可在不同时刻不同光环境下对叶色进行合理的识别。经检验发现模型具有较高的准确性和较强的预测性,从而大大增加了该模型的普适性。

参考文献

[1] 陈国庆,姜东,朱艳,等. 利用计算机视觉识别小麦叶色的光照模型研究. 农业工程学报. 2004, 20(4):143-145

[2] 郭焱,李宝国.虚拟植物的研究进展[J].科学通报,2001,46(4):273-280.

海滩剖面的预测模型

1 背景

在过去的几十年间,已经从试验研究和现场测量中收集了有关海滩剖面的性质变化及引起海滩剖面变化的各种物理因素的大量资料信息。在海滩剖面动力学中,沉降速度参数和碎破带参数可作为最适当的两个基本参数。最近几年,研究人员已经逐步地将注意力转移到通过模拟试验来预测海滩剖面的变化。Hsiang Wang[1]通过相关研究进行了海滩剖面模拟试验,并叙述了目前有关剖面模拟研究试验中的概况和在特拉华大学进行的一些最新的研究工作。

2 公式

对于这里讨论的二维过程来说,假定沿岸搬运速率是不变的或者是零,即这一分量不会导致剖面的变化。目前由模拟者使用的基本方程是输沙流量垂直积分的连续方程:

$$\frac{\partial h}{\partial t} + \lambda \frac{\partial Q_x}{\partial x} = 0$$

式中,h 是深度;Q_x 是在向岸—离岸方向的垂直积分输沙流量;λ 是沙—流体的混合物的体积校正系数。

如果假设 Q_x 仅取决于流动条件、局部地形条件和泥沙性质,即不是 t 的函数,则有

$$Q_x(t) = \int_{-h}^{\bar{\eta}} \frac{1}{nT} \int_0^{nT} c(x,z,t)\, u(x,z,t)\, \mathrm{d}t\mathrm{d}z$$

这里,Q_x 是在一时间间隔上的平均泥沙搬运速率,其中 h 可以作为常数处理;c 是含沙量分布;u 是在水平方向上的速度场;$\bar{\eta}$ 是波增水,n 是一整数。

在振荡流场中,c 和 u 都可以分解成一个平均值和一个振荡部分:

$$\begin{cases} u(x,z,t) = \bar{u}(x,z) + u^0(x,z,t) \\ c(x,z,t) = \bar{c}(x,z) + c^0(x,z,t) \end{cases}$$

简化可得

$$Q_x(t) = \int_{-h}^{\bar{\eta}} \bar{c}(x,z) \int_{-h}^{\bar{\eta}} \bar{u}(x,z)\, \mathrm{d}z + \int_{-h}^{\bar{\eta}} \frac{1}{nT} \int_0^{nT} c^0(x,z,t)\, u^0(x,z,t)\, \mathrm{d}t\mathrm{d}z$$

Dally 在他的悬浮输送模式中推出,如果泥沙有一沉降速度 ω ,一个波周期 T 降落的距离由下式得出:

$$D_F = \omega T$$

对于在底部之上高度小于 D_F 的初始悬浮的泥沙来说,由于正弦部分时间平均值在一个周期中为零,所以正弦和平均流动有助于水平位移。在底层中一阶水平水质点速度可简单地取为

$$U_B = \frac{H}{2}\sqrt{\frac{g}{h}}\cos\sigma t$$

式中, U_B 的大小由局部波高所控制。

Wang 和 Yang 根据傅立叶级数导出了用随时间变化的水平速度表示碎破带中碎波的相似性模型:

$$\frac{U + \overline{U}_R}{C\left(1 + \dfrac{\overline{\eta}}{h}\right)} = \sum_{n=1}^{\infty} \beta_n \sin(n\sigma t + \psi_n)$$

式中, $\overline{U}_R$ 是水柱中的平均回流; C 是波速; β_n 和 ψ_n 分别是无因次波浪振幅和相位角。

Wang 和 Yang 还推断认为,相似性结论仅仅对崩顶型碎波区内碎波带是有效的。他们把有效的区域规定为

$$\frac{H_b^{1/2}}{g^{1/2}\tan\beta} > 0.9 \quad \text{和} \quad \frac{h}{h_b} < 0.6$$

对于倾斜海滩的情况,Dally 推导出考虑辐射应力时的平均流动剖面,其结果采用如下形式:

$$\begin{aligned}
\overline{U}(z) = &\frac{1}{8}\frac{gh}{\varepsilon}\frac{\partial H^2}{\partial x}\left[-\frac{3}{8}\left(\frac{z}{h}\right)^2 - \frac{1}{2}\left(\frac{z}{h}\right) - \frac{1}{8}\right] \\
&+ \overline{U}_\beta\left[\frac{3}{2}\left(\frac{z}{h}\right)^2 - \frac{1}{2}\right] - \frac{3}{2}\frac{Q}{h}\left[\left(\frac{z}{h}\right)^2 - 1\right]
\end{aligned}$$

式中, ε 是运动涡动粒性; $\overline{U}_\beta$ 是在底部边界层外缘上的流体速度; Q 是底部和平均水位之间的净流量。表 1 列出了一些理论公式的结果。

表 1　平均离岸漂流速度的理论公式

理论	基本公式	深水($kh \gg$)	浅水($kg \ll$)
Longuet-Higgins	$\dfrac{U}{a^2\sigma k} = \dfrac{F(kh)}{4\sinh^2 kh}$	$\dfrac{U}{a^2\sigma k} = 0.074kh$	$\dfrac{U}{\sqrt{gh}} = 0.060k^2$
Wang & Liang	$\dfrac{U}{a^2\sigma k} = \dfrac{F'(kh)}{4\sinh^2 kh}$	$U = 0$	$\dfrac{U}{\sqrt{gh}} = 0.024k^2$

续表1

理论	基本公式	深水($kh\gg$)	浅水($kg\ll$)
Stokes drift	$\dfrac{U}{a^2\sigma k}=\dfrac{F''(kh)}{4\sinh^2 kh}$	$U=0$	$\dfrac{U}{\sqrt{gh}}=1.76\sqrt{\dfrac{h}{L}}k^2$

$$F(kh)=-\int_{h_1}^{h_2}\left\{2\cosh 2kh\left(\frac{z}{h}+1\right)+3+kh\left[3\left(\frac{z}{h}\right)^2+4\left(\frac{z}{h}\right)+1\right]\sinh 2kh\right.$$
$$\left.+3\left[\frac{\sinh 2kh}{2kh}+\frac{3}{2}\right]\left[\left(\frac{z}{h}\right)^2-1\right]\right\}d\left(\frac{z}{h}\right)$$

$$F'(kh)=-\int_{h_1}^{h_2}\left\{2\cosh 2kh\left(\frac{z}{h}+1\right)+\frac{3\sinh 2kh}{2kh}\left[\left(\frac{z}{h}\right)^2-1\right]\right\}d\left(\frac{z}{h}\right)$$

$$F''(kh)=-\int_{h_1}^{h_2}2\cosh 2kh\left(\frac{z}{h}+1\right)+\frac{3\sinh 2kh}{2kh}\left[\left(\frac{z}{h}\right)^2+1\frac{\sinh 2kh}{kh}\right]d\left(\frac{z}{h}\right)$$

Wang 和 Liang 提出了 $\overline{U}_\beta$ 的表达式:

$$\overline{U}_\beta=\frac{U_0^2 k}{2\sigma}$$

其中,

$$U_0=(H/2)\sqrt{g/h}$$

所有的试验室和现场观测都仅涉及平均值,大多数公式都建议沉积物浓度限制于不依赖于时间的剖面。采用梯度式扩散过程的古典方法是

$$c(z)\cdot\omega=-\varepsilon\frac{\partial c}{\partial z}$$

式中,ω 是沉降速度;ε 是扩散系数;c 是在高度 z 时的平均浓度。c 的值取决于 ε 的假定,表2列出了对 ε 采用不同的假设的一些结果。

在单向流中,Einstein 采用两种粒径作为较低的边界。根据试验数据,Nielsen 建议采用下述经验公式用于参考泥沙浓度:

$$c_0=0.00032\theta'^{2.3}$$

式中,θ' 是 shields 参数,定义为

$$\theta'=\frac{\tau d^2}{(s-1)\rho g d^3}$$

式中,τ 等于底部剪切力;d 为粒径大小;s 为泥沙的比重。

表 2　对 ε 的不同假设结果

ε 的形式	$c(z)$ 的形式	专用符号
$\varepsilon = \text{const}$	$c = c_0 \exp\left[\dfrac{1}{\varepsilon}(z - z_0)\right]$	
$\varepsilon = \alpha z$	$c = c_0\left(\dfrac{z}{z_0}\right) - w/z$	
$\varepsilon = \dfrac{h}{15}\sqrt{t/\rho}$	$c = c_0\exp\left[-\dfrac{15w}{\sqrt{t/\rho}}\left(\dfrac{z - z_0}{h}\right)\right]$	
$\varepsilon = \dfrac{1}{2a_c}(gks)^{1/2}$	$c = c_0\exp\left[-\dfrac{2a_c w}{(gks)^{1/2}}\left(\dfrac{z - z_0}{h}\right)\right]$ $c_0 = \dfrac{c_\lambda(ghs)^{1/2}}{2w}$	c_h, a: 为常数 $k = H_b/h_b$ s 为海底倾斜度
$\varepsilon = \dfrac{\beta H^3 k\sinh^3 kz}{3T\sinh^3 kh}$	$f(z) = \dfrac{1}{2kh}\left[\begin{array}{l}\left\{\dfrac{\cosh k(z - z_0)}{\cosh k(z - z_0)} - \dfrac{\cosh kz}{\sinh k(z - z_0)}\right\} \\ + \ln\left[\dfrac{\tanh k(z - z_0)/2}{\tanh kz/2}\right]\end{array}\right]$	v_w 为波速 b 为常数
$\varepsilon = \gamma\dfrac{\sigma H\sinh kz}{2\sinh kd}$	$c = c_0\left[\dfrac{\tanh(kz/2)}{\tanh(kz_0/2)}\right]^{-2\sinh kd/7Hk\sigma}$	γ 为常数
$\varepsilon = \varepsilon_\beta + \varepsilon_3\left(\dfrac{z}{h}\right)^2$	$c = c_0\exp\left[-\dfrac{wh}{\sqrt{\varepsilon\beta\varepsilon_s}}\tan^{-1}\sqrt{\dfrac{\varepsilon_s z}{\varepsilon_b h}}\right]$	ε_β 为边界层扩散系数 ε_b 为表面湍流扩散系数

图 1 提出侵蚀的海滩剖面可以用以下式表示:

$$y = ax^n$$

在破波带内, a 和 n 都是随时间变化的系数,与波浪破碎点 $Q_{(off)b}$ 的净离岸悬移质沙的速率有关。在碎波点之外的离岸区中, n 的值是 5, 而且 a 又与 $Q_{(off)b}$ 有关,它是随时间变化的系数:

$$Q_{(off)b} = 0.016\left(\frac{l_b - 1.5\lambda_b}{l_b}\right)^2 \frac{(U_m)_b[(U_m)_b - (U_c)_b]\sqrt{d}}{\sqrt{\rho_s(\rho - 1)g}}$$

式中, l_b 是在波浪破碎点时悬浮泥沙带的最大离岸延伸部分; λ_b 是在波浪破碎点形成的沙波的长度; $(U_m)_b$ 为底部速度振幅; $(U_c)_b$ 是在破波点的不对称波纹形成的临界速度。而且

$$(U_c)_b = 0.141\left(\frac{\rho_s - \rho}{\rho}\right)^{\frac{1}{2}} g^{\frac{1}{2}} d^{\frac{1}{4}} (D_0)_b^{\frac{1}{4}}\left(\frac{H_b L_b^2}{h_b^3}\right)^{1/8}$$

式中, $(D_0)_b$ 为底部的最大水质点漂移幅度, d 为沙粒大小, a 和 n 的值与 $Q_{(off)b}$ 有关。

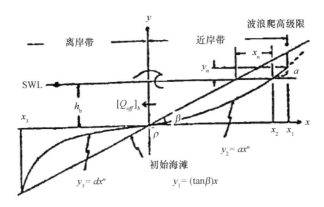

图 1　Sunamura 模型的定义图示

对于破波点内部:

$$\frac{\tan\beta}{2}\left(\frac{h_n + Y_R}{a}\right)^{2/n} - \frac{a}{n+1}\left(\frac{h_b + Y_R}{a}\right)^{(n-1)/n} = Q_{(off)b}t$$

$$a = (\tan\alpha)^n / n^n h_b^{n+1}$$

对于破波点外部:

$$n = 5$$

$$a = \frac{1}{9}\frac{\tan^3\beta}{(Q_{off})_b^2 t^2}$$

对于在底部以上高度小于 Q_F 时的初始悬浮的泥沙来说,在一个波浪周期中,正弦流动和平均流动都有助于颗粒的水平位移。在这之上,仅仅平均流动有助于泥沙位移。那么,可以将悬移质输送的体积速率写为

$$Q = Q_{t1} + Q_{t2} + Q_{u2}$$

这里 Q_{t1} 为低层中一阶速度所引起的泥沙输送, Q_{t2} 为由低层中二阶速度所引起的泥沙输送, Q_{u2} 是由上层中二阶速度所引起的泥沙输送。

在碎波带中的水平速度场可以表示为

$$u(t) = k\sqrt{g(d + \bar{\eta})}\left(1 + \frac{\bar{\eta}}{d}\right) \times \sum_{n=1}^{\infty}\beta_n\sin(n\sigma t + {}_n) - \bar{U}_R$$

这里 $\bar{U}_R$ 是平均流动,总是处于离岸的方向。该式是由 Wang 和 Yang 根据相似原理提出的,含沙量也是通过傅立叶级数表达式求得:

$$c(z,t) = \bar{c}_x(z)\left[1 + \sum_{n=1}^{\infty}\beta_n\sin(n\sigma t + \psi_c)\right]$$

这里 $\bar{c}_x(z)$ 是在高度 z 时的平均含沙量。根据有关涡动扩散系数的一些假设,Yang 提出了平均含沙量剖面式:

$$\overline{c}_x(z) = c_m(x)\exp\left[-a_s\omega(z-z_m)/h\sqrt{u_m{}^n}\right]$$

式中，z_m 为悬移质泥沙的下边界；$u_m{}^n$ 为底部切变速度 $\sqrt{\tau/\rho}$；a_s 为经验系数；$c_m(x)$ 在参考水准面时的含沙量，设定它与 $u_m{}^n/\omega$ 成正比。Yang 进一步阐述了在碎波带中切变速度与波能消耗比率的关系，得出以下的 $c_m(x)$ 表达式：

$$c_m(x) = C_k\frac{\sqrt{kg}}{2\omega}\sqrt{-\frac{\partial h}{\partial x}}$$

式中，c 为经验常数；k 为破碎波高对深度的比率。简化得

$$c(z,x) = C_h\frac{\sqrt{kg}}{2\omega}\sqrt{-\frac{\partial h}{\partial x}}\exp\left[-2a_s\frac{\omega}{\sqrt{kg}}\left(\frac{1}{\sqrt{-\frac{\partial h}{\partial x}}}\right)\left(\frac{z-z_m}{h}\right)\right]$$

并可得泥沙输送的比率值为

$$Q_x(t) = -U_R\int_{z_m}^0\overline{C}_x(z)\,\mathrm{d}z + k\sqrt{gh}\left(\frac{h}{d}\right)\times\int_0^h\overline{C}_x(z)\left[\sum_{n=1}^\infty\beta_n\sin(n\sigma t+\psi_c)+k\right]$$
$$\left[\sum_{n=1}^\infty b_n\sin(n\sigma t+\varphi)\right]\mathrm{d}z$$

3 意义

对 Dally 模型和 Yang 模型的检验，可知它们在定性上是正确的，且有助于阐明研究的要求，可以用来定性地估计以及试验环境参数的灵敏度。通过海滩剖面的预测模型，改进了海滩剖面模拟试验能力，确定了在碎波带中泥沙悬移的规律，展示在碎波带中的水流特征和推移质泥沙问题的公式表达；处理有关海滩剖面变化的现场和试验室数据，利用海滩剖面的预测模型的建立，使海滩试验模拟的能力将会有重大的改进。

参考文献

[1] Hsiang Wang. 海滩剖面模拟试验. 海岸工程,1998,17(4):87-97.

泥沙的回淤模型

1 背景

在建成大亚湾和秦山核电站后,我国正在规划设计建设更多大型核电站。目前核电站常用的取水方式为明渠式和涵管式。明渠式取水工艺简单,但存在泥沙回淤问题。正确估算海岸、河口条件下核电站取水明渠内泥沙回淤和分布情况,对电站的规划建设具有重要的意义。徐啸[1]利用公式对核电站取水明渠泥沙回淤问题展开了分析。此处可借鉴在海岸河口条件下航道港池泥沙回淤计算的理论和经验,针对核电站巨大取水量这一特点,用数学模型计算明渠内外的水流动力条件,并分析某电站水文泥沙观测资料。

2 公式

采用一维明渠非恒定流数学模型进行计算,计算时分别考虑典型大、中、小潮及明渠中二管取水,四管(一期)取水和六管(二期)取水条件。计算时主控方程为

$$\frac{\partial A}{\partial t} + \frac{\partial Q}{\partial x} = q$$

$$\frac{\partial Q}{\partial x} + \frac{\partial (Qu)}{\partial x} + gA\frac{\partial z}{\partial x} + \frac{gQ|Q|}{A\,C_c^2 R} = 0$$

式中,A 为过水面积,Q 为流量,q 为支流取水量,u 为流速,z 为水位,C_c 为谢才系数,R 为水力半径。

在明渠内有取水情况下,如只有一个孔口取水,其每潮取水量为

$$Q = q \cdot t \approx 52 \times 12.5 \times 3\,600 = 2\,340\,000 \text{ m}^3$$

而中潮条件下每潮进入明渠潮汐体积为

$$P = \Delta H \cdot B \cdot L = 4.4 \times 40 \times 470 = 83\,720 \text{ m}^3$$

$$\frac{Q}{P} = 28.3$$

根据以往经验,现采用以下计算模式,在明渠内两取水口之间输沙连续方程为[2]

$$\frac{\partial (SH)}{\partial t} + \frac{\partial (SHu)}{\partial x} = \frac{\partial}{\partial x}\left(HK_x \frac{\partial S}{\partial x}\right) R(x)$$

式中,S 为沿水深平均含沙浓度,H 为水深,u 为沿水深平均流速,K_x 为沿水流方向悬沙扩散

系数,$R(x)$ 为床面泥沙交换率(即冲淤率)。

悬沙回淤条件下,忽略扩散项质量输运对计算精度的影响,则有

$$\frac{\partial(SH)}{\partial t} + \frac{\partial(SHu)}{\partial x} = R(x)$$

采用某时段平均条件,这样输沙符合恒定不均匀条件,上式即可简化为

$$\frac{\partial(SHu)}{\partial x} = R(x)$$

$R(x)$ 可用下式表示:

$$R(x) = P_d(S - S_*)\omega$$

式中,ω 为絮团沉降;S_* 为挟沙能力,考虑到研究区域悬沙条件与连云港接近,采用刘家驹和喻国华的公式[3]:

$$S_* = \alpha \gamma_s \frac{u^2}{gH}$$

式中,P_d 为沉降概率,用下式计算[4]:

$$P_d = 2\varphi\left(\frac{r\omega}{\sigma}\right) - 1.0$$

式中,φ 为概率函数;d 为垂直脉动速度均方差;r 为与泥沙粒径特性有关的系数,进而可得

$$\frac{\partial(SHu)}{\partial x} = P_d(S - S_*)\omega$$

或

$$\frac{\partial(Sq)}{\partial x} = P_d(S - S_*)\omega$$

考虑到两取水口之间 $q \approx \mathrm{const}$,则有

$$\frac{\partial S}{\partial x} = \frac{P_d}{q}(S - S_*)\omega$$

对上式积分并考虑进口边界条件可得

$$S(x) = (S_i - S_u)\exp\left[-\frac{P_d\omega x}{q}\right] + S_u$$

应用上式即可算出整个明渠内各处含沙量,进而可求出各点回淤率。事实上明渠很短,可用下式直接计算两取水口之间平均回淤率:

$$\Delta h_i = K\frac{P_d\omega T}{\gamma_d}(S_i - S_u)$$

假设自外向里平行和垂直于岸线的流速均呈线性分布。采用刘家驹和喻国华的关系式来计算挖槽内回淤率[3]:

$$\Delta h = \frac{\omega S_1 t}{\gamma_d} \left\{ K_1 \left[1 - \left(\frac{d_1}{d_2} \right)^3 \right] \sin\theta + K_2 \left[1 - \frac{d_1}{2d_2} \left(1 + \frac{d_1}{d_2} \right) \right] \cos\theta \right\}$$

式中, d_1 为浅滩水深; d_2 为挖槽水深; θ 为挖槽轴线与水流流向夹角; K_1, K_2 为计算系数。

3 意义

核电厂需用大量冷却水,用水量为工业用水的第一位。明渠取水是核电厂常用的取水方式之一。根据泥沙的回淤模型,表明明渠内外不同的水流泥沙运动特点,用不同的模式计算分析明渠内外各部位泥沙回淤率,并提出减少明渠泥沙回淤量的措施。明渠内回淤主要发生在冬半年;从潮型来看,主要发生在大、中潮期间。为减少总回淤量,应尽量缩短明渠长度;为减少明渠里端回淤率,可以考虑适当调整明渠宽度。

参考文献

[1] 徐啸. 核电厂取水明渠泥沙回淤分析. 海岸工程,1998,17(4):5-12.

[2] 徐啸. 近海航槽的回淤率计算. 海洋学报,1990,12(1):119-126.

[3] 刘家驹,喻国华. 海岸工程泥沙的研究和应用. 水利水运科学研究,1995,(3):221-233.

海浪的特征波陡公式

1 背景

波陡是指波高与波长之比,它表征了波动的平均斜率。海浪特征波陡是航行、港工设计等所关注的重要的海浪特征量。但是,由于缺乏海浪波长分布的理论研究成果和因波长直接观测的困难,关于它的定义目前尚有些模糊之处。郑桂珍等[1]通过实验对海浪的特征波陡进行了分析,并引入了波陡相关公式。

2 公式

2.1 定义

单个波的波陡定义为波高 H 与波长 L 之比:

$$S = H/L$$

但在实际应用中,其中的波长总是借助于线性水波理论的深水色散关系由周期来估算,即波陡实际上是由下式估算:

$$S_t = 2\pi H/g\,T^2$$

式中,g 为重力加速度,下标"t"表示通过周期估算的波陡。

海况波陡则以有效波高 $H_{1/3}$ 作为波高尺度、以平均跨零点周期 $\bar{T}_c$ 作为时间尺度,定义为

$$S_{st} = 2\pi H_{1/3}/g\bar{T}_c^2$$

2.2 波高与波长的联合分布

根据线性海浪理论,给定时刻的二维海浪波面竖直位移 ζ 可表示为

$$\zeta(x) = \sum_{n=1}^{\infty} a_n\cos(k_n x + \in_n)$$

式中,a_n,k_n 和 $\in_n$ 分别是第 n 个组成波的振幅、波数和位相;$\in_n$ 是随机量,均匀分布于 $(0,2\pi)$,a_n 满足限定关系 $\sum_{k_n}^{k_n+dk} \frac{1}{2} a_n^2 = E(k)dk$,$E(k)$ 是海浪波数谱。

另一方面,窄谱条件下的海浪波面可以表示为

$$\zeta(x) = R_e A(x)\,e^{i\varphi(x)}$$

式中,A 和 φ 分别是振幅和位相。参照孙孚[2]的做法,定义四维随机量为

$$(\zeta_1,\zeta_2,\zeta_3,\zeta_4) = (A\cos\varphi, A\sin\varphi, \dot\zeta_1, \dot\zeta_2)$$

此处及下文中符号上方一点"·"表示对 x 的偏导数。根据 Lyapunov 定理, $\zeta(i = 1,2,3,4)$ 均为服从正态分布的随机量, 且它们服从联合正态分布, 其相关矩阵为

$$\left[\overline{\zeta_i\zeta_j}\right] = \begin{bmatrix} M_0 & 0 & 0 & M_1 \\ 0 & M_0 & -M_1 & 0 \\ 0 & -M_1 & M_2 & 0 \\ M_1 & 0 & 0 & M_2 \end{bmatrix}$$

此处 $M_i(i = 0,1,2)$ 是 i 阶波数谱矩, 定义为

$$M_i = \int_0^\infty k^i E(k)\,\mathrm{d}k$$

文中以上画线表示统计平均值。容易证明 $\overline{\zeta_i} = 0(i = 1,2,3,4)$, 于是 ζ_1,ζ_2,ζ_3 和 ζ_4 的联合分布的概率密度函数为

$$f(\zeta_1,\zeta_2,\zeta_3,\zeta_4) = \frac{1}{(2\pi)^2\Delta}\exp$$

$$\left\{-\frac{1}{2\Delta}\left[M_2(\zeta_1^2 + \zeta_2^2) + M_0(\zeta_3^2 + \zeta_4^2) + 2M_1(\zeta_2\zeta_3 - \zeta_1\zeta_4)\right]\right\}$$

式中, $\Delta = M_0M_2 - M_1^2$。注意到

$$(\zeta_1,\zeta_2,\zeta_3,\zeta_4) = (A\cos\varphi, A\sin\varphi, \dot\zeta_1, \dot\zeta_2)$$

和雅可比式:

$$\left|\frac{\partial(\zeta_1,\zeta_2,\zeta_3,\zeta_4)}{\partial(A,\varphi,\dot A,\dot\varphi)}\right| = A^2$$

可得 $A,\varphi,\dot A,\dot\varphi$ 的联合分布为

$$f(A,\varphi,\dot A,\dot\varphi) = \frac{A^2}{(2\pi)^2\Delta}\exp\left\{-\frac{1}{2\Delta}\left[M_2 A^2 + M_0(\dot A^2 + A^2\dot\varphi^2) - 2M_1 A^2\dot\varphi\right]\right\}$$

分别对 φ 在 $[0,2\pi]$ 及对 $\dot A$ 在 $[-\infty,\infty]$ 区间内积分上式, 可得 A 及 $\dot\varphi$ 的联合分布密度:

$$f(A,\dot\varphi) = \frac{A^2}{2\pi M_0\Delta}\exp\left[-\frac{A^2}{2\Delta}(M_0\dot\varphi^2 - 2M_1\dot\varphi + M_2)\right]$$

取表视波高 H 与振幅 A 及表视波长 L 与 $\dot\varphi$ 的关系为

$$H = 24, \quad k = 2\pi/L = \dot\varphi$$

并引入无因次波高及无因次波长 h 及 l:

$$h = \frac{H}{8M_0}, \quad l = \frac{L}{2\pi M_0/M_1}$$

即得到 h 及 l 的联合分布密度为

$$f(h,l) = \frac{\pi}{4\gamma} N(\gamma) \frac{h^2}{l^2} \exp\left\{ -\frac{\pi}{4} h^2 \left[1 + \frac{1}{\gamma^2} \left(\frac{1}{l} - 1 \right)^2 \right] \right\}$$

式中，$\gamma^2 = \Delta/M_1^2$，$N(\gamma)$ 是由于仅考虑正的 l 而引入的归一化因子。Longuet-Higgins[3] 曾给出：

$$\frac{1}{N(\gamma)} = \frac{1}{2}\left[1 + (1 + \gamma^2)^{-\frac{1}{2}} \right]$$

海浪频谱矩 m_i 定义为

$$m_i = \int_0^\infty \omega^i E(\omega)\,\mathrm{d}\omega$$

式中，$E(\omega)$ 为海浪频谱。对深水波，利用色散关系 $\omega^2 = kg$（ω 为圆频率），可将波数谱矩以频谱矩代换，二者关系为

$$M_i = m_{2i}/g^i$$

这样 γ, h, l 可重新表示为

$$\gamma^2 = \frac{m_0 m_4}{m_2^2} - 1, \quad h = \frac{H}{8m_0}, \quad l = \frac{L}{2\pi g m_0/m_2}$$

$F(h,l)$ 仅仅依赖于参数 γ，其形式类似于 Longuet-Higgins[3] 导出的振幅与周期的联合分布，也是非对称分布。γ 与 Cartwright 和 Longuet-Higgins[4] 定义的谱宽度 ε 的关系为

$$\gamma = \frac{\varepsilon}{1 - \overline{\varepsilon^2}}$$

2.3　波长分布

对 h 在 $[0,2\pi]$ 上积分式可得波长的分布密度：

$$f_l = \frac{N(\gamma)}{2\gamma\, l^2 [1 + (1 - 1/l)^2/\gamma^2]^{3/2}}$$

采用孙孚[2] 引入的计算随机量统计平均值的近似公式：

$$\frac{1}{\bar{x}} = \int_0^\infty \frac{1}{x} f(x)\,\mathrm{d}x$$

式中，x 是一个随机变量，$f(x)$ 是其概率密度函数。计算可得平均波长：

$$\bar{l} = 1/\overline{\sqrt{1 + \gamma^2}}$$

即

$$\bar{L} = \frac{1}{1 + \gamma^2} \frac{2\pi g\, m_0}{m_2}$$

跨零点平均波长 $\bar{L}_c$ 和平均周期 $\bar{T}_c$ 分别为[5]

$$\overline{L}_c = 2\pi g (m_0 / m_4)^{1/2}, \quad \overline{T}_c = 2\pi g (m_0 / m_2)^{1/2}$$

容易证明:

$$\overline{L} = \overline{L}_c, \quad \overline{1 + \gamma^2 \overline{L}} = g\overline{T}_c^2 / 2\pi = \widetilde{L}$$

2.4 波陡的分布

引入无因次波陡 $s = \dfrac{h}{l} = S/\widetilde{S}$,其中 $\widetilde{S} = \overline{2m_2}/(\pi g\overline{m_0})$。无因次波陡 s 分布密度可由下式计算:

$$f_s(s) = \int_0^\infty l f(h, l)_{h = st} dl$$

计算可得:

$$f_s(s) = C_1(\varepsilon) \exp\left(-\frac{(1 - \varepsilon^2) s^2}{\varepsilon^2}\right) + C_2(\varepsilon)\left[1 + erf\frac{(1 - \varepsilon^2) s^2}{\varepsilon}\right] sexp\left[-(1 - \varepsilon^2) s^2\right]$$

$$C_1(\varepsilon) = \frac{2\varepsilon}{\overline{\pi}(1 + 1/1 - \overline{\varepsilon^2})}$$

$$C_2(\varepsilon) = \frac{2(1 - \varepsilon^2)}{(1 + 1/1 - \overline{\varepsilon^2})}$$

2.5 海浪特征波陡

由 h 和 l 的联合分布密度,对 l 在 $0 < l < \infty$ 区间内积分可得,波高 h 的分布为

$$f_h(h) = 2L(\gamma) F(h/\gamma) he^{-h^2}$$

其中,

$$F(h/\gamma) = \frac{1}{2}\left[1 + erf(h/\gamma)\right]$$

于是,

$$f_l(l \mid h) = \frac{f(h, l)}{f_h(h)} = \frac{h/l^2}{\overline{\pi}\gamma F(h/\gamma)}\exp\left[-h^2 (1 - 1/l)^2 / \gamma^2\right]$$

仍使用孙孚引入的公式计算给定波高下的平均波长,得到:

$$\tau = 1/\left\{1 + \frac{e^{-h^2/\gamma^2}}{\overline{\pi}\left[1 + erf(h/\gamma)\right] h/\gamma}\right\}$$

对窄谱条件下的海浪有效波平均波陡为

$$S_s = \frac{H_{1/3}}{2\pi g\, m_0 / m_2}$$

我们还可以从给定波高下波陡的分布概率来计算波高为有效波高的波的平均波陡:

$$f_s(s \mid h) = f_l(l \mid h)_{l = h/s} \frac{\partial l}{\partial s} = \frac{\exp\left[-\dfrac{1}{\gamma^2}(s - h)^2\right]}{\overline{\pi}\gamma F(h/\gamma)}$$

2. 6 波陡随风要素的变化

无因次谱矩可以将有效波陡与风要素直接联系起来。

引入无因次频率 $\Omega = \omega / \omega_0$，可将 P-M 谱和 JONSWAP 谱改写成：

$$E(\omega) = ag^2 \omega^{-5} Q(\Omega) \Omega^{-5}$$

式中，a 是 Phillips 系数，ω_0 是谱峰频率，对于 P-M 谱：

$$Q(\Omega) = \exp(-1.25) \Omega^{-4}$$

对于 JONSWAP 谱：

$$Q(\Omega) = \exp(-1.25 \Omega^{-4}) p$$

此处 p 为峰升高因子，q 为峰形参量。于是，可定义无因次谱矩满足：

$$m_i = ag^2 \omega_0^{i-4} \hat{m}_i$$

其中，

$$\hat{m}_i = \int_0^\infty Q(\Omega) \Omega^{i-5} d\Omega$$

化简可得

$$S_s = \frac{2}{\pi} \frac{h_{1/3} \hat{m}_{2-}}{\hat{m}_0} a$$

3 意义

在现有的海浪要素统计分布的理论框架下具体地推导了二维海浪波高与波长的联合统计分布、波长统计分布以及波陡的统计分布。在此基础上对特征波陡的定义及其随风要素的变化规律做了较为细致的讨论。建立了海浪的特征波陡公式，得到了波高与波长联合分布的推导，与 Longuet-Higgins 的振幅与周期联合分布的推导相比，所使用的分析方法是平行的，对海浪所作的基础假设也是一致的，这些理论具有实用价值。

参考文献

[1] 郑桂珍,徐德伦,刘学海. 海浪的特征波陡. 海岸工程,1999,18(3):5-12.

[2] 孙孚. 三维海浪要素的统计分布. 中国科学(A),1988,10(1):501-508.

[3] Longuet-Higgins M S. On the joint distribution of the periods and amplitudes in a random wave field. Proc. Roy. Soc. London,1983,389:241-258.

[4] Cartwright D E, Longuet-Higgins M S. The statist ical distribut ion of the max ima of a random function. Pro c. Roy. Soc. London,1956,237(1209) :212-232.

[5] Papoulis A P. Random variables and stochastic processses. New Yo rk：Mcg raw-Hill,1965:487.

船闸基坑的稳定公式

1 背景

韩庄船闸位于山东省微山县韩庄镇东南1km,山东与江苏两省交界处,新老运河之间的台地上,104国道和京浦铁路与此相傍。韩庄船闸为Ⅱ级船闸,设计可通航2 000吨级船舶,是京杭运河南水北调、物质运输的枢纽工程,也是京杭运河续建工程(山东段)的一个重要工程。张丽华[1]通过实验并结合相关公式对京杭运河续建工程韩庄枢纽船闸基坑开挖施工展开了分析。

2 公式

基岩全风化带呈土状,其主要物理力学性质与黏性土相当。根据《岩土工程勘察规范》GBJ0021-94,按总应力法,基坑稳定系数为

$$F_s = \frac{2C_{\sin\alpha}}{\gamma H \sin(\alpha - \beta)} + \frac{\tan\varphi}{\tan\beta}$$

式中: F_s 为边坡稳定系数; H 为边坡高度; γ 为地基岩土的天然重度; φ 为地基岩土的内摩擦角; C 为地基岩土的内聚力; α 为边坡坡角; B 为假定滑动面坡角,取 $\beta = (\alpha + \varphi)/2$。

当 $F_s = 1$ 时,临界坡高为

$$H_{cr} = \frac{2C_{\sin\alpha\cos\varphi}}{\gamma \left[1 - \cos\alpha - \varphi \right]}$$

根据工程实际情况,设定: $H_{cr} = 14$ m,其中 C, φ, γ 取14 m深度内各土层的加权平均值(地下水位以下 γ 取浮容重; C, φ 取饱水状态抗剪强度值),计算边坡界坡角 $\alpha = 45°$,参照B50021-94规定,该工程边坡稳定系数 F_s 取1.4,计算出坡角 $\alpha = 34°$。

3 意义

韩庄船闸是京杭运河续建工程建设中重要工程,此处对船闸基坑大开挖施工以及施工过程中出现的问题和采取的处理措施进行了总结。通过船闸基坑的稳定公式,制定了基坑开挖施工及滑坡处理的方案。应用船闸基坑的稳定公式,计算得到:在大面积土方开挖过

程中,为了安全及施工方便,可设 2~3 个台阶放坡,基槽开挖应快速施工,挖至基础底面前,必须预留一定厚度的保护层,可将基础分成数块进行突击施工。坡面应采取防水、防渗和支护措施。

参考文献

[1] 张丽华．京杭运河续建工程韩庄枢纽船闸基坑开挖施工．海岸工程,1999,18(3):52-54.

垃圾渗漏水的预测模型

1 背景

　　垃圾场对周围环境的主要影响是垃圾填埋气体(LFG)中的有害气体 H_2S, NH_3 对大气的影响、垃圾渗漏水对地下水的影响、垃圾扬尘和塑料垃圾造成的白色污染。垃圾渗漏水中的污染物通过垂直渗透穿过覆盖层与地下水接触后,除了分子扩散外,还将随地下水流动,向下游区域迁移和扩散,污染垃圾场周围的地下水。因此,如何减小垃圾渗漏水对地下水的影响是垃圾场设计和环境保护中的重要问题。宋树林[1]用数值模拟的方法预测了拟建的青岛市西小涧垃圾场渗漏水对地下水的影响。

2 公式

　　垃圾渗漏液中污染物随地下水向下游迁移扩散,其规律在对各个方面的条件进行概化后,可用二维连续污染方程进行描述:

$$C(x,y,t) = \frac{C_0 Q}{4\pi n \overline{D_L D_T}} \exp\left(\frac{xu}{2D_L}\right) W\left(\frac{R^2}{4D_L t}, \frac{R_a}{D_L}\right)$$

　　其中,

$$W(u,b) = \int_t^\infty \exp(-y - b^2/4y)\frac{\mathrm{d}y}{y} \text{ (汉吐什函数)}$$

$$R = \overline{x^2 + \frac{D_L}{D_r}y^2} \; ; \quad a = \overline{\lambda + \frac{u^2}{4D_L}}$$

式中, C_0 为渗出液进入潜水中的初始浓度; Q 为渗出液进入潜水的渗入量; n 为有效孔隙度(无量纲); D_L 为纵向弥散系数; D_T 为横向弥散系数; u 为孔隙速度(与 X 轴方向一致); x 为纵向污染距离; y 为横向污染距离; t 为预测时间; $C(x,y,t)$ 为某一点、某一时刻地下水的污染浓度。

　　当渗水试验进行到渗入水量趋于稳定时,渗透系数采用下列公式计算:

$$K = QL/\omega h$$

式中, Q 为稳定渗水量; L 为渗透途径; K 为渗透系数; h 为水头损失(上、下过水断面的水头差); ω 为过水断面面积。

　　弥散系数采用解析公式法(直接法)进行计算[2],地下水水质模型为

138

$$D\frac{\partial^2 C}{\partial x^2} - v\frac{\partial C}{\partial x} = \frac{\partial C}{\partial t}$$

$$C(x,0) = 0, 0 \leqslant x < \infty$$

$$C(0,t) = C_0, 0 \leqslant t < \infty$$

$$C(0,t) = 0, t_0 \leqslant t < \infty$$

$$C(\infty,t), 0 \leqslant t < \infty$$

其通解为

$$C(x,t) = \frac{C_0}{\pi}\int_{\frac{X-VT}{D_L L}}^{\frac{x-v(t-t_0)}{D_L(T-T_0)}} \exp(-\eta^3)\mathrm{d}\eta$$

式中,x 为观测井离主井的距离;v 为地下水流速。

若利用浓度的最大值 $C_{\max}$,则有

$$C_{\max} = \frac{1}{2\pi}\int_{\frac{x-vt_m}{2d_l t_m}}^{\frac{x-v(t_m-t_0)}{Dl_m(T_m-T_0)}} \exp\left(-\frac{\eta^2}{2}\right)\mathrm{d}\eta$$

若场区含砂层的渗透系数的平均值为 15.57 m/d。根据抽水试验得出的渗透系数和水力坡度可计算出地下水的流速:

$$\bar{V} = \bar{K} \times \bar{I} = 15.57 \times 0.43 E = 6.07 \times 10^{-4} \text{ m/d}$$

假设地层介质为多孔性和均匀的,其堆积密度和有效孔隙度一定时,则污染物在一维多孔介质中的传输方程可化简为

$$DX\frac{\partial^2 C}{\partial X^2} - V\frac{\partial C}{\partial X} - \lambda RdC = Rd\frac{\partial C}{\partial t}$$

在对其边界条件和初始条件进行充分概化后,可得出连续污染源的解析方程(污染物变化率 α 等于污染物的降解常数 λ)。

$$C(x,t) = \frac{1}{2}erfo\left[\frac{RdX - Vt}{2(DRdt)^{\frac{1}{2}}}\right] + \left[\frac{V^2 t}{\pi DRd}\right]^{\frac{1}{2}}\exp\left[-\frac{(RdX-Vt)^2}{4DRdt}\right]$$

$$+ \frac{1}{2}\left[1 + \frac{VX}{D} + \frac{V^2 t}{DRd}\right]\exp\left[\frac{VX}{D}\right]erfo\left[\frac{RdX + Vt}{2(DRdt)^{\frac{1}{2}}}\right]$$

式中:Rd 为污染物质滞留因子(无量纲);V 为垂直方向上的下渗实际速度;D 为垂向弥散系数;K 为污染物(COD)的衰变常数。

3 意义

根据在野外实验取得的大量数据,建立了垃圾渗漏水的预测模型,通过此模型,计算了

地下水的纵向弥散系数和平均流速,并用二维连续污染方程预测了西小涧垃圾场垃圾渗漏水对地下水的影响,在沿着水流方向,最大的影响范围为 65 m;在垂直方向上,影响范围为 30 m。由此可知即使垃圾填埋场全部填满,在以后的 30 年里,其产生的污染物对地下水的影响是有限的,而且随着时间的推移,伴随着有机污染物的降解,其浓度会逐渐降低,并逐步恢复其原有的自然状态。

参考文献

[1] 宋树林,林泉,孙向阳. 青岛市西小涧垃圾场垃圾渗漏水对地下水的影响. 海岸工程,1999,18(3): 75-79.
[2] 王秉忱,陈曦,等. 地下水水质模型. 沈阳:辽宁科学技术出版社,1985.

近岸波浪的折射绕射方程

1 背景

波浪由深海向岸线传播时,会因水深变浅及水底地形的影响引起浅水变形并成为近岸波浪场。由于近岸地区是人类活动和进行海洋工程开发建设的重要区域,因此近岸水域波浪折射绕射问题的研究一直受到关注和重视。王亮和李瑞杰[1]基于波能守恒方程和波数矢量无旋方程为基本方程对近岸水域波浪绕射进行数值模拟,将波浪折射绕射同时加以考虑,解决近岸波浪折射绕射问题。

2 公式

波浪在向岸传播的过程中会发生变形。当考虑底部摩擦引起的波能耗散时,稳定的能守恒方程为[2]

$$\frac{\partial}{\partial x}(EC_g\cos\theta) + \frac{\partial}{\partial y}(EC_g\sin\theta) = D$$

设 k 为波数;h 为水深;σ 为角频率,$\sigma = \frac{2\pi}{T}$;T 为波浪周期,则波数 k 由弥散关系确定:

$$\sigma^2 = gkthkh$$

对 k 求导得

$$C_g = \frac{\partial\sigma}{\partial k} = \frac{n\sigma}{k}$$

上式中 $n = \frac{1}{2}\left[1 + \frac{2kh}{sh2kh}\right]$,设 $A = EC_g\cos\theta$,$B = EC_g\sin\theta$,则有

$$\frac{\partial A}{\partial x} + \frac{\partial B}{\partial y} = D$$

若用 S 表示波动相位,则波数矢量 $\vec{K}$ 可定义为

$$\vec{K} = \therefore S$$

当有绕射发生时,沿波峰线存在能量传递,此时有下面的 Battjes 关系:

$$\vec{K}^2 = K^2 = k^2 + \frac{1}{H}\left[\frac{\partial^2 H}{\partial x^2} + \frac{\partial^2 H}{\partial y^2}\right]$$

141

简化可得

$$\therefore \times \vec{K} = \therefore \times \therefore S = 0$$

即

$$\frac{\partial K\sin\theta}{\partial x} - \frac{\partial K\cos\theta}{\partial y} = 0$$

设 $P = K\sin\theta$,则 $Q = K\cos\theta = \overline{K^2 - P^2}$,则有

$$\frac{\partial P}{\partial x} - \frac{\partial Q}{\partial y} = 0$$

进行离散时,以 i ,j 点为中心,x 方向采用向前差分,y 方向采用中心差分,差分网格如图 1 所示,得到差分方程如下:

$$A_{i+1,j} = A_{i,j} + \frac{\Delta x}{2\Delta y}[(1-a)(B_{i,j+1} - B_{i,j-1}) + a(B_{i+1,j+1} - B_{i+1,j-1})] + \Delta x D_{i,j}$$

$$P_{i+1,j} = P_{i,j} - \frac{\Delta x}{2\Delta y}[(1-a)(Q_{i,j+1} - Q_{i,j-1}) + a(Q_{i+1,j+1} - Q_{i+1,j-1})] + \Delta x D_{i,j}$$

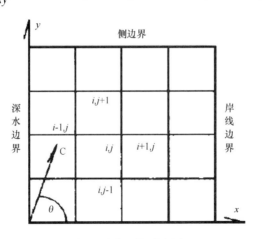

图 1 差分网格示意图

相应的波向角为 $Q_{i+1,j} = \mathrm{arctg}\left(\frac{P_{i+1,j}}{Q_{i+1,j}}\right)$,波高为 $H_{i+1,j} = \overline{\frac{8A_{i+1,j}}{\rho g C_{gi+1,j}\cos\theta_{i+1,j}}}$,同理可得

$$K_{i,j}^2 = k_{i,j}^2 + \frac{1}{H_{i,j}}\left[\frac{H_{i+1,j} - 2H_{i,j} + H_{i-1,j}}{\Delta x^2} + \frac{H_{i,j+1} - 2H_{i,j} + H_{i,j-1}}{\Delta y^2}\right]$$

3 意义

采用波数矢量无旋和波能守恒方程对圆形浅滩附近水域波浪绕射进行了数值计算,计算模型中采用 Battjes 关系与波数矢量无旋、波能量守恒方程一起联合求解圆形浅滩附近水域波浪折射绕射影响下的波浪要素。此处的数值计算模型对圆形浅滩水域波浪折射绕射现象的验证结果表明,计算所得结果与试验结果是吻合的,数学模型是可靠和合理的,具有实用价值。不足之处是模型未考虑波浪的反射以及水流对波浪变形的影响。

参考文献

[1]　王亮,李瑞杰. 水下圆形浅滩附近波浪绕射的计算. 海岸工程,1999,18(3):1-4.

[2]　Phillips O M. The dynamics of the upper ocean(2nd Ed). Cambridge Universit y Press. 1977:59-66.

农林复合系统的环境评价模型

1 背景

  农林复合系统代表了一种土地利用的概念,特别适用于边远地区或低投入系统,是为了改善当地生态环境、优化树木等组分与农作物之间的相互作用而建立起的一种农产品总量、多样性和系统的持久性优于相同社会、生态、经济条件下其他系统的生产模式。我国是推行农林系统较早的国家之一,也是世界上农林间作面积最大的国家,随着"人口剧增、粮食短缺、资源危机、环境恶化"等全球性问题的日益严峻,农林复合系统显示出其巨大的优势。王丽梅等[1]就农林复合系统环境评价指标体系的建立做了初步研究与尝试。

2 公式

  改进的标准赋权法是从环境指标间危害性的差异出发来确定其权重,不受实测值的干扰,能更好地反映环境指标的真实权重,可用下式计算:

$$A_i = \frac{\dfrac{m-1}{\sum\limits_{j=1}^{m-1} |S_{ij+1} - S_{ij}|}}{\sum\limits_{i=1}^{n} \left(\dfrac{m-1}{\sum\limits_{j=1}^{m-1} |S_{ij+1} - S_{ij}|} \right)}$$

$$(i = 1, 2, \cdots, n) \quad (j = 1, 2, \cdots, m-1)$$

式中,A_i 为第 i 个指标的权重;S_{ij} 为第 i 个指标的第 j 级环境质量标准值;i 为指标数;j 为级别数。

  将构成总体环境质量的各准则层指标(环境污染状况、农副产品污染状况、社会经济效益、生态环境质量)均视为一个因子,将它们的评价结果{1,0,0,0,0}、{1,0,0,0,0}、{0.29,0.13,0.48,0.1,0}、{0.155,0.456,0.383,0.004,0.001}综合在一起,构成综合评价模糊关系矩阵:

$$R = \begin{bmatrix} B_{环境污染状况} \\ B_{农副产品污染状况} \\ B_{社会经会经济} \\ B_{生态态环境质} \end{bmatrix} = \begin{bmatrix} 1 & 0 & 0 & 0 & 0 \\ 1 & 0 & 0 & 0 & 0 \\ 0.29 & 0.13 & 0.48 & 0.1 & 0 \\ 0.155 & 0.456 & 0.383 & 0.004 & 0.001 \end{bmatrix}$$

运用层次分析法确定各要素的权重为 $A = \{0.139, 0.172, 0.271, 0.418\}$，在此基础上，根据模糊综合评价模型，对农林复合系统的总体环境质量进行模糊评价：

$$B = A \cdot R = \{0.139, 0.172, 0.271, 0.418\} = \begin{bmatrix} 1 & 0 & 0 & 0 & 0 \\ 1 & 0 & 0 & 0 & 0 \\ 0.29 & 0.13 & 0.48 & 0.1 & 0 \\ 0.155 & 0.456 & 0.383 & 0.004 & 0.001 \end{bmatrix}$$

$$= \{0.454, 0.226, 0.29, 0.029, 0.000\ 4\}$$

经归一化处理得

$$B = \{0.45, 0.23, 0.29, 0.03, 0\}$$

3 意义

根据陕西渭北旱塬农林复合系统的分析，建立了农林复合系统的环境评价模型，构建了农林复合系统环境评价指标体系，该指标体系由环境污染状况指标、农副产品污染状况指标、社会经济效益指标、生态环境质量指标 4 部分构成，并运用该指标体系，采用多级模糊综合评判模型和改进的标准赋权与层次分析相结合的权重确定方法对当地农林复合系统的环境质量进行了评价，结果与实际情况吻合较好。

参考文献

[1] 王丽梅,邵明安,郑纪勇,等. 渭北旱塬农林复合系统环境评价指标体系研究与应用. 农业工程学报,2005,21(3):34-37.

植物物料的浸提动力学模型

1 背景

关于植物物料的浸提动力学研究对揭示植物物料中天然有效成分的浸提过程规律、优化浸提工艺参数以及研究相关的加工工艺具有重要意义。以往有关植物物料浸提动力学问题的研究主要基于费克定律,在许多情况下,拟合结果误差较大。宋洪波等[1]以红茶作为植物物料组织结构模型,通过对其组织结构特征以及浸提过程中溶质质量传递特性的分析,建立植物物料中溶质的浸提动力学模型及其评价指标体系。通过试验与分析,评价干燥方法及干燥条件对红茶浸提动力学性能的影响。

2 公式

忽略细胞膜厚度所占有的体积,则植物物料浸提过程的高阻力区体积比和低阻力区体积比可分别由以下两式求得:

$$\varphi_s = \frac{V_s}{V} = \frac{V_s}{V_m + V_s} = \frac{V_s}{(V_{dc} + V_{gc}) + V_s}$$

$$\varphi_m = \frac{V_m}{V} = \frac{V_m}{V_m + V_s} = \frac{V_{dc} + V_{dg}}{(V_{dc} + V_{gc}) + V_s}$$

式中, φ_s 为高阻力区体积比; V_s 为高阻力区的体积,m^3; V_m 为低阻力区的体积,m^3; V_{dc} 为破裂细胞占有的体积,m^3; V_{gc} 为细胞外空间占有的体积,m^3; φ_m 为低阻力区体积比。

浸提过程中低阻力区和高阻力区中的溶质量可分别由以下两式求得:

$$\sigma_m = r_{ms} P_{l-w} c_m$$

式中, σ_m 为低阻力区中的溶质量,g / g(茶渣); P_{l-w} 为溶质在红茶及水中的分配系数,%; c_m 为低阻力区的溶质浓度,g / g(茶渣)。

$$\sigma_s = (1 - r_{ms}) P_{l-w} c_s$$

式中, σ_s 为高阻力区中的溶质量,g/g(茶); c_s 为高阻力区的溶质浓度,g/g(茶渣)。

低阻力区中溶质溶解速率 S_m 可用下式表示:

$$S_m = -\frac{d\sigma_m}{dt} = -r_{ms} P_{l-w} \frac{dc_m}{dt}$$

式中，S_m 为低阻力区中溶质的溶解速率，$g/(g \cdot s)$（茶渣）；t 为时间，s。

与之类似，高阻力区中的溶质溶解速率为

$$S_s = -\frac{d\sigma_s}{dt} = -(1 - r_{ms})P_{l-w}\frac{dc_s}{dt}$$

式中，S_s 为高阻力区中溶质溶解速率，$g/(g \cdot s)$（茶渣）。

溶质在红茶颗粒及水中的分配系数和水与叶片的比例有关，同时也和溶解平衡时溶质在溶剂（水）与浸提后的红茶之间的分配系数有关。溶质在红茶及水中的分配系数 P_{l-w} 如下式所示：

$$P_{l-w} = \frac{\chi_{wl}(1 - f_{wl})}{f_{wl}}$$

式中，χ_{wl} 为溶剂（水）与红茶的比例，$\%$；f_{wl} 为浸出平衡时溶质在溶剂与红茶之间的分配系数，$\%$。

溶质由高阻力区向低阻力区相连的颗粒外表面的传递速率如下式所示：

$$q_{sm} = K_s \pi d_{cell}^2 \theta_s (c_s - c_m)$$

式中，q_{sm} 为溶质由高阻力区向外表面的质量传递速率，g/s；K_s 为细胞膜的溶质渗透系数，$g/(m^2 s)$；d_{cell} 为细胞直径，m；θ_s 为高阻力区内的水分含量，$\%$。

低阻力区中溶质的溶解过程中伴随着水分的传递，即溶质与水分的双向逆流质量传递过程。对于一个红茶颗粒而言，低阻力区水分中的溶质进入溶剂（水）的过程可用界面理论加以计算，如下式所示：

$$q_r = k4\pi R^2 (c_m - c_f)$$

式中，q_r 为单个红茶颗粒中溶质的溶解速率，g/s；R 为红茶颗粒的半径，m；c_f 为溶剂中的溶质浓度，g/g（水）；k 为界面质量传递系数，$g/(m^2 s)$。

单位体积溶剂中的红茶颗粒数和溶剂与红茶颗粒的比例有关，可由下式求得：

$$N = \frac{3\rho_f}{4\pi R^3 (1 - \varphi)\chi_{wl}\rho_m}$$

式中，N 为单位体积溶剂中的红茶颗粒数，个；ρ_f 为溶剂密度，kg/m^3；ρ_m 为红茶非溶解基质的密度，kg/m^3；φ 为高阻力区和低阻力区总体积比，$\varphi = \varphi_m + \varphi_s$。

通过分析，单位体积溶剂中红茶的溶质溶解速率 Q 可由下式求得：

$$Q = q_r N = \frac{3k\rho_f(c_m - c_f)}{R(1 - \varphi)\chi_{wl}\rho_m}$$

式中，Q 为单位体积溶剂中红茶的溶质溶解速率，g/s。

溶剂中的溶质质量平衡方程可表示为

$$\frac{d_{c_f}}{dt} = \frac{3k}{R(1 - \varphi)\chi_{wl}\rho_m}(c_m - c_f)$$

高阻力区内溶质的质量平衡由两项组成:①细胞壁内表面溶解的数量;②释放到低阻力区水分中的数量。其质量平衡方程为

$$\frac{d}{dt}[\rho_f\theta_s c_s + (1-\varphi)(1-r_{ms})\rho_s P_{l-w}c_s] = -\frac{6\varphi_s}{d_{cell}}K_s\theta_s(c_s - c_m)$$

式中,ρ_s 为红茶的密度,kg/m^3。

低阻力区中溶质的质量平衡由三项组成:①从高阻力区中溶解的数量;②从低阻力区向颗粒外表面溶解的数量;③溶解到溶剂中的数量。其质量平衡方程为

$$\frac{d}{dt}[\rho_f\theta_m c_m + (1-\varphi)r_{ms}\rho_s P_{l-w}c_m] = \frac{6\varphi_s}{d_{cell}}K_s\theta_s(c_s - c_m) - \frac{3k}{R}(c_m - c_f)$$

对以上两式联立求解,可导出浸提过程中溶剂中溶质浓度变化,表达式为

$$c_f = c_1(1 - e^{\beta_1 t}) + c_2(1 - e^{\beta_2 t})$$

其中,

$$c_1 = -\frac{m_0}{(P_{l-w} + \chi_{wl})}\frac{3k/R + H_m\beta_2}{H_m(\beta_1 - \beta_2)}\left[1 + \frac{(1-r_{ms})d_{cell}}{6\varphi_s K_s\theta_s}\left(\frac{3k}{R} + H_m\beta_1\right)\right]$$

$$c_2 = -\frac{m_0}{(P_{l-w} + \chi_{wl})}\frac{3k/R + H_m\beta_1}{H_m(\beta_1 - \beta_2)}\left[1 + \frac{(1-r_{ms})d_{cell}}{6\varphi_s K_s\theta_s}\left(\frac{3k}{R} + H_m\beta_2\right)\right]$$

式中,c_f 为 t 时刻溶剂中的溶质浓度,g/g(水);c_1 为快速溶质浸提平衡浓度,g/g(水);c_2 为慢速溶质浸提平衡浓度,g/g(水);β_1 为快速溶质浸提速率常数,1/s;β_2 为慢速溶质浸提速率常数,1/s;t 为时间,s;H_m 为代换项,$H_m = \rho_f\theta_m + (1-\varphi)r_{ms}\rho_s P_{l-w}$。

浸提动力学过程的优劣不仅与浸提平衡能力(即平衡浓度)有关,也与浸提速度的快慢有关。建立如下的浸提动力学指标评价体系,用于评价浸提动力学过程。

(1)浸提平衡浓度 C:浸提平衡时溶液中快速溶质浓度与慢速溶质浓度之和。用以表示溶质的可浸提性。浸提平衡浓度 C 的表达式为

$$C = c_1 + c_2$$

(2)快速溶质比例 φ_e:浸提平衡时溶剂中快速溶质占全部浸出溶质的比例。用以表明浸提平衡时溶液中溶质的构成性质。快速溶质比例 φ_e 表示为

$$\varphi_e = \frac{c_1}{c_1 + c_2} \times 100\%$$

对以 80~130℃(10℃的温度间隔)用流化床干燥的 Freedom 红茶的容积密度变化曲线回归,可得如下的线性回归方程。从中可以看出,流化床的干燥温度不影响红茶的容积密度,即不同的流化床干燥温度条件下 Freedom 红茶的组织收缩程度相同:

$$y = 0.0005x + 0.928 \quad R^2 = 0.8369$$

式中,y 为平均粒度,mm;x 为温度,℃。

通过试验测定不同温度条件下经流化床干燥的 Freedom 红茶样品的浸提动力学曲线,

运用两项浸提动力学模型对各曲线进行拟合求解,将求得各样品的浸提动力学性能参数,结果列于表1中。

表1　不同流化床温度干燥的 Freedom 红茶浸提动力学性能参数表

温度(℃)	β_1	β_2	c_1	c_2	C	$\varphi_e(\%)$	$t_{1/2}(s)$
80	0.038 0	0.005 2	0.752 3	0.760 4	1.516 3	49.61	42.8
90	0.041 2	0.005 3	0.707 6	0.755 0	1.462 6	48.31	42.4
100	0.039 3	0.005 4	0.718 7	0.738 2	1.456 9	49.33	41.7
110	0.040 3	0.005 5	0.781 7	0.758 2	1.540 0	50.76	40.7
120	0.041 8	0.005 8	0.788 6	0.758 2	1.546 8	50.98	39.8
130	0.041 0	0.005 5	0.728 1	0.775 5	1.503 6	48.42	41.9

3　意义

根据分析植物物料溶质浸出过程中在高阻力区及低阻力区中的质量传递性质,据此建立了具有快速项和慢速项的两项浸提动力学模型,并建立了浸提平衡浓度、快速溶质比例及半平衡时间的三项指标评价体系,全面评价溶质浸提动力学过程。评价不同干燥方法和干燥条件:流化床干燥、薄层干燥的红茶具有优良的浸提动力学性能,真空干燥红茶的浸提动力学性能较好,盘式干燥红茶的浸提动力学性能较差,微波干燥红茶的浸提动力学性能很差;流化床干燥温度变化不影响红茶的浸提动力学性能;较小颗粒红茶具有更好的浸提动力学性能。

参考文献

[1]　宋洪波,毛志怀,Guoping Lian. 植物物料红茶的浸提动力学研究. 农业工程学报,2005,21(3):24-28.

土壤保水剂的持水性能模型

1 背景

在农业抗旱节水方面,化学制剂的作用已越来越引起国内外专家和农民的重视。利用土壤保水剂节水增产是缓解中国水资源短缺的一种新途径和新方法。国内外研究表明,保水剂施入土壤后具有明显的节水、增产效果。针对不同质地的土壤,选择合适的保水剂粒径配比及适宜的施用量,不仅能达到最佳的保水、增产效果,还能降低经济成本。党秀丽等[1]从保水剂市场中选择了成本低、性能好的丙烯酸盐类产品作为研究对象,从土壤质地、保水剂粒径配比、保水剂用量等几个方面对保水剂的持水性能进行研究,以期为生产上合理施用保水剂提供理论依据。

2 公式

按照正交回归试验设计进行试验,所得结果见表 1。

表 1 不同处理的土壤有效水含量

实验号	1	2	3	4	5	6	7	8	9
Y	23.5	25.4	16.0	26.8	22.8	25.7	15.8	18.4	21.1

实验号	10	11	12	13	14	15	16	17
Y	15.1	29.2	16.5	21.6	29.6	30.6	28.4	29.5

以三元二次多项式拟和保水剂粒径(X_1)、土壤质地(X_2)、保水剂用量(X_3)与土壤有效水含量(Y)的关系,得到回归方程为

$$Y = 28.21 - 1.47X_1 - 3.22X_2 + 2.49X_3 - 1.03X_1X_2 -$$
$$0.90X_1X_3 + 1.08X_2X_3 - 4.62X_1^2 - 2.03X_2^2 - 0.52X_3^2$$

检验结果表明:$F_回 = 5.91 > F_{0.05} = 3.68(9,7)$,即该方程达到显著水平,说明上述回归方程式能很好地反映出土壤有效水含量与保水剂粒径、土壤质地、保水剂用量之间的关系。

上式方程是码值方程,将其变换为实际用量方程为

$$Y = -105.82 + 7.174X_1 + 0.986X_2 + 0.774X_3 - 0.004X_1X_2$$
$$- 0.030X_1X_3 + 0.051X_2X_3 - 0.116X_1^2 - 0.010X_2^2 - 0.231X_3^2$$

3 意义

通过室内模拟试验,利用正交回归设计研究了丙烯酸盐类保水剂对土壤持水性能的影响,并推导出土壤有效水含量与土壤质地、保水剂粒径及其使用剂量关系的数学模型,即土壤保水剂的持水性能模型。从模型可知土壤质地、保水剂用量对土壤有效水含量的影响达到极显著水平,而保水剂粒径对土壤有效水含量的影响不显著。保水剂颗粒与土壤质地、与保水剂用量成负效应,保水剂用量与土壤质地成正效应。这一数学模型可以用于指导该类保水剂在生产的使用。

参考文献

[1] 党秀丽,张玉龙,黄毅. 保水剂对土壤持水性能影响的模拟研究. 农业工程学报,2005,21(4):191-192.

热量资源的推算模型

1 背景

在北京,一些气象站点多设在地势平缓,气候条件较类似的平原区,地形复杂的山区测站较少,且多为新设站,资料的时间序列短。因此,进行气候资源的推算,并在此基础上找出农业气候资源的时空分布规律就变得尤为重要。郭文利等[1]基于 1 km×1 km 网格,引入云量进行气象资料的延长订正,采用统计方法,建立不同保证率下热量资源的回归方程,推算出不同保证率下的热量资源。

2 公式

选取 30 个气象站、哨(除去霞云岭、朝阳,将这两个站作为检验站)作为建立方程的样本点,运用逐步回归方法建立了不同保证率下(80%、90%、95%)的 12 个月的月平均气温、月平均最高气温、月平均最低气温的回归方程,并在此基础上,利用参考文献[2]的方法,求算不小于 0℃积温和 10℃积温。由于方程数量较多,分别取四季的中间月(1 月、4 月、7 月、10 月)作为代表月,列举其回归方程及方程特征因子(表 1)。

表 1 不同保证率的月平均温度方程及其特征因子

保证率（%）	温度方程	最大误差（℃）	平均绝对误差（℃）	均方差	复相关系数	方程 F 值
80	$T(1) = 76.665\,08 - 0.006\,32H - 0.914\,87\varphi + 0.190\,14R_{10} - 0.017\,14K_{02}$	-1.1	0.45	0.57	0.98	126.60
	$T(4) = -44.493\,70 - 0.006\,22H + 0.236\,96R_{10} + 0.008\,44X_{08}$	0.7	0.28	0.34	0.99	363.02
	$T(7) = 73.425\,50 - 0.006\,05H - 0.423\,09\varphi + 0.003\,66Z_{20}$	0.8	0.13	0.20	0.99	842.84
	$T(10) = -16.128\,23 - 0.005\,59H + 0.139\,38R_{10} + 0.021\,41X_{12}$	1.3	0.32	0.44	0.98	176.39
90	$T(1) = 50.249\,09 - 0.006\,50H - 0.762\,38\varphi + 0.239\,09R_{10} + 0.036\,16X_{16}$	-1.5	0.44	0.57	0.98	133.37
	$T(4) = 40.827\,91 - 0.006\,67H - 0.573\,17\varphi + 0.149\,63R_{10}$	0.8	0.25	0.32	0.99	422.60
	$T(7) = 74.339\,39 - 0.006\,00H - 0.438\,45\varphi + 0.003\,36K_{20}$	0.8	0.14	0.19	0.99	778.33
	$T(10) = -20.654\,04 - 0.005\,60H + 0.155\,14R_{10} + 0.020\,47X_{16}$	1.2	0.33	0.43	0.98	195.55

保证率 (%)	温度方程	最大误差 (℃)	平均绝对 误差(℃)	均方 差	复相关 系数	方程 F值
95	$T(1)=51.645\ 39-0.006\ 63H-0.776\ 23\varphi+0.232\ 21R_{10}+0.034\ 46X_{16}$	1.5	0.45	0.61	0.97	118.83
	$T(4)=8.428\ 20-0.006\ 84H-0.346\ 33\varphi+0.166\ 59R_{10}+0.011\ 86X_{06}$ $+0.004\ 06K_{04}$	0.5	0.18	0.22	0.995	494.75
	$T(7)=63.367\ 62-0.005\ 93H-0.351\ 09\varphi+0.003\ 51K_{18}$	0.6	0.12	0.17	0.996	974.85
	$T(10)=44.112\ 72-0.006\ 25H-0.493\ 43\varphi+0.109\ 25R_{10}+0.019\ 90X_{16}$	1.1	0.32	0.40	0.98	175.61

遮蔽度(Z_i),开泄度(X_i),开阔度(K_i)的计算公式如下式所示,根据样本站周围1~20 km各距离范围内的各网格点高度,进行计算求得:

$$Z_i=(n_{ih}/N_i)\times100 \qquad X_i=(n_{il}/N_i)\times100$$
$$K_i=Z_i-X_i=(n_{ih}-n_{il})/N_i\times100$$

式中n_{ih},n_{il}分别是以中心点为准,边心距为$i$km正方形范围内,海拔高度高于、低于中心点高度的网格点数;N_i为除中心点外,边心距为$i$km正方形范围内的网格点总数。

3 意义

热量资源是农业生产的一个很重要的制约因素。为了更好地为北京市农业生产提供基础数据,为设施农业工程、种子基地、蔬菜基地、林果基地的建设以及山区气候资源的开发利用等提供热量资源的科学依据,基于1 km×1 km网格,在以往工作的基础上,引入云量订正方法,建立了不同保证率(80%、9 0%、95%)下的各月平均气温、月平均最高气温、月平均最低气温的回归方程,对北京地区的热量资源进行了推算,在此基础上求算出不同保证率下不小于0℃的积温和不小于10℃的积温,得出各种热量资源的地理分布,并对推算的结果进行了误差分析。

参考文献

[1] 郭文利,吴春艳,柳芳,等. 北京地区不同保证率下热量资源的推算及结果分析. 农业工程学报,2005,21(4):145-149.

枯草芽孢杆菌的超高压杀灭模型

1 背景

超高压食品加工具有很多特点,可以杀灭食品中微生物、钝化食品中的酶,并可保留食品的香味、色泽和多种维生素物质;此外,与热处理方法相比较,超高压杀菌作用均一、迅速、无大小和形状的限制等。食品超高压处理技术是食品加工业的一次重大革命,被列为21世纪食品加工领域十大科技之一。曾庆梅等[1]以枯草芽孢杆菌 AS1.140 为试材,采用统计软件 Desig n-Ex pert 6. 0.10 T rial 中响应曲面方法的 Box-Behnken 模式,对超高压灭活枯草芽孢杆菌(AS 1. 140)的参数进行了优化。

2 公式

假设由最小二乘法拟合的响应值与自变量之间相关关系的二次多元回归方程(模型)为

$$Y = B_0 + B_1 x_1 + B_2 x_2 + B_3 x_3 + B_{12} x_1 x_2 + B_{13} x_1 x_3 + B_{23} x_2 x_3 + B_{11} x_1^2 + B_{22} x_2^2 + B_{33} x_3^2$$

式中, $Y = -\log_{10} N_t / N_0$; B_0 为常数项; B_1 , B_2 , B_3 为线性系数; B_{12} , B_{13} , B_{23} 为交互项系数; B_{11} , B_{22} , B_{33} 为二次项系数。

采用统计软件 Design-Expert 6. 0. 10 T rial 进行试验设计并优化出来的17 组试验安排以及试验结果(表1)。

表1 试验设计与结果

试验序号	自变量			对照组活菌数 N_0 （cfu/mL）	处理后活菌数 N_t /（cfu/mL）	响应值 Y	
	x_1	x_2	x_3			试验值	回归方程预测值
1	0	−1	−1	7.8×10^8	5.27×10^4	4.17	4.32
2	−1	−1	0	7.8×10^8	1.08×10^2	2.48	2.48
3	0	0	0	7.8×10^8	3.40×10^3	5.36	5.41
4	0	−1	+1	7.8×10^8	8.96×10^3	4.94	4.97
5	−1	+1	0	7.8×10^8	2.90×10^5	3.43	3.61
6	0	+1	+1	7.8×10^8	8.96×10^2	5.94	5.79
7	0	+1	−1	7.8×10^8	3.25×10^3	5.38	5.35

试验序号	自变量			对照组活菌数 N_0 （cfu/mL）	处理后活菌数 N_t /（cfu/mL）	响应值 Y	
	x_1	x_2	x_3			试验值	回归方程预测值
8	0	0	0	7.8×10^8	3.13×10^3	5.49	5.41
9	+1	0	−1	7.8×10^8	2.01×10^2	6.58	6.61
10	−1	0	+1	7.8×10^8	1.25×10^5	3.79	3.76
11	0	0	0	7.8×10^8	4.21×10^3	5.26	5.41
12	0	0	0	7.8×10^8	3.82×10^3	5.31	5.41
13	+1	−1	0	7.8×10^8	4.29×10^2	6.26	6.08
14	0	0	0	7.8×10^8	1.91×10^3	5.61	5.41
15	+1	0	+1	7.8×10^8	1.08×10^2	6.85	7.00
16	−1	0	−1	7.8×10^8	0.68×10^5	3.22	3.07
17	+1	+1	0	7.8×10^8	1.21×10^2	6.81	6.81

利用 Design Expert 软件对表 1 试验数据进行回归分析,得二次多元回归方程(模型)为:

$$Y = 5.41 + 1.70x_1 + 0.46x_2 + 0.27x_3 - 0.33x_1^2 - 0.33x_2^2 + 0.033x_3^2$$
$$- 0.100x_1x_2 - 0.075x_1x_3 - 0.053x_2x_3$$

3 意义

根据响应曲面方法中的 Box-Behnken 模式,对超高压灭活枯草芽孢杆菌进行了试验优化设计,并进行了实验分析验证。从而可知压力、温度、保压时间是超高压灭活枯草芽孢杆菌的显著影响因子,分析表明其显著度顺序由大至小为:压力,温度,保压时间;在试验条件范围内建立并验证的超高压杀灭枯草芽孢杆菌的回归模型准确有效;优化得出 10 组杀灭 10^6 cfu/ mL 枯草芽孢杆菌工艺参数的取值范围为压力 $343.79\sim475.75$ MPa,温度 $27.47\sim57.44℃$,保压时间 $14.14\sim19.72$ min。

参考文献

[1] 曾庆梅,潘见,谢慧明,等. 超高压灭活枯草芽孢杆菌(AS 1. 140) 的参数优化. 农业工程学报,
2005,21(4):158-162.

控制排水的盐分平衡方程

1 背景

土地盐碱化是目前世界上农业生产所面临的一个严重问题,也是造成土地退化、土壤沙化的重要原因之一。农业排水是控制土壤盐分、保证灌溉农业可持续发展的前提,它可以排出土壤中过多的水分,维持土壤的透气性,将土壤剖面中的盐分去除。为了保证灌溉农业发展,就必须在作物根区保持一个动态的盐分平衡。刘建刚[1]通过实验对从水盐平衡的角度分析控制排水在银南灌区实施的可行性进行了分析。

2 公式

灌区的盐分平衡方程一般可写为

$$\Delta S = S_i - S_0$$

$$S_i = V_i \cdot C_i$$

$$S_0 = S_d + S_p = V_d \cdot C_d + A_c \cdot S_c + A_n \cdot S_n$$

式中, S_i 为灌区引盐总量,kg; S_0 为灌区排盐总量,kg; V_i 为引入灌区的总灌溉水量(体积), m³; C_i 为灌溉水的平均盐浓度,kg/m³; S_d 为排水的排盐量,kg; S_p 为作物的吸盐量,kg; V_d 为灌区总排水量(体积),m³; C_d 为排水的平均浓度,kg/m³; A_c , A_n 分别为耕地和非耕地面积,m²; S_c , S_n 分别为单位面积耕地和非耕地的植物吸盐量,kg。

农田土壤含盐量随降水、淡水灌溉淋溶及排水而减少。由于植物吸盐量很少,一般可以忽略不计。在这种情况下,盐分平衡方程式可以写成:

$$\Delta S = V_i C_i - V_d C_d$$

银南灌区引排水量以及引排盐量的具体数据见表1。

表1　银南灌区 1979—1998 年间引排水参数

		1979—1988 年		1988—1992 年		1992—1998 年		1979—1998 年
		总值	平均值	总值	平均值	总值	平均值	统计值
水量	引水量($\times 10^8$ m³)	213.9	16.5	79.4	19.9	118.7	19.8	
	排水量($\times 10^8$ m³)	104.1	8.0	43.8	11.0	70.8	11.8	
	引排差($\times 10^8$ m³)	109.8	8.4	35.6	8.9	47.9	8.0	
	排引比	0.49		0.55		0.6		0.53
盐量	引水量($\times 10^8$ m³)	834.3	64.1	312.5	78.2	508.1	84.6	
	排水量($\times 10^8$ m³)	899.4	69.1	381.2	84.3	576.0	96.0	
	引排差($\times 10^8$ m³)	−65.1	−5.0	−68.7	−17.1	−67.9	−11.4	
	排引比	1.08		1.22		1.13		1.14

3　意义

宁夏银南灌区目前普遍存在排水过量问题。控制排水措施可以灵活调节现有系统的排水能力,减少由此带来的由于农业污染物流失造成的环境问题。根据控制排水的定义、作用及其适用条件,结合银南灌区的地理条件及其 1979—1998 年 19 年的水盐引排状况和水稻不同生育期的耐盐特性,从水盐平衡的角度,建立了控制排水的盐分平衡方程,计算结果表明目前银南灌区处于脱盐状态且土壤盐分尚未达到作物的耐盐临界值,控制排水技术在银南灌区运用是可行的。

参考文献

[1]　刘建刚,罗纨,贾忠华,等. 从水盐平衡的角度分析控制排水在银南灌区实施的可行性. 农业工程学报,2005,21(4):43-46.

覆膜滴灌棉田的蒸散量模型

1 背景

水分蒸散是干旱和半干旱地区农田水分支出的主要途径,然而,农田的水分蒸散涉及了整个土壤—植物—大气连续体(SPAC),与气候、土壤和作物种类甚至栽培耕作制度都密切相关,对此,虽然已有许多学者对此进行了研究,但对覆膜滴灌棉田蒸散量的研究却为数不多。慕彩芸等[1]基于新疆滴灌棉田的生产实际状况,研究该条件下棉田的蒸散规律,并在此基础上,进行棉田蒸散量的模拟,以此来实现对覆膜滴灌棉田蒸散量的准确预测,为覆膜滴灌棉田的合理灌溉和覆膜滴灌棉田的水分专家决策系统提供可靠的依据。

2 公式

潜在蒸散反映的是气候条件所决定的作物最大蒸散量,此时的农田蒸散量,联合国粮农组织建议用参考作物蒸散量 ET_0 计算, $ET = K_c \cdot ET_0$,实际蒸散量则是大气—土壤—植物三方面因素共同影响的结果。因此,农田实际蒸散量可表示为

$$ET = \begin{cases} K_c \cdot ET_0 & W < W_j \\ K_s \cdot K_c \cdot ET_0 & W \geqslant W_j \end{cases}$$

式中,ET 为作物实际蒸散量,mm/d;ET_0 为参考作物蒸散量,mm/d;K_c 为作物系数;K_s 为水分胁迫系数;W 为根区实际含水量,mm;W_j 为临界含水量,mm。

根据物质和能量守恒定律,通过分析研究农田水量的收支、储存和转化的规律,就可以得到农田土壤水分的最基本的模型——农田水量平衡模型:

$$ET = P + I + U + W_1 - (R + D + W_2)$$

式中,ET 为作物实际蒸散量,mm;P 为有效降水量,mm;I 为灌水量,mm;U 为地下水分上渗量,mm;W_1 为作物播种时土层内储水量,mm;R 为地表径流量,mm;D 为土壤水分渗透量,mm;W_2 为作物收获后土层的含水量,mm。

地下水对根层的补给可忽略不计,上式简化为

$$ET = P + I + W_1 - W_2$$

采用 FAO 推荐的 Penman – Montieth 公式计算参考作物蒸散量:

$$ET_0 = \frac{0.408\Delta(R_n - G) + \gamma \dfrac{900}{T + 273} U_2(e^a - e^d)}{\Delta + \gamma(1 + 0.34U_2)}$$

式中，ET_0 为参考作物蒸散量，mm/d；Δ 为饱和水汽压与温度关系曲线斜率，KPa/℃；R_n 为地表净辐射通量，MJ/(m²·d)；G 为土壤热通量，MJ/(m²·d)；e^a 为饱和水汽压，KPa；e^d 为实际水汽压，KPa；γ 为湿度常数，KPa/℃；T 为大气平均温度，℃；U_2 为 2 m 处的风速，m/s。

根据 Jensen 等[2]对土壤胁迫系数的研究，土壤的胁迫系数可用下式表示：

$$K_S = \ln(A_v + 1)/\ln(101)$$

$$A_v = [(W - W_m)/(W_f - W_m)] \cdot 100\%$$

式中，W 为根区实际含水量，mm；W_f 为田间持水量，mm；W_m 为萎蔫系数，mm。

由表1以看出，K_c 值与棉花的品种和地膜覆盖度都有着密切的关系，从整体上来说，K_c 随着覆盖度的增加而减小，而品种对其影响相对来说更复杂一些，在不同的时期表现不同。

表1   2003 年滴灌棉田不同覆盖度处理下的作物系数（K_c）

覆盖度(%)	播种~三叶				三叶~开花				开花~吐絮				叶絮后期			
	0	50	75	83	0	50	75	83	0	50	75	83	0	50	75	83
中棉所 36 号（CRI 36）	0.15	0.15	0.13	0.09	0.74	0.70	0.67	0.64	1.28	1.23	1.21	1.22	0.74	0.73	0.70	0.69
新陆早 6 号（XLZ 6）	0.08	0.07	0.06	0.04	0.79	0.71	0.71	0.65	1.29	1.24	1.21	0.96	0.97	0.86	0.78	0.74

将滴灌棉花的作物系数与相对应的叶面积指数进行曲线拟合，以乘幂曲线模型最优，方程为

$$K_c = 0.4280 LAI^{0.6988} \qquad (R^2 = 0.889, P = 0.000)$$

式中，R 为相关系数；P 为自变量与因变量二者相关性达到的显著水平。

将覆盖度(C)分别与两品种各自的全生育期蒸散量(ET)及两者的全生育期平均蒸散量进行拟合，可得如下 3 个模拟方程。

中棉所 36 号全生育期蒸散量的拟合方程：

$$ET_{中} = 595.305 - 0.0800C - 0.0069C^2$$

$$(R^2 = 0.995, P = 0.005)$$

新陆早 6 号全生育期蒸散量的拟合方程：

$$ET_{新} = 614.457 - 1.1084C - 0.0239C^2$$

$$(R^2 = 0.999, P = 0.001)$$

综合的覆膜滴灌棉田全生育期蒸散量的拟合方程：

$$ET_{综} = 604.881 + 0.5142C - 0.0154C^2$$

$$(R^2 = 0.998, P = 0.002)$$

3　意义

通过综合考虑影响作物蒸散量的土壤、作物、大气三方面因子,结合新疆滴灌棉田覆膜栽培的生产实际,设计了不同覆盖度和品种试验。建立了覆膜滴灌棉田的蒸散量模型,以Penman-Montieth 方程估算参考作物蒸散量,确定了不同覆盖度及品种条件下的作物系数,并在此基础上实现了对覆膜滴灌棉田蒸散量较为准确的估计。从而可知覆膜滴灌棉田全生育期蒸散量在 540~620 mm 之间,全生育期蒸散量和作物系数都随着覆盖度的增加而减小,叶面积指数与日蒸散量及作物系数关系密切,品种间由于品种特性的差异而引起的叶面积指数变化,最终导致了品种间作物系数 K_c 的不同。

参考文献

[1]　慕彩芸,马富裕,郑旭荣,等. 覆膜滴灌棉田蒸散量的模拟研究. 农业工程学报,2005,21(4):25-29.

[2]　Jensen M E,Wrig ht J L,Partt BS. Estima te soilmoistur e deleption from climat e,crop and soil data[J]. Tr ans Amer Agr Eng ,1971,(14):954-959.

黄瓜的水分生产函数

1 背景

黄瓜在日光温室生产中占重要地位。黄瓜耗水量大且对水分反应特别敏感,在生长发育期间灌水频繁,灌水时间及灌水量对其产量与效益具有明显影响,因此,科学的水分管理是决定黄瓜产量的关键。由于设施黄瓜的经济效益相对较高,其栽培面积迅速增加。但目前日光温室黄瓜生产的水分管理缺乏科学的量化指标,不能对水分进行合理利用,不仅浪费水资源,而且导致日光温室黄瓜病虫害大量发生以及产品产量、质量降低等一系列问题。翟胜等[1]通过实验对干旱半干旱地区日光温室黄瓜水分生产函数进行了研究。

2 公式

通过对日光温室黄瓜的总产量与总耗水量平均值进行回归分析,得出产量与耗水量之间呈二次抛物线关系(见图1),其方程为

$$y = -0.201x^2 + 157.85x - 25492$$

式中,y 为黄瓜的总产量,kg/亩(1 亩 =666.7 m^2,后同);x 为黄瓜生育期灌水总量,mm;R_2 = 0.727,达显著水平。

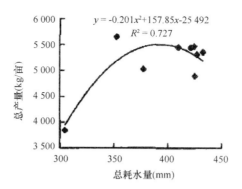

图 1 黄瓜总产量与总耗水量之间的关系

从节水灌溉与用水管理的实际工作出发,以黄瓜产量与耗水量的关系表示水分生产函数。近年来作物水分生产函数应用较普遍的是詹森(Jensen)连乘模型,因此可表达为

161

$$\frac{Y}{Y_m} = \prod_{i=1}^{n} \left(\frac{ET_i}{ET_{mi}} \right)^{\lambda_i}$$

式中,Y 为各处理条件下的实际产量;Y_m 为最大蒸腾量(ET_{mi})不受水分胁迫或充分供水条件下的产量;ET_i 为处理条件下 i 阶段的实际蒸腾量;i 为阶段序号;ET_{mi} 为 i 阶段的最大蒸腾量;n 为黄瓜全生育期的阶段数;λ_i 为水分敏感指数,其值表示了阶段缺水对产量的影响。

根据 Jensen 模型计算的水分敏感指数,得出在研究条件下日光温室黄瓜水分生产函数模型为

$$\frac{Y}{Y_m} = \left(\frac{ET_1}{ET_{m1}} \right)^{0.233} \left(\frac{ET_2}{ET_{m2}} \right)^{0.311} \left(\frac{ET_3}{ET_{m3}} \right)^{0.473} \left(\frac{ET_4}{ET_{m4}} \right)^{0.314}$$

式中,脚标 1、2、3、4 是生育阶段序号,分别代表开花前期、初瓜期、盛瓜期、结瓜后期。

3 意义

根据在日光温室春茬盆栽嫁接黄瓜条件下,以不同生育时期的土壤水分水平为试验因素,采用正交设计研究了在开花前期、初瓜期、盛瓜期和结瓜后期不同土壤水分条件对黄瓜蒸腾量和产量的影响,得出黄瓜的耗水规律、产量与水分之间的函数关系。从而可知黄瓜对水分的消耗基本呈现为开花前期与初瓜期小、盛瓜期大、结瓜后期小的规律,耗水高峰出现在盛瓜期,并对各生育期耗水量进行了量化;水分生产函数的敏感指数按盛瓜期→结瓜后期→初瓜期→开花前期的顺序依次降低,与黄瓜耗水规律基本一致。

参考文献

[1] 翟胜,梁银丽,王巨媛,等. 干旱半干旱地区日光温室黄瓜水分生产函数的研究. 农业工程学报,2005,21(4):136-139.

分区给水的优化模型

1 背景

随着水资源和能源紧缺的加剧,灌区的用水管理和优化设计越来越受到人们的重视。灌区用水定额多少、运行成本高低、供水质量好坏直接影响灌区经济效益的发挥和社会效益的提高。随着优化技术、计算机技术的应用,极大地提高了灌区设计及用水管理的最优化程度。目前多数方法是从用水调度优化及工程和技术措施角度并辅以现代的优化方法来实现节水目标,各有优势。邢贞相等[1]通过实验探讨了灌区非均匀给水系统中分区给水优化的遗传算法。

2 公式

实数编码的加速遗传算法(RAGA)的建模步骤如下。

一般优化问题多为如下最小化问题(最大问题同理):

$$\begin{cases} \min f(x) \\ s.t.\ a(j) \leqslant x(j) \leqslant b(j) \end{cases}$$

优化变量的实数编码。采用如下线性变换:

$$x(j) = a(j) + y(j)b(j) - a(j),(j = 1,2,\cdots,p)$$

式中,f 为优化的目标函数;p 为优化变量的数目(即变量的维数);上式把初始变量区间上的 x 对应到 $[0,1]$ 区间上的实数 y,实现实数编码。

在距控制点 O 的距离为 x 处的点取微段 $\mathrm{d}x$,对供水能量进行分析。取 $qx+q\mathrm{d}x$ 的流量流经微段,其能量消耗可分为满足最小服务水头的需要的能量 ΔE_1、克服微段阻力所需的能量 ΔE_2 及能量富余而浪费的能量 ΔE_3。流量 $qx+q\mathrm{d}x$ 流经微段 $\mathrm{d}x$ 时,有一部分能量没有消耗而传到其后的管段。故单位时间内 ΔE_1、ΔE_2、ΔE_3 的值为

$$\Delta E_1 = \mathrm{d}gH(q\mathrm{d}x)$$

$$\Delta E_2 = \mathrm{d}g(\mathrm{d}x\tan\theta)(qx)$$

$$\Delta E_3 = \mathrm{d}g(q\mathrm{d}x)(x\tan\theta)$$

对上述三式沿 OA 积分,可得单位时间内保证最小服务水头所需能量 E_1、克服阻力所需能量 E_2 和所浪费的能量 E_3:

$$E_1 = \mathrm{d}gH \int_0^l (q\mathrm{d}x) = \mathrm{d}gqHl$$

$$E_2 = \mathrm{d}g \int_0^l (qx)(\mathrm{d}x\tan\theta) = \frac{1}{2}\mathrm{d}gql^2\tan\theta$$

$$E_3 = \mathrm{d}g \int_0^l (q\mathrm{d}x)(x\tan\theta) = \frac{1}{2}\mathrm{d}gql^2\tan\theta$$

因此,单位时间内给水系统所耗总能量为

$$E = E_1 + E_2 + E_3$$

那么,给水系统中的能量利用率(用 P 表示)为

$$P = \frac{E_1 + E_2}{E} = \frac{E - E_3}{E} = 1 - \frac{E_3}{E}$$

FA 区域内任意一微段的出 $q\mathrm{d}x$ 的能量节省量 Δe 为

$$\Delta e = \mathrm{d}g\Delta Hq(x)\mathrm{d}x = \mathrm{d}g(x\sin\theta + x\cos\tan V)Kx\tan U\mathrm{d}x$$

沿 x 积分求出 FA 段总的节省能量为

$$\Delta E = \mathrm{d}g\Delta H \int_x^l q(x)\mathrm{d}x = [\mathrm{d}g(x\sin\theta) + x\cos\theta\tan V] \int_x^l Kx\tan U\mathrm{d}x$$

采用的优化目标函数如下:

$$\max f = \max\left[\mathrm{d}g\Delta H \int_x^l q(x)\mathrm{d}x\right] = \max\left[\mathrm{d}g(x\sin\theta + x\cos\theta\tan V)\int_x^l Kx\tan U\mathrm{d}x\right]$$

式中, x 为分界点到控制点 $(x=FO)$ 的长度,且 $x \in (0, l)$ 。

采用三级串联给水区进行运算,一、二、三级泵站的扬程分别为 H_{p1} 、 H_{p2} 、 H_{p3} ,令 $RAGA$ 的优化变量个数为两个进行寻优,其初始变化区间为 $x_1 \in (0, l)$, $x_2 \in (x_1, l)$,目标函数取为

$$\max f = \max\left[\mathrm{d}g(x_1\sin\theta + x_1\cos\theta\tan V)\int_{x_1}^{x_2} xK\tan d\mathrm{d}x\right.$$

$$\left. + \mathrm{d}g(x_2 - x_1)\sin\theta + \mathrm{d}g(x_2 - x_1)\cos\theta\tan V\int_{x_2}^{x_1} xK\tan d\mathrm{d}x\right]$$

式中, x_1 、 x_2 为分区点的位置。

3 意义

当灌区采用分区给水时,可以提高供水能量的利用率,优化的分区给水方案可在相同的投资、成本下获得最大的经济效益。在前人的研究基础上进一步分析了供水所需总能量的组成和提高供水能量利用方法。建立了分区给水的优化模型,这是基于改进的实码加速遗传算法的优化目标函数模型,以此来确定供水系统的最优分区方案。新方法具有计算准确、快速、通用性强等优点,可在灌区非均匀给水分区优化中得到广泛应用。

参考文献

[1]　邢贞相,付强,肖建红．灌区非均匀给水系统中分区给水优化的遗传算法．农业工程学报,2005,
　　　21(4):47-51.

水土的流失变化模型

1 背景

小流域是土壤侵蚀、产沙和输沙的基本单元,其降雨侵蚀规律对进行水土保持规划和实施水土保持措施以及有效控制水土流失有着重要意义,国内外研究人员在这方面做了大量的工作。国内自 20 世纪 80 年代以来,也建立了不少反映小流域水土流失规律的模型。段青松等[1]通过生物措施、工程措施和耕作措施对小流域进行综合治理,观测了治理前后气象、水文、土壤侵蚀资料,分析研究了小流域治理前后水土流失变化的规律。

2 公式

用 LS25-1 流速仪测定流速,设 3 条测线,1 点法施测,根据过水断面的面积,计算其过流量,建立王家箐水文站水位—流量关系式。再由水位及该式确定洪水过程线并推算次洪水量:

$$W = \bar{Q} \times t$$
$$Q = 0.25A(1.4V_1 + V_2 + 1.4V_3)$$
$$V = 0.2583n + 0.0052$$

式中,W 为次洪水量,m^3;Q 为 t 时段内的平均流量,m^3/s;t 为洪水历时,s;Q 为过流断面流量,m^3/s;A 为过流断面面积,m^2;V_1、V_2、V_3、V 分别为第一条、第二条、第三条测线及测线处的流速,m/s;n 为流速仪每秒转数。

洪水时在流域出口取水样,带回实验室后,摇匀取 100 mL 过滤,烘干,算出样品的泥沙含量,建立流量(Q)和悬移质含量(S)关系线,据此线计算每次洪水的悬移质量。计算公式如下:

$$D_2 = \bar{S} \times W$$
$$S(kg/m^3) = 后泥沙质量(g) \times 10^{-3}/100mL \times 10^{-6}$$

式中,D_2 为次洪水悬移质量,kg;S 为次洪水悬移质平均含量,kg/m^3;W 为次洪水量,m^3;S 为悬移质含量,kg/m^3。

在拦沙坝内设高度标尺,每年观测淤积的高度,结合淤积形状,计算推移质:

$$D_4 = D_{4yr} \times W/W_{yr}$$

式中，D_4 为次洪水推移质量，kg；W 为次洪水量，m^3；W_{yr} 为年洪水量，m^3；D_{4yr} 为年推移质量，kg；h_i 为第 i 个拦沙坝年内淤积高度，m；A_i 为第 i 个拦沙坝年内平均淤积面积，m^2；ρ_d 为实测淤积泥沙干密度，取 1 610 kg/m^3。

次降雨侵蚀量为

$$D = D_2 + D_4$$

在拟合的 10 个模型中，以一次方函数 LIN，二次方函数 QUA，三次方函数 CUB，幂函数 POW 4 个模型的决定系数 R^2 最大（列于表1、表2、表3 中），I_{30}、P、PI_{30} 与次径流量 W、次侵蚀量 D 之间都具相关性，但以 P、I_{30} 与 W、D 的相关性最好，其模型为

$$W(D) = b_0 + b_1 PI_{30} + b_2 PI_{30}^2 + b_3 PI_{30}^3$$

参数见表2、表3。

表 1　P、I_{30} 与 W、D 回归分析决定系数 R^2

变量	模型	自变量 P					自变量 I_{30}				
		年度					年度				
		1998	1999	2000	2001	2002	1998	1999	2000	2001	2002
W	LIN	0.820**	0.352**	0.796**	0.627**	0.276**	0.664**	0.188	0.148	0.579**	0.465**
W	QUA	0.887**	0.489**	0.925**	0.729**	0.276**	0.773**	0.199*	0.326**	0.667**	0.920**
W	CUB	0.890**	0.495**	0.927**	0.843**	0.361**	0.747**	0.202*	0.411**	0.673**	0.957**
W	POW	0.586**	0.501**	0.805**	0.644**	0.613**	0.379**	0.314**	0.154	0.445**	0.514**
D	LIN	0.800**	0.082	0.650**	0.414**	0.135	0.641**	0.498**	0.103	0.582**	0.363**
D	QUA	0.886**	0.247*	0.909**	0.592**	0.136	0.737**	0.544**	0.258*	0.684**	0.905**
D	CUB	0.894**	0.248	0.911**	0.709**	0.246**	0.753**	0.547**	0.336**	0.694**	0.997**
D	POW	0.538**	0.290*	0.713**	0.694**	0.511**	0.421**	0.548**	0.188	0.545**	0.580**

注：* 表示 $p < 0.05$ 显著相关；** 表示 $p < 0.01$ 报显著相关（后同）。

表 2　各年次降雨径流模型参数

年度	b_0	b_1	b_2	b_3	r	F	P
1998	420.969	739.384	−4.496 3	0.189 3	0.956**	145.21	0.000
1999	10.825 5	780.61	−99.573	4.692 4	0.790**	8.26	0.000
2000	−21.388	459.49	−41.721	2.429 3	0.974**	170.24	0.000
2001	166.857	303.620	−30.347	2.019	0.965**	188.28	0.000
2002	9.931	308.783	−37.805	2.136 7	0.993**	260.67	0.000

表 3　各年次降雨侵蚀模型参数

年度	b_0	b_1	b_2	b_3	r	F	P
1998	−23 943	81 681.7	−94.981	20.348	0.959**	157.38	0.000
1999	5 906.0	15 191.0	−1 626.0	115.38	0.748**	11.42	0.000
2000	−3 985.1	8 418.02	−1 208.6	95.941	0.992**	630.79	0.000
2001	75.611	2 127.49	−89.976	25.514	0.962**	196.61	0.000
2002	−7 091.2	11 604.3	−2 446.9	135.75	0.993**	825.98	0.00

3　意义

通过生物措施、工程措施和耕作措施对滇中地区典型小流域——王家箐进行综合治理,观测了治理前后气象、水文、土壤侵蚀资料,建立了水土的流失变化模型,确定了治理前后试验区降雨与径流、侵蚀之间的关系及变化。从而可知试验区的水土流失主要集中在5—10 月,区内次降雨的径流量、侵蚀量与降雨量和最大 30 min 雨强乘积的相关性最好,采取生物措施、工程措施和耕作措施相结合的综合治理方式,能有效抑制以坡耕地为主的小流域的水土流失,但不改变流域降雨径流侵蚀函数关系式,只改变其系数。

参考文献

[1]　段青松,吴伯志,字淑慧.滇中地区小流域治理前后水土流失变化规律的研究.农业工程学报,2005,21(5):42−26.

地表的太阳辐射模型

1 背景

太阳辐射是最重要的农业气候资源之一,它的多寡直接决定着农业生态系统物质、能量和信息的流动。因此,准确掌握地表实际太阳辐射是进行农业研究和农业生产的基础和前提。随着社会对高分辨率农业气象数据需求的增长,准确获取实际地表所获得的太阳辐射能变得更为重要,因此,朱莉芬等[1]研究基于 1 km 栅格地表,综合考虑宏观和微观因子对地表辐射的分异规律,建立模型模拟地表实际可获得的太阳辐射。

2 公式

直接采用辐射相关因子与辐射观测值建立模型,其基本关系式为

$$Q = b_0 + \sum_{i=1}^{m} \left(\sum_{j=1}^{5} b_{ij}x_i^j + \sum_{k=i+1}^{m} c_{ik}x_ix_k \right)$$

式中, x_i , x_k 为第 i 个,第 k 个基本因子; m 为基本因子总数; b_0、b_{ij}、c_{ik} 为待定系数。

采用逐步回归方法,可以得到

$$Q = 170292 + 20.73189x_1 - 0.19171x_1x_6 + 0.07212x_5x_6$$

根据左大康等[2]的研究,辐射年总量与直接辐射年总量之间存在非常密切的关系,他们根据全国各辐射台站多年累积资料,得到

$$Q = 2.388 + 0.9864S$$

式中, Q 和 S 的单位均为 GJ/m^2,其相关系数达 0.948,剩余标准差为 0.3 GJ/m^2。根据上式可得

$$S = 1.01379Q - 2.42092$$

散射辐射 D 为

$$D = Q - S = 2.42092 - 0.01379Q$$

辐射转换系数 $Coef_Q$ 是指在坡面本身坡度、坡向以及周围地形的遮蔽影响下坡面所获得的天文辐射与当地水平面上所获得的天文辐射的比值,可用下式表示:

$$Coef_Q = Q_S/Q_L$$

式中, Q_S 为坡面天文辐射,GJ/m^2; Q_L 为水平面天文辐射,GJ/m^2。

由于各地水平面的年度天文辐射总量只与当地的纬度有关,因此可以利用前述方法计算出的年天文辐射总量,与纬度建立如下三次曲线关系模型,用它来模拟各个像元的年天文辐射总量:

$$Q_0 = 13041 + 15.173\varphi - 2.4612\varphi^2 + 0.0109\varphi^2$$

式中,Q_0 为年天文辐射总量,MJ/m^2;φ 为纬度。

下式为坡面在周围地形影响下的日天文辐射量计算公式:

$$Q_s' = \sum_{i=1}^{n} I f_i \Delta T + I_{n+1} f_{n+1} \left(\frac{2\omega_0 \times 24 \times 60}{2\pi} - n\Delta T \right)$$

式中,I_i 为第 i 个时段内坡面的天文辐照度,$MJ/(m^2 \cdot min)$;f_i 为 i 时段内太阳方向上地形对该坡面的遮蔽系数,$f_i = 0,1$(受地形遮蔽时取 0,否则取值为 1);ΔT 为时段长度;n 为整时段的个数。

地球表面上任意两点,在球面距离为 D 时,其球面视角 H 可表示为

$$tg\theta = ctg\theta_0 - \frac{R + H_0}{(R + H_i)\sin\theta_0}$$

式中,H_0 为球面距离为 D 时的球心角;R 为地球半径,m;H_0、H_i 分别为原点和视点的海拔高度,m。

将方位角细分为 n 份,分别搜索各个方位的最大视角 θ_i,则视角系数 v 可表示为

$$v = \frac{1}{n} \times \sum_{i=1}^{n} \cos^2\theta_i$$

坡面的视角系数可表示为

$$v = \frac{1}{m} \times \sum_{i=1}^{m} \cos^2\theta_i + \frac{1}{n} \sum_{j=1}^{n} \cos^2\theta_j$$

式中,$\theta_j = \text{Max}(\theta_j, \alpha_j)$;$m$、$n$ 分别为坡前和坡后的方位数;α_j、θ_i、θ_j 分别为坡度、坡前及坡后视角。

根据辐射转换系数与视角系数,可以得到修正后的实际太阳辐射:

$$Q = SCoef_Q + D_v$$

3　意义

根据数字高程模型(DEM),考虑坡面坡度和坡向以及周围地形的影响,建立坡面与水平面的直接辐射转换系数模型以及坡面的视角系数模型,分别修正平面年太阳辐射中的直接辐射和散射辐射分量;根据汇总修正后的太阳辐射总量中的各分量,可得到坡面实际可获得的辐射总量。成果可用于高精度的农业生产潜力评估、农业区划、农作物布局、退耕还林还草等。

参考文献

[1] 朱莉芬,田永中,岳天祥,等. 基于 1 km 栅格的地表太阳辐射模拟. 农业工程学报. 2005,21(5):
16-19.

[2] 左大康,周允华,朱志辉,等. 地球表层辐射研究[M]. 北京:科学出版社,1991.

地下水的三维流运动模型

1 背景

在地下水数值模拟计算方面,集中参数模型是根据区域地下水均衡原理,将整个区域视作一个整体,区域内各水文参数和水文地质参数都取均值进行模拟计算;分布式参数模型能更准确地描述实际地层结构和各单元之间的水力联系,更精确地模拟区内不同位置的地下水动态演变过程,模型对基本资料的要求更高,模拟计算也更复杂,也是应用较广泛的一类模型。鲍卫锋[1]采用格点法差分建立地下水三维流数值模拟的分布式参数模型,并采用迭代法获得数值解,模拟各分区的地下水水位。

2 公式

对于地下水数值模拟模型,由连续方程和达西定律可知,密度一定的地下水通过非均质各向异性多孔介质的三维运动方程为

$$\frac{\partial}{\partial x}\left(k_{xx}\frac{\partial h}{\partial x}\right) + \frac{\partial}{\partial y}\left(k_{yy}\frac{\partial h}{\partial y}\right) + \frac{\partial}{\partial z}\left(k_{zz}\frac{\partial h}{\partial z}\right) - w = s_s\frac{\partial h}{\partial t}$$

式中,k_{xx},k_{yy},k_{zz} 分别沿 x,y,z 坐标轴的水力传导率,m/s,假定它们与水力传导度的主轴平行;h 为地下水侧压水头,L;w 为源汇项,即单位体积含水层在单位时间上的水量变化,T^{-1};ss 为多孔介质的贮水率,含水层压力水头下降一个单位,从单位含水层中释放或贮存的水量,L^{-1}。

采用格点法差分,即将模拟区域划分为一定密度的方格网,取其中任意单元(i,j,k) 及其相邻的 6 个单元$(i-1,j,k)$,$(i+1,j,k)$,$(i,j-1,k)$,$(i,j+1,k)$,$(i,j,k-1)$,$(i,j,k+1)$ 为对象。i,j,k 分别为行、列、层代号。对于单元(i,j,k),由质量守恒原理和达西定律可得

$$q_{i,j-1/2,k} = kr_{i,j-1/2,k}\Delta c_j\Delta v_k\frac{(h_{i,j-1,k} - h_{i,j,k})}{\Delta r_{j-1/2}}$$

式中,$h_{i,j,k}$,$h_{i,j-1,k}$ 分别为结点(i,j,k) 和结点$(i,j-1,k)$ 上的水头;$q_{i,j-1/2,k}$ 为通过单元(i,j,k) 和单元$(i,j-1,k)$ 公共层面上的水流通量,L^3/T;$kr_{i,j-1/2,k}$ 为两结点间沿 r 方向的水力传导度,L/T;$\Delta c_j\Delta v_k$ 为两单元公共面积;$\Delta r_{j-1/2}$ 为两结点间距离。同理可得单元(i,j,k)

与其他5个单元间的类似联系。

若令 $CR_{i,j-1/2,k} = kr_{i,j-1/2,k} \cdot \left(\dfrac{\Delta c_j \Delta v_k}{\Delta r_{j-1/2}} \right)$ ，则上式可简化为

$$q_{i,j-1/2,k} = CR_{i,j-1/2,k}(h_{i,j-1,k} - h_{i,j,k})$$

6个方向的类似方程构成了差分网格中任意单元与其周围相邻单元的水量交换关系，当遇到井、河流、排水沟、定水头等边界条件时水流通量式可表达为

$$a_{i,j,k,n} = p_{i,i,k,n}h_{i,j,k,n} + q_{i,j,k,n}$$

式中，$a_{i,j,k,n}$ 为第 n 个源或汇在单位时间内与周围单元格的交换水量，L^3/T；$q_{i,j,k,n}$ 为常数，量纲分别为（L^2/T）和（L^3/T）。

由于渗漏补给量与河流水头差成正比，则

$$a_{i,j,k,2} = CRIV_{i,j,k,2} \cdot (r_{i,j,k} - h_{i,j,k})$$

式中，$CRIV_{i,j,k}$ 为河床床底水力传导系数。

依此类推，当区域中有 n 个源项或汇项时，差分方程中该项可表达为

$$QS_{i,j,k} = \sum_{n=1}^{N} a_{i,j,k,n} = \sum_{n=1}^{N} p_{i,j,k,n} \cdot h_{i,j,k} + \sum_{n=1}^{N} q_{i,j,k,n}$$

若令 $p_{i,j,k} = \displaystyle\sum_{n=1}^{N} p_{i,j,k,n}$，$Q_{i,j,k} = \displaystyle\sum_{n=1}^{N} q_{i,j,k,n}$，则上式可表达为

$$QS_{i,j,k} = p_{i,j,k}h_{i,j,k} + Q_{i,j,k}$$

因此地下水连续流差分方程的最终完整形式可写为

$$q_{i,j-1/2,k} + q_{i,j+1/2,k} + q_{i-1/2,j,k} + q_{i+1/2,j,k} + q_{i,j,k-1/2}$$
$$+ q_{i,j,k+1/2} + QS_{i,j,k} = SS_{i,j,k} \frac{\Delta h_{i,j,k}}{\Delta t} \Delta r_i \Delta c_j \Delta v_k$$

同时也可表示为

$$CR_{i,j-1/2,k}(h_{i,j-1,k} - h_{i,j,k}) + CR_{i,j+1/2,k}(h_{i,j+1,k} - h_{i,j,k}) + CR_{i-1/2,j,k}(h_{i-1,j,k} - h_{i,j,k})$$
$$+ CR_{i+1/2,j,k}(h_{i+1,j,k} - h_{i,j,k}) + CR_{ij,k-1/2}(h_{i,j,k-1} - h_{i,j,k}) + CR_{ij,k+1/2}(h_{i,j,k+1} - h_{i,j,k})$$
$$+ p_{i,j,k}h_{i,j,k} + Q_{i,j,k} = SS_{i,j,k}(\Delta r_i \Delta c_j \Delta v_k)\frac{\Delta h_{i,j,k}}{\Delta t}$$

对于连续方程在时间上的差分，由于时间流动的单向性，向前差分和中心差分都容易导致误差累计，相对来说向后差分较稳定，采用向后差分格式将上式改写为

$$CR_{i,j-1/2,k}(h_{i,j-1,k}^{m} - h_{i,j,k}^{m}) + CR_{i,j+1/2,k}(h_{i,j+1,k}^{m} - h_{i,j,k}^{m}) + CC_{i-1/2,j,k}(h_{i-1,j,k}^{m} - h_{i,j,k}^{m})$$
$$+ CC_{i+1/2,j,k}(h_{i+1,j,k}^{m} - h_{i,j,k}^{m}) + CV_{ij,k-1/2}(h_{i,j,k-1}^{m} - h_{i,j,k}^{m}) + CV_{ij,k+1/2}(h_{i,j,k+1}^{m} - h_{i,j,k}^{m})$$
$$+ p_{i,j,k}h_{i,j,k}^{m} + Q_{i,j,k} = SS_{i,j,k}(\Delta r_i \Delta c_j \Delta v_k)\frac{h_{i,j,k}^{m} - h_{i,j,k}^{m}}{t_m - t_{m-1}}$$

为便于操作和简化计算，将上式中所有与 h^m 有关的项全部放在等式左边，将所有已知

项放在等式右边,则可得下式:

$$CV_{ij,k-1/2}h_{i,j,k-1}^{m} + CC_{i-1/2,j,k}h_{i-1,j,k}^{m} + CR_{i,j-1/2,k}h_{i,j-1,k}^{m} + (-CV_{ij,k-1/2} - CC_{i-1/2,j,k}$$
$$- CR_{i,j-1/2,k} - CC_{i-1/2,j,k} - CV_{ij,k+1/2} + HCOF_{i,j,k})h_{i,j,k}^{m} + CR_{i,j+1/2,k}h_{i,j+1,k}^{m}$$
$$+ CC_{i+1/2,j,k}h_{i+1,j,k}^{m} + CV_{ij,k+1/2}h_{i,j,k+1}^{m} = RHS_{i,j,k}$$

其中,

$$RHS_{i,j,k} = - Q_{i,j,k} - SCI_{i,j,k}h_{i,j,k}^{m-1}/(t_m - t_{m-1})$$
$$SCI_{i,j,k} = SS_{i,j,k}\Delta r_i \Delta c_j \Delta v_k$$
$$HCOF_{i,j,k} = P_{i,j,k} - SCI_{i,j,k}/(t_m - t_{m-1})$$

还可写成如下的矩阵形式:

$$[A] \times \{h\} = \{q\}$$

式中,A 为系数矩阵,主要包括各网格单元的水力传导率、贮水率给水度、源汇项要素;h 为所求差分网格 m 时刻的未知侧压水头矩阵,它是主对角矩阵;q 为已知常数构成的矩阵,主要包括各网格的迭代起始条件和边界条件。

示范区二元结构各水文地质参数取值列于表1,其中 k_x、k_z 分别为水平和垂直向的水力传导率;s_s 为弹性给水度;s_y 为重力给水度,由水平向和垂直向给水度叠加给出单元网格的贮水率。$eff \cdot p$ 为有效孔隙率;$tol \cdot p$ 为总孔隙率。

表1 示范区各水文地质参数

项目	水力传导率		给水度		孔隙率	
	$k_x(m/s)$	$k_z(m/s)$	$s_s(m^{-1})$	$s_y(m^{-1})$	$eff \cdot p$	$tol \cdot p$
弱透水层	0.0 000 011	0.00 000 011	0.008	0.045	0.30	0.40
含水层	0.000 058	0.0 000 115	0.05	0.045	0.30	0.40

3 意义

为了更准确地描述地下含水层,建立了地下水三维流运动的分布式参数模型,将模拟区域剖分为一定密度的方格,分别从空间和时间上对模型进行差分,并采用单元迭代法实现模型的求解。最后以内蒙古河套灌区某示范区为对象,验证所建模型,模拟计算结果切合实际,可操作性较好。该模型及求解方法总体是有效的,但相关参数的率定及地下水运动其他的影响因素有待于更深一步的研究。

参考文献

[1] 鲍卫锋,黄介生,闫华,等. 基于分布式参数模型的地下水数值模拟. 农业工程学报,2005,21(5):25-28.

水稻灌溉的优化模型

1 背景

研究作物优化灌溉制度,一般以作物在生长过程中的表征作为信息条件,同时以变化中的外界条件反馈于作物本身,以实现作物依据人们意愿定向生长发育为目标。通过制定并应用科学的灌溉制度以及对灌水技术的系统决策,进行盐碱化耕地田间水分状况的合理调节,既满足作物对水分的需要,又将盐分控制在不影响作物生长的范围内,是盐碱化耕地作物优化灌溉的核心内容。刘广明等[1]针对控制灌溉理论的水稻优化灌溉制度展开了研究。

2 公式

水稻全生育期各阶段初可用于分配的水量 q_i 和各阶段计划湿润层可供水稻利用的土壤含水量 W_i,是土壤含水率的函数,表示为

$$W_i = 1000 \cdot \gamma \cdot H(\theta - \theta_w)$$

式中,γ 为土壤干容重,g/cm³;H 为计划湿润层深度,cm;θ 为计划湿润层内土壤平均含水率,以占干土重的百分数计,%;θ_w 为土壤含水率下限,以占干土重的百分数计,%。

若对第 i 个生长阶段采用决策灌水量 d_i 时,水量分配方程可表达为

$$q_{i+1} = q_i - d_i$$

式中,d_i 为第 i 阶段的灌水量,mm;q_i、q_{i+1} 分别为第 i 及第 $i+1$ 阶段初可用于分配的水量,mm。

土壤计划湿润层内的水量平衡方程可写为

$$(ET_a)_i + W_{i+1} = W_i + d_i + P_i + K_i + WZ_i$$

式中,P_i 为第 i 阶段的有效降雨量,mm;W_i、W_{i+1} 分别为第 i 及第 $i+1$ 阶段初土壤中可供利用的水量,mm;K_i 为第 i 阶段地下水补给量,mm;WZ_i 为由于计划湿润层的增加而增加的水量,mm。

采用不同生育阶段作物水分生产函数 Jensen 模型为数学模型,目标函数为单位面积的产量最大,作物在水、盐耦合作用下的动态响应目标函数可表示为

$$F = \max\left(\frac{Y_a}{Y_m}\right) =$$

$$
\begin{cases}
\prod_{i=1}^{n}\left(\frac{ET_a}{ET_m}\right)_i^{\lambda} & EC_{e,a} < EC_{e,\min} \\
\prod_{i=1}^{n}\left(\frac{EC_{e,\max} - EC_{e,a}}{EC_{e,\max} - EC_{e,\min}}\right)_i^{\sigma_i}\left(\frac{ET_a}{ET_m}\right)_i^{\lambda_i} & EC_{e,\min} \leq EC_{e,a} < EC_{e,\max} \\
0 & EC_{e,a} \geq EC_{e,\min}
\end{cases}
$$

式中,Y_a 为作物实际产量,t/hm²;Y_m 为供水条件下作物最大产量,t/hm²;n 为作物生育阶段总数;$ET_{a,i}$ 为作物第 i 生育阶段实际腾发量,是农田有效供水量的函数,mm;$T_{m,i}$ 为作物第 i 生育阶段的潜在腾发量,mm;λ_i 为作物第 i 生育阶段缺水对产量影响的敏感性指数(i 生育阶段缺水可能对作物产量造成的影响占所有生育阶段缺水对产量影响的权重),无量纲;σ_i 为作物第 i 生育阶段土壤盐分对产量影响的敏感性指数,无量纲;$EC_{e,a}$ 为作物根层土壤实际含盐量,mmho/cm;$EC_{e,\min}$ 为土壤含盐浓度临界值,低于此值时,作物腾发量不受影响,mmho/cm;$EC_{e,\max}$ 为作物能容忍的土壤含盐量最大值,当土壤含盐量大于此值时,作物因生理缺水而死亡,mmho/cm。

根据田间实际情况和生产经验得到以下决策约束:

$$0 \leq d_i \leq q_i$$

$$\sum_{i=1}^{n} d_i = Q$$

$$(ET_{\min}) \leq (ET_a)_i \leq (ET_m)_i \quad i = 1,2,\cdots,n$$

式中,Q 为全生育期单位面积上可供分配的水量,mm;其他符号意义同前。

土壤含水率约束:

$$\theta_w \leq \theta \leq \theta_s$$

式中,θ_s 为土壤饱和含水率,以占干土重的百分数计,%;θ_w 为土壤含水率下限,以占干土重的百分数计,% 。

假定作物播种时的土壤含水率为已知,即

$$\theta_1 = \theta_0$$

$$w_1 = 1000\gamma \cdot H \cdot (\theta_0 - \theta_w)$$

设第一时段初可用于分配的水量为作物全生育期可用于分配的水量,即

$$q_1 = Q$$

把各个生长阶段初土壤中可供利用的水量 W_i 作为虚拟轨迹,以 q_i 作为第一个状态变量并将其离散成 NT 水平,则该问题就变成一维的资源分配问题,可用常规的动态规划法分解,采用逆序递推,顺序决策计算,其递推方程为

$$f_i(q_i) = \{R_i(q_i,d_i)f_{i+1}(q_{i+1})\}$$

$$i = 1, 2, \cdots, n - 1$$

式中,$R_i(q_i, d_i)$ 为在状态 q_i 下,做决策 d_i 时所面临阶段效益:

$$R_i(q_i, d_i) = (ET_a / ET_m)_{ii}^r \qquad i = 1, 2, \cdots, n - 1$$

式中,$f_{i+1}(q_{i+1})$ 为余留阶段的最大效益:

$$f_n(q_n) = (ET_{an} / ET_{nm})^{r_n} \qquad r = n$$

通过计算,可求得给定初始条件下的最优状态系列 $\{q_i^*\}$ 及最优决策系列 $\{d_i^*\}$,$i = 1, 2, \cdots, n$。

将上一步的优化结果 $\{q_i^*\}$ 及 $\{d_i^*\}$ 固定下来,在给定的初始条件下,寻求土壤可供利用的水量 W_i 和各生长阶段实际需水量 S_i 的优化值,将第二个状态变量 W_i 离散成 NT 水平,决策变量不离散,以免内插,其递推方程为

$$f_i(W_i) = \{R_i(W_i, ET_{ai}) f_{i+1}(W_{i+1})\} \qquad i = 1, 2, \cdots, n - 1$$

式中,$R_i(W_i, ET_{ai})$ 为在状态 W_i 下,做决策 ET_{ai} 时所面临的阶段效益:

$$R_i(W_i, ET_{ai}) = (ET_{an} / ET_{mn})^{r_n} \qquad i = 1, 2, \cdots, n - 1$$

式中,$f_{i+1}(W_{i+1})$ 为余留阶段的最大效益:

$$f_n(W_n) = (ET_{an} / ET_{mn})^{r_n} \qquad i = n$$

通过计算,可以求得最优状态系列 $\{W_i^*\}$ 和最优决策系列 $\{E_i^*\}$。

3 意义

根据田间试验研究成果及 Jensen 模型,建立了水稻灌溉的优化模型,基于水稻控制灌溉理论,确定了宁夏引黄灌区轻度盐碱地水稻优化灌溉制度。水稻全生育期灌溉水量为 600 mm,灌水 15 次,主要分布在返青期、拔节孕穗期和抽穗开花期。该优化灌溉制度较常规漫灌节水 69.2%。该灌溉制度的建立,对于提高宁夏引黄灌区水稻节水灌溉技术具有重要的参考价值。

参考文献

[1] 刘广明,杨劲松,姜艳,等. 基于控制灌溉理论的水稻优化灌溉制度研究. 农业工程学报,2005,21(5):29-33.

黄瓜叶片的光合速率模型

1 背景

目前所建立的大多数作物生长机理性模型都是以光合作用为驱动力的。叶片光合速率的模拟是作物干物质生产模型和产量形成模拟的基础。选择好的叶片光合速率模型以及准确确定其参数就显得尤为重要。光合模型参数通常都是根据试验数据来确定的,因此近年来有大量研究针对黄瓜叶片光合速率的测定以及对光合作用进行模拟。正是基于对上述问题的考虑,史为民等[1]尝试采用机理性较强的模型来量化不同叶龄叶片的光合作用,并以实测光合速率进行验证。

2 公式

在光合作用中心进行的生化反应符合 Michaelis–Menten 反应形式。总光合速率 P_g [μmol/(m$^2 \cdot$ s)]依赖于 I 和 C_i:

$$P_g = \frac{\alpha I C_i / r_i}{\alpha I + C_i / r_x}$$

式中,α,r_x 为常数,分别称为光化学效率和羧化作用阻力。

呼吸作用以恒定速率 R[μmol/(m$^2 \cdot$ s)]进行,CO_2 在光合作用中心放出。因此净光合速率 P_n 由下式给出:

$$P_n = P_g - R$$

通过扩散,CO_2 在各光合作用中心和环境之间移动,因此有

$$P_n = \frac{C - C_i}{r_d}$$

式中,C 为环境中 CO_2 浓度,μL/L;r_d 为扩散阻力。

整理得

$$P_n^2 r_d - P_n [\alpha I(r_x + r_d) + C - R_{rd}] + \alpha I C - R(\alpha I r_x + C) = 0$$

净光合速率 P_n 可以写为

$$P_n = P_g - R_l - R_d$$

式中,P_g 为总光合速率;R_l 为依赖于光通量密度的呼吸组分(光呼吸),μmol/(m$^2 \cdot$ s);R_d

为无论在暗处和在光下都以相同水平继续进行的呼吸组分（暗呼吸），$\mu mol/(m^2 \cdot s)$。Charles-Edw ards 模型的主要特点是考虑了光呼吸项 R_l，R_l 由下式给出：

$$R_l = \frac{\beta \alpha l}{\alpha I + \tau C}$$

式中，β 为光呼吸常数。则净光合速率可写为

$$P_n = \frac{\alpha l(\tau C - \beta)}{\alpha I + \tau C} - R_d$$

式中，τ 为 CO_2 在叶片组织中的扩散率，m/s。

则光反应曲线的初始斜率为

$$\left.\frac{\partial P_n}{\partial l}\right|_{I=0} = \alpha\left(1 - \frac{\beta}{\tau C}\right)$$

净光合速率的光反应曲线的渐近线为

$$P_n(I \to \infty) = \tau C - \beta - R_d$$

因此可分别计算出光补偿点 $I_c [\mu mol/(m^2 \cdot s)]$ 和 CO_2 的补偿点 $C_c (\mu L/L)$，得

$$I_c = \frac{1}{\alpha} \cdot P \frac{R_d \tau C}{\tau C - \beta - R_d}$$

$$C_c = \frac{1}{\tau} \cdot P \frac{\alpha(\beta + R_d)}{\alpha I - R_d}$$

根据表1中的参数可以得到完整的包括了光呼吸和氧效应的叶片光合作用模型（见表2）。

表1 不同叶龄叶片光合速率方程的参数

测定时间（月-日）	叶龄（d）	叶位（No.）	光合作用参数			
			光化学效率 α	CO_2 在叶片组织中的扩散率 $\tau(m/s)$	光呼吸常数 β $[\mu mol/(m^2 \cdot s)]$	暗呼吸常数 R_d $[\mu mol/(m^2 \cdot s)]$
05-20	10~20	8	0.046 6	189.240 0	5.457 5	0.647 6
06-08		19	0.065 5	186.474 3	7.214 6	2.024 1
05-20	21~30	7	0.089 1	182.671 5	6.862 1	1.894 5
06-08		18	0.049 6	254.372 9	3.236 3	0.939 1
05-20	>30	4	0.082 8	119.785 3	3.649 4	2.292 3
06-08		15	0.106 0	118.973 3	3.736 8	2.428 2

表 2　不同叶位的光合速率模型

叶龄 (d)	叶位	光合速率方程	表观量子效率	最大光合速率 P_n ($I \to \infty$) [μmol/(m²·s)]	光补偿点 I_e [μmol/(m²·s)]
>30	4	$P_{n4} = \dfrac{0.083\,9I(119.785\,3C-3.649\,4)}{0.083\,9I+119.785\,3C} - 2.292\,3$	0.068 8	15.619 4	38.231 7
21~30	7	$P_{n7} = \dfrac{0.089\,1I(182.671\,5C-6.862\,1)}{0.089\,1I+182.671\,5C} - 1.894\,5$	0.070 5	24.124 3	28.979 0
10~20	8	$P_{n8} = \dfrac{0.046\,6I(189.240\,0C-5.457\,5)}{0.046\,6I6\,189.240\,0C} - 0.647\,6$	0.039 1	27.958 0	16.926 1
>30	15	$P_{n15} = \dfrac{0.106\,0I(118.973\,3C-3.736\,8)}{0.106\,0I+118.973\,3C} - 2.428\,2$	0.087 5	15.250 2	31.161 1
21~30	18	$P_{n18} = \dfrac{0.049\,6I(254.372\,9C-3.236\,3)}{0.049\,6I+254.372\,9C} - 0.939\,1$	0.046 1	41.611 7	20.839 2
10~20	19	$P_{n19} = \dfrac{0.065\,5I(186.474\,3C-7.214\,6)}{0.065\,5I+186.474\,3C} - 2.024\,1$	0.051 4	24.326 7	42.636 7

3　意义

对于属于 C3 作物的黄瓜,用 Charles-Edwards(包括光呼吸,暗呼吸和氧效应)光合模型建立其叶片净光合速率模型。并通过试验确定该模型参数。从而可知以此模型描述黄瓜叶片的光合速率所得到的光合模型参数在一定的光合有效辐射(PAR)范围内与实测数据相符合。不同叶龄的黄瓜叶片其光合特性存在较大差异。其中叶龄为 20~30 d 的叶片的光合速率及相关参数差异显著。

参考文献

[1]　史为民,陈青云,乔晓军. 日光温室黄瓜叶片光合速率模型及其参数确定的初步研究. 农业工程学报,2005,21(5):113-118.

温室的小气候模型

1 背景

温室小气候模拟模型可以定量描述各个环境因子及其相互关系随时间的变化规律,因而成为温室环境优化调控的有力工具。近年来,国内也开始了关于温室小气候的模拟研究,从光环境、热环境到综合的小气候模拟已有许多研究报道。戴剑锋等[1]通过实验对长江中下游地区 Venlo 型温室空气温湿度以及黄瓜蒸腾速率进行了模拟研究。为进一步探讨中国南方地区现代化温室环境调控和作物管理的优化以及从能耗角度优化温室结构提供了理论依据和决策支持。

2 公式

作物呼吸以及作物光合作用的耗能在数值上很小,可以忽略不计。因此温室内部空气的能量平衡模型方程可表示为

$$q_a = q_v + q_c + q_{rad} + q_{heat} - q_{tran} + q_s$$

式中,q_a 为气温的升降引起的空气能量变化,J/s;q_v 为温室自然通风导致的温室内空气能量的变化,J/s;q_c 为温室覆盖层与温室内空气间的热交换量,J/s;q_{rad} 为入射太阳辐射引起的温室内部空气能量变化,J/s;q_{heat} 为温室加热系统提供的能量,J/s;q_{tran} 为作物蒸腾消耗的潜热,J/s;q_s 为温室内空气与作物间的显热交换,J/s。

上式中各项的具体计算公式为

$$q_a = \rho C_p V (\mathrm{d} T_{in} / \mathrm{d} t)$$

式中,ρC_p 为空气的定压容积热容量,1 240 J/(K·m³);V 为温室容积,$V =$ 0.5×温室长度×温室跨度×温室跨数×(温室檐高+温室顶高),m³;T_{in} 为室内空气温度,K;t 为时间,s。

$$q_v = \rho C_p G (T_{out} - T_{in})$$

式中,G 为温室自然通风率,m³/s;T_{out} 为室外空气温度,K。

根据 Boulard 和 Baille 的研究[2],综合考虑风压和热压的作用,温室自然通风率的计算方程为

$$G = (S/2) C_d \left[2g(H/2)(T_{in} - T_{out})/T_{out} + C_w U^2 \right]^{0.5}$$

式中,S 为温室有效通风面积,m²;C_d 为流量系数(无量纲),对于 Venlo 型温室取值 0.644;

C_w 为综合风压系数(无量纲),对于 Venlo 型温室取值 0.09;g 为重力加速度,9.8 m/s²;H 为进风口中心与出风口中心的垂直距离,也就相当于"烟囱"的等效高度(对于只有天窗或只有侧窗的温室,H 为开窗垂直高度的 1/2),m;U 为室外平均风速,m/s。

根据 Boulard 和 Draoui[3]:

$$S = 2A_v \sin(\alpha/2)$$

式中,A_v 为温室通风窗的总面积(通风窗的长度×宽度×温室通风窗的总数),m²;α 为开窗角度。

当温室内外温差($T_{in} - T_{out}$)或 H 比较小,或室外平均风速 $U > 2$ m/s 时,风压作用的影响远远大于热压作用的影响,可以忽略热压作用(烟囱效应)的影响,因此方程简化为

$$G = (S/2) C_d C_w^{0.5} U$$

$$q_c = A_s h_c (T_{out} - T_{in})$$

式中,A_s 为温室表面积,$A_s = 2\{0.5 \times (顶高+檐高) \times 跨度 \times 跨数 + 长度 \times 檐高 + 跨数 \times 长度 \times [(0.5 \times 跨度)^2 + (顶高-檐高)^2]^{0.5}\}$,m²;$h_c$ 为温室覆盖层与室内空气的热传导系数,6.27 J/(s·K·m²)。

$$q_{rad} = \tau Q_{rad} A$$

式中,τ 为温室太阳辐射透过率,根据测得的室内外太阳辐射数据得;$\tau = 0.6$;Q_{rad} 为室外太阳辐射,J/(s·m²);A 为温室地表面积(温室长度×温室跨度×温室跨数),m²。

$$q_{heat} = \eta Q_{heat}$$

式中,η 为加热系统的热效率,在此取温室加热系统的热效率为 0.9;Q_{heat} 为温室加热系统的功率,J/s。

$$q_{tran} = \lambda E A$$

式中,λ 为水的蒸发潜热,2 450 J/g;E 为蒸腾速率,g/(m²·s)。

根据 Penman-Monteith 方程,植物蒸腾速率可计算如下:

$$\lambda E = [\Delta R_n' + 2LAI(\rho C_p/r_a)(e_s - e_a)]/[\Delta + \gamma(1 + r_c/r_a)]$$

式中,Δ 为饱和水汽压随温度变化曲线的斜率,kPa/℃;R_n' 为作物冠层所得的净辐射,J/(s·m²);LAI 为作物冠层叶面积指数,m²(叶面积)/m²(地表面积);r_a 为边界层空气动力学阻抗,s/m;e_s 为空气饱和水汽压,kPa;e_a 为空气实际水汽压,kPa;γ 为湿度计常数,0.064 6 kPa/℃;r_c 为冠层对水汽的阻抗(等于气孔平均阻抗),s/m。

根据 Monsi 和 Saeki:

$$R_n' = R_n[1 - \exp(-k \cdot LAI)]$$

式中,R_n 为到达作物冠层上方的太阳净辐射,J/(s·m²);k 为作物冠层消光系数(无量纲),对于黄瓜,取值 0.8。

根据 Goudriaan:

$$e_s = 0.6107\exp[17.4T_a/(239 + T_a)]$$

$$\Delta = 4158.6e_s(T_a) / (T_a + 239)^2$$

式中, T_a 为空气温度, $℃$。

根据 Boulard：

$$r_c = 200\{1 + 1/\exp[0.05(R_n - 50)]\}$$

$$r_a = 220d^{0.2}/v_i^{0.8}$$

$$v_{in} = G/A_c$$

式中, d 为叶片的特征长度, 黄瓜叶片取值为 0.25 m; v_{in} 为温室内部空气流速, m/s; G 为温室自然通风率, m^3/s; A_c 为垂直于平均风向的温室横截面积, 指温室的轴向横截面积(温室长度×脊高), m^2。

$$q_s = (T_l - T_{in})\rho C_p/r_a$$

式中, T_l 为叶片温度。

假定温室内空气是水汽分布均匀的流体, 则温室内空气质量平衡模型为

$$d\chi_{in}/dt = (A/V)[\lambda E/(2.45 \times 10^6)] + (G/V)(\chi_{out} - \chi_{in})$$

式中, χ_{in} 为室内空气绝对湿度, kg/m^3; χ_{out} 为室外空气绝对湿度, kg/m^3; A 为温室地表面积(温室长度×温室跨度×温室跨数), m^2; V 为温室容积, V = 0.5×温室长度×温室跨度×温室跨数×(温室檐高+ 温室顶高), m^3; E 为作物蒸腾速率; G 为温室自然通风率。

根据 Monteith 和 Unsworth：

$$\chi_{in} = 2.165e_a/(T_a + 273)$$

式中, e_a 为空气实际水汽压, kPa; T_a 为空气温度, $℃$。

空气饱和水汽压差(Vapor Pressure Deficit, VPD)和空气相对湿度(RH, Relative Humidity)也是反应空气中水汽含量大小的指标, VPD 的大小能反映空气接受水汽的能力, 其计算方程为

$$VPD = e_s - e_a$$

空气相对湿度可以用以下方程计算：

$$RH = e_a/e_s \cdot 100\%$$

3 意义

根据温室能量和质量平衡的物理学原理, 建立了一个以温室外气候条件(太阳辐射、温度、湿度、风速等)为驱动变量, 以温室结构、温室覆盖材料、温室内作物(高度、叶面积指数)为参数的温室小气候模拟模型, 并利用上海 Venlo 型温室的三季试验数据对模型进行了检验。从而可知模型能较好地预测中国长江中下游地区 Venlo 型温室内夏季和冬季空气温度、湿度以及作物蒸腾速率。该研究为进一步探讨温室环境的优化调控提供了理论依据和决策支持。

参考文献

[1]　戴剑锋,罗卫红,徐国彬,等. 长江中下游地区 Venlo 型温室空气温湿度以及黄瓜蒸腾速率模拟研究. 农业工程学报,2005,21(5):107-112.

[2]　Boulard T ,Baille A. Modelling of air exchange in agreen house equipped with continuous roof vents [J]. Jour nal of Agricultural Engineering Research,1995,61:37- 48.

[3]　Boulard T ,Draoui B. Natur al ventilation of agreenho use with continuous roof vents:measur ements and dataanalysis [J]. Journal of Agricultural Engineering Research,1995,61:27- 36.

树上柑橘的识别模型

1 背景

水果采摘作业是水果生产链中最耗时、最费时的一个环节。与此同时,采摘作业质量的好坏还直接影响到产品的后续加工和储存。如何以低成本获得高品质的产品是水果生产环节中必须重视和考虑的问题。任何一种水果采摘机器人的正常工作均依赖于对作业对象的正确识别,因而要实现水果采摘机器人对水果的收获,关键是要从果树中识别出水果并确定水果的准确空间位置,以便为机械手的运动提供参数,完成水果的采摘。徐惠荣等[1]通过实验基于彩色信息的树上柑橘识别进行了研究。

2 公式

从图1可以看出,柑橘、树叶、树枝三者间的 R 分量与 G 分量的对应坐标值基本上分布在 45°对角线上;从图2、图3可以看出,树叶、树枝的 G 分量与 B 分量和 R 分量与 B 分量的对应坐标值分布在或接近于 45°对角线上,而水果的 G 分量与 B 分量和 R 分量与 B 分量的对应坐标值偏离 45°对角线,分布在 45°对角线下方,且果实的色差 $R-B$ 的平均值比 $G-B$ 的平均值要大。

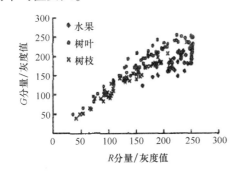

图1 柑橘树图像中颜色成分 R 与 G 的对比

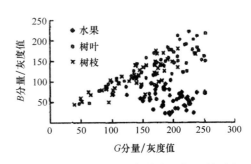

图2 柑橘树图像中颜色成分 G 与 B 的对比

对于任一幅图像,设 T_1 为全局最优时的分割阈值,而 T_A 为待分割像素点 (i,j) 为中心的邻域 $A(M{\times}N)$ 上的像素集特征量,则该点适用的分割阈值为

$$T = (1 - \alpha)T_1 + \alpha T_A$$

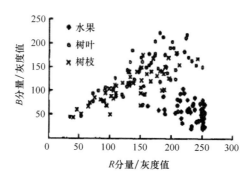

图 3　柑橘树图像中颜色成分 R 与 B 的对比

式中，α 为调整率，其取值范围为 $0 < \alpha < 1$。

在动态阈值法下，设阈值分割法规则为

$$g(i,j) = \begin{cases} 0 & \text{其他} \\ 255 & (R - B) > T \end{cases}$$

式中，$g(i,j)$ 为经阈值分割后图像上像素(i,j)的灰度值。

3　意义

根据对 53 幅含有各种背景情况的可见光彩色图像进行颜色特征提取和理解的基础上，建立了利用柑橘、树叶、树枝在 $R-B$ 颜色指标上的差异进行树上柑橘识别的颜色模型，并利用动态阈值法，根据图像特征动态产生阈值 T，将柑橘从背景中分割出来。分别在顺光条件和逆光条件下进行了试验分析，试验结果表明该识别模型可以实现对树上可见的柑橘的识别，并适用于单个和多个果实的识别，正确识别率较高。

参考文献

[1]　徐惠荣,叶尊忠,应义斌. 基于彩色信息的树上柑橘识别研究. 农业工程学报,2005. 21(5):98-101.

地理信息的 SCS 模型

1 背景

SCS 模型是美国农业部水土保持局研制的用于小流域工程规划、水土保持及防洪设计、城市水文及无资料流域的模型。目前,该模型在美国及一些其他国家得到了广泛的应用,并取得了较好的效果。刘贤赵[1]以美国农业部水土保持局研制的 SCS 模型为基础,结合地理信息方法对黄土高原典型小流域——王东沟流域降雨—径流过程进行模拟,验证模型的实用性和有效性,为揭示土地利用变化条件下流域的降雨—径流关系及洪水灾害预报提供理论依据和科学方法。

2 公式

模型考虑了流域下垫面的特点(如土壤、植被、坡度、土地利用等),既可以间接地考虑人类活动对流域径流的影响,也可以在水文模型参数与遥感信息之间建立直接的联系,并可以应用于无资料流域径流的估算,具有结构简单、参数少、使用方便的优点。其降雨—径流关系的最终表达式为

$$\begin{cases} P \leq 0.2S & R = 0 \\ P > 0.2S & R = \dfrac{(P - 0.2S^2)}{P + 0.8S} \end{cases}$$

式中,R 为径流量,mm;P 为次降雨总量,mm;S 为流域当时的可能最大滞蓄量,mm。其计算式为

$$S = \frac{25\ 400}{CN} - 254$$

式中,CN 为 SCS 模型中用于描述降雨—径流关系的一个无量纲的重要参数。

1996—1997 年王东沟流域的土地利用状况见表 1。

表 1   1996—1997 年长武王东沟流域土地利用状况

土地类型	耕地	林地	草地	果园	道路与居住用地
面积(hm^2)	353.0	246.9	56.2	117.7	56.2
占总面积(%)	42.5	29.7	6.8	14.2	6.8

表 2 中的 *CN* 值较直观地反映了流域在不同的土壤湿润程度下各子单元的产流能力，同时也是不同土地利用、土壤类型和地表形态综合作用的结果。

表 2　王东沟流域各子单元 *CN* 值

子单元编号	AMC Ⅰ	AMC Ⅱ	AMC Ⅲ	子单元编号	AMC Ⅰ	AMC Ⅱ	AMC Ⅲ
0#	85	89	93	14#	78	82	88
1#	84	88	92	15#	77	82	88
2#	89	92	95	16#	80	84	89
3#	83	87	92	17#	78	82	88
4#	86	90	93	18#	87	83	89
5#	82	86	91	19#	83	87	91
6#	84	88	92	20#	78	82	87
7#	83	87	91	21#	80	84	94
8#	64	67	71	22#	79	84	89
9#	82	86	90	23#	71	86	91
10#	82	86	91	24#	81	86	90
11#	81	85	90	25#	82	85	91
12#	77	81	87	26#	82	86	91
13#	79	83	85	27#	82	86	91

3　意义

根据土地利用、土壤类型等信息数据和流域水文、气象资料，应用美国农业部水土保持局研制的小流域设计洪水模型——SCS 模型对王东沟流域径流过程进行了模拟。按照集水区自然分水线划分流域子单元，并提出了适合该流域产流计算的 *CN* 值表。从而可知模型所模拟的径流过程与实测径流过程具有较好的一致性，模拟精度在 75% 以上，说明模型在参数的确定上较为合理，可以应用于黄土高原典型流域，为建立分布式水文模型对流域进行生态水文综合评价提供了科学方法。

参考文献

[1]　刘贤赵,康绍忠,刘德林,等. 基于地理信息的 SCS 模型及其在黄土高原小流域降雨—径流关系中的应用. 农业工程学报,2005,21(5):93-97.

土壤溶质的运移方程

1 背景

由于生产和环境保护的需要,因而促进了土壤溶质运移研究的发展。土壤溶质运移过程通常由一个非线性土壤水流方程和一个以对流项为主的对流-扩散方程来描述,在实际应用中,用数值计算方法来求解这类方程,包括有限差分和有限元法等。但是用通常的有限元方法或有限差分法求出的解可能发生振荡,即数值弥散,不符合物理要求。陈研等[1]通过实验对求解土壤溶质运移方程的广义迎风差分法展开了探讨。

2 公式

在非稳态一维垂直流情况下,土壤溶质运移基本方程为

$$\frac{\partial(\theta \cdot C)}{\partial t} = \frac{\partial}{\partial Z}\left[D_{sh}(\theta, v)\frac{\partial c}{\partial Z}\right] - \frac{\partial(qC)}{\partial Z} + f(C, t)$$

$$C(Z, 0) = C_0(Z) \quad t = 0 \quad 0 \leqslant Z \leqslant L$$

$$C(Z, t) = C_{in} \quad t > 0 \quad 在 \Gamma_1 上$$

$$J(Z, t) = -D_{sh}\frac{\partial C}{\partial Z} + qC \quad t > 0 \quad 在 \Gamma_2 上$$

式中,Γ_1,Γ_2 分别为第一类和第二类边界,$\Gamma = \Gamma_1 + \Gamma_2$;$C$ 为溶质浓度,mmol/L;t 为时间,d;Z 为空间距离,cm,向下为正;θ 为土壤容积含水量,cm^3/cm^3;v 为土壤平均孔隙流速,cm/d;q 为土壤水分通量,cm/d;$D_{sh}(\theta, v)$ 为水动力弥散系数,cm^2/d;C_{in} 为土表流入溶质浓度,mmol/L;C_0 为土壤初始溶质浓度,mmol L;f 为源汇项,mmol/d;$J(Z, t)$ 为溶质通量,mmol/L;L 为土柱长度,cm。

设 $\varphi_i(Z)$ 为单元形函数,对于一维线性元,单元形函数为

$$\begin{cases} \varphi_i(Z) = 1 + \dfrac{Z - Z_i}{L_i} & Z_{i-1} \leqslant Z \leqslant Z_i \\[2mm] \varphi_i(Z) = 1 + \dfrac{Z_i - Z}{L_{i+1}} & Z_i \leqslant Z \leqslant Z_{i+!} \\[2mm] \varphi_i(Z) = 0 & 其他 \end{cases}$$

设 v_n 为对偶剖分的分片常数函数,其基函数为

$$\begin{cases} \Psi_j(Z) = 1 & Z \in L_j^* \\ \Psi_j(Z) = 0 & \text{其他} \end{cases}$$

广义差分法即为求形如

$$c_h(Z,t) = \sum_{i=1}^{n} C_i(t)\varphi_i(Z)$$

的解,$\varphi_i(Z)$ 为单元形函数,$C_i(t)$ 为系数,在每个对偶单元上,使其系数满足方程:

$$\iint_{L_j} \left[\frac{\partial(\theta c_h)}{\partial t} - \frac{\partial}{\partial Z}\left(D\frac{\partial c_h}{\partial Z}\right) + \frac{\partial(\vec{q}c_h)}{\partial Z} \right]\Psi_i \mathrm{d}Z = \int_{L_j^*} f \cdot \Psi_j \mathrm{d}Z$$

在对偶单元 L_j^* 上,对上左端第二项分部积分,有

$$-\int_{L_j^*} \frac{\partial}{\partial Z}\left(\frac{\partial c_h}{\partial Z}\right)\Psi_i \mathrm{d}Z = \int_{L_j^*} D\frac{\partial c_h}{\partial Z}\frac{\partial \Psi_j}{\partial Z}\mathrm{d}Z$$

从而有

$$\int_{L_j} D\frac{\partial c_h}{\partial Z}\frac{\partial \Psi_j}{\partial Z}\mathrm{d}Z = \int_{L_j} D\frac{\partial c_h}{\partial Z}\left[-\delta(Z - Z_{j+\frac{1}{2}}) + \delta(Z - Z_{j-\frac{1}{2}})\right]\mathrm{d}Z$$

$$= -D_{Z_{j+\frac{1}{2}}}\left(\frac{\partial c_h}{\partial C}\right)_{Z_{j+\frac{1}{2}}} + D_{Z_{j-\frac{1}{2}}}\left(\frac{\partial c_h}{\partial C}\right)_{Z_{j-\frac{1}{2}}}$$

$$= \left[\frac{D_{Z_{j-\frac{1}{2}}}}{L_j} + \frac{D_{Z_{j+\frac{1}{2}}}}{L_{j+1}}\right]C_j - \frac{D_{Z_{j+\frac{1}{2}}}}{L_{j+1}}C_{j+1} - \frac{D_{Z_{j-\frac{1}{2}}}}{L_j}C_{j-1}$$

对流项应用广义差分法和迎风格式,由格林公式有

$$\int_{L_j^*} \frac{\partial(qc_h)}{\partial Z}\Psi_j \mathrm{d}Z = \int_{L_j^*} (\vec{q}\cdot\vec{n})c_h\Psi_j \mathrm{d}s$$

在 ∂L_{j+}^* 上 $\vec{q}$ 由单元外部进入单元内部,在 ∂L_{j-}^* 上 $\vec{q}$ 由单元内部进入单元外部。令 $[c_h] = c_h^+ - c_h^-$ 以 c_h^+ 和 c_h^- 依次表示 c_h 在 ∂L_j^* 上的上游值和下游值,则当 $(\vec{q}\cdot\vec{n}) > 0$ 时有:

$$\int_{L_j^*} \frac{\partial(qc_h)}{\partial Z}\Psi_j \mathrm{d}Z = \int_{\partial L_j^*} (\vec{q}\cdot\vec{n})c_h\Psi_j \mathrm{d}s = \left[\frac{qZ_{j+\frac{1}{2}} + qZ_{j-\frac{1}{2}}}{2}\right](C_j - C_{j-1}) = q_j(C_j - C_{j-1})$$

当 $(\vec{q}\cdot\vec{n}) < 0$ 时有

$$\int_{L_j^*} \frac{\partial(qc_h)}{\partial Z}\Psi_j \mathrm{d}Z = \int_{\partial L_j^*} (\vec{q}\cdot\vec{n})c_h\Psi_j \mathrm{d}s = -\left[\frac{qZ_{j+\frac{1}{2}} + qZ_{j-\frac{1}{2}}}{2}\right](C_j - C_{j-1}) = -q_j(C_j - C_{j-1})$$

将以上两式写成对称形式,有

$$\int_{L_j^*} \frac{\partial(qc_h)}{\partial Z}\Psi_j \mathrm{d}Z = \int_{\partial L_j^*} (\vec{q}\cdot\vec{n})c_h\Psi_j \mathrm{d}s = -\frac{1}{2}(|q_j| + q_j)C_{j-1} + |q_j|C_j - \frac{1}{2}(|q_j| - q_j)C_{j+1}$$

整理以上各式,即得到半离散方程组:

$$A_j C_{j-1}^k + B_j C_j + E_j C_{j+1} + L_j \left(\frac{\mathrm{d}\theta C}{\mathrm{d}t} \right) = F_j \quad j = 1, 2, \cdots, n-1$$

对上式采用向前差分格式,即求得全离散方程组为

$$A_j C_{j-1}^k + \left(B_j + L_j \frac{\theta_j^k}{\Delta t} \right) C_j^k + E_j C_{j+1}^k = \left(L_j \frac{\theta_j^{k-1}}{\Delta t} \right) C_j^{k-1} + F_j \quad j = 1, 2, \cdots, n-1$$

其中,

$$A_j = - \frac{D_{Z_{j-\frac{1}{2}}}}{L_{j-1}} - \frac{1}{2} (|q_j| + q_j)$$

$$B_j = - \left(\frac{D_{Z_{j-\frac{1}{2}}}}{L_j} + \frac{D_{Z_{j+\frac{1}{2}}}}{L_{j+1}} \right) + |q_j|$$

$$E_j = - \frac{D_{Z_{j+\frac{1}{2}}}}{L_{j+1}} - \frac{1}{2} (|q_j| - q_j)$$

$$F_j = \frac{1}{2} (f_j + f_{j+1})$$

水分特征曲线采用 van Genuchten 方程[2],非饱和导水率 $k(h)$ 由 Jackson 公式[3] 得到:

$$K(h_i) = K_s \left(\frac{\theta_i}{\theta_s} \right)^p \frac{\sum_{j=1}^m (2j + 1 - 2i) h_j^{-2}}{\sum_{j=1}^m (2j - 1) h_j^{-2}}$$

式中,θ_s 为土壤饱和含水量;K_s 为土壤饱和导水率。在此所用两种壤土的水分物理参数见表 1 所示。

表 1   两种土壤的水分物理参数

土壤质地	容重(g/cm³)	θ(cm³/cm³)	θ(cm³/cm³)	α	n_s	l	K(cm/d)
粉砂质壤土	1.35	0.085	0.460	0.039 4	1.505	0.5	17.76
黏土	1.15	0.158	0.657	0.038 7	1.209	0.5	1.53

溶质运移方程中的水动力弥散系数 $D_{sh}(\theta, v)$ 可由经验公式得到:

$$D_{sh}(\theta, v) = D_0 \alpha e^{b\theta} + \pi |v|$$

式中,D_0 为离子在自由水中的扩散系数,cm²/d,各离子的 D_0 不同,可以从有关资料中得到;a, b 为拟合的参数;λ 为弥散度,cm。

3   意义

根据土壤溶质运移过程,构造了求解土壤溶质运移方程的广义差分格式,对对流项应

用了迎风格式,并进行了数值试验及水分和盐分(Cl⁻)平衡的检验,并与 Hydrus 软件的计算结果进行了比较。从数值计算过程和水盐平衡检验的结果来看,应用广义迎风差分格式后,不仅具有较高的精度、计算量少、计算程序实现简单等优点,而且能有效地克服数值弥散现象。特别是,在土表附近积盐量变化特别剧烈的情况下,不加密节点,也没有出现振荡现象。

参考文献

[1] 陈研,郭永强,胡克林,等. 求解土壤溶质运移方程的广义迎风差分法. 农业工程学报,2005,21(4):16-19.

[2] Van Genuchten,MTh. A closed-form equation for predicting the hydraulic conductivity of unsaturated so ils [J]. Soil Sci Soc Am J,1980,44:892-898.

[3] Jackson R D. On the calculat ion of hydraulic conduct ivity[J]. Soil Sci Soc Am Proc,1972,36:380-382.

水稻播种量的监测模型

1　背景

　　水稻直播机在田间播种时,实际播种量随着机器的田间行驶速度变化而改变。以毛刷清种式窝眼轮排种器为例,在一定的速度范围内,随着机器行驶速度加快,由带动层带出的种子数就增加,播种量也就增大;随着机器的行驶速度继续增大,当窝眼轮的线速度超过0.2m/s时,种子的充填性能变坏,播种量就减小。为此,郑一平等[1]研制了水稻直播机播种监测器,实现了水稻直播机的播种量自动监测。

2　公式

　　排种器停止排种,转盘不转动,此时没有距离脉冲输出,播种量监测也即停止。机器每前进 1 m 采集到的脉冲数 k 可由下式计算:

$$k = \frac{1\ 000\ mi}{\pi d(1 \pm \delta)}$$

式中,k 为直播机每前进 1 m 时的脉冲数,取整数;m 为转盘上的圆孔个数;i 为排种变速器输入轴与驱动轮或地轮的传动比;d 为驱动轮或地轮直径,mm;D 为驱动轮滑转率(D 为负)或地轮滑移率(D 为正),$D = 0.05 \sim 0.1$。

　　当 m、k 值确定后,k 个脉冲直播机前进的实际距离 s 为

$$s = \frac{k\pi d(1 \pm \delta)}{mi}$$

距离检测的绝对误差 e 为

$$e = \pm \left[1000 - \frac{k\pi(1 \pm \delta)}{mi} \right]$$

播种量监测试验的数据对比见表1,试验结果见表2。

表 1　监测器检测与人工检测数据对比

检测方法	行次	各段种子粒数(粒/m)										平均值(粒/m)
监测器检测	1	67	56	59	60	66	75	51	64	57	63	61.8
	2	65	61	71	66	73	62	64	63	62	58	64.5
	8	53	61	65	54	51	64	60	55	74	65	60.2
人工检测	1	69	57	61	62	69	76	52	66	57	65	63.4
	2	66	60	73	69	75	61	63	64	64	60	65.5
	8	55	63	67	54	53	65	59	56	76	67	61.5

表 2　播种量监测试验结果

行次	1	2	3	4	5	6	7	8
漏检数(粒)	16	13	17	18	13	20	19	14
重检数(粒)	0	3	0	0	2	0	2	1
监测误差 Δ(%)	2.5	2.4	2.6	2.8	2.3	2.9	3.4	2.4

3　意义

根据水稻机直播时播种量超限不易察觉的难题,建立了水稻播种量的监测模型,研制了播种监测器。应用该模型在监测器上,使监测可用键盘进行播种量及播种误差设置,以红外光敏对管作为监视传感器,采用 AT89C51 单片机对信号进行采集、处理,用显示器实时显示播种量。当播种量超出预设值的范围时,声光报警装置自动报警。监测器具有如下特点:①监测精度较高,工作可靠;②可同时监测多播行的播种量,具有可扩展性;③结构简单,操作方便;④成本低;⑤适用范围广。由检验可知各项性能指标均达到了设计要求,实现了水稻直播机播种量的自动监测,为水稻精量直播、增产增收创造了条件。

参考文献

[1]　郑一平,花有清,陈丽能,等.水稻直播机播种监测器研究.农业工程学报,2005,21(4):77-80.

水资源的供需平衡模型

1 背景

在小城镇生态诸要素中,水资源是系统基础的自然资源,是生态环境的控制性因素之一。随着经济建设全方位、大规模快速发展,我国北方地区工农业和城镇居民生活缺水状况日益加剧。张领先等[1]选取了我国水资源供需矛盾比较突出的华北地区唐山市沙流河镇为研究对象,从小城镇生态系统制约因素——水资源生态要素方面,分析小城镇水资源供需矛盾;基于生态系统平衡的原理,运用经济平衡和线性目标规划法,寻求小城镇水资源供需优化方案,实现生态系统可持续发展。

2 公式

生活用水量计算模型为

$$W_1 = R_1 P_0 t$$

式中,W_1 为生活用水量,$10^4 \ \text{m}^3$;R_1 为人均生活用水量,$10^4 \ \text{m}^3$;P_0 为现状人口数,人;t 为计算时段,d。

工业用水量计算模型为

$$W_i = R_i V_i$$

式中,W_i 为工业用水量,$10^4 \ \text{m}^3$;R_i 为工业用水定额量,$10^4 \ \text{m}^3 /$万元;V_i 为工业产值,万元。

农业用水量计算模型为

$$W_a = R_a S_a$$

式中,W_a 为农业用水量,$10^4 \ \text{m}^3$;R_a 为单位耕地用水量,$10^4 \ \text{m}^3 / \text{hm}^2$;$S_a$ 为全镇耕地面积,hm^2。

因此,沙流河镇水资源总需求量为

$$W = W_1 + W_i + W_a$$

计算降水入渗补给量。降水入渗补给量计算模型为

$$Q_降 = 10^{-1} XFa$$

式中,$Q_降$ 为降水入渗补给量,$10^4 \ \text{m}^3$;X 为计算区域各年平均降水量,mm,沙流河镇为 537 mm;F 为计算区域面积,km^2,全镇土地面积为 57 km^2;a 为降水入渗系数。

地下水侧向径流补给量。计算模型为

$$Q_{侧} = 10^{-4} KIHLt$$

式中，$Q_{侧}$ 为地下水侧向径流补给量，10^4 m³；K 为渗透系数，m/d，取 30；I 为水力坡度，沙流河镇断面平均坡度为 $0.001°$；H 为含水层厚度，m。

计算井灌入渗补给量。井灌入渗补给量计算模型为

$$Q_{井} = Q_{采} \beta_{井}$$

式中，$Q_{井}$ 为井灌入渗补给量，10^4 m³；$Q_{采}$ 为地下水农业灌溉开采量，10^4 m³，2001 年地下水农业灌溉开采量为 $1\,287.6\ 10^4$ m³/a；$\beta_{井}$ 为井灌入渗系数，取 0.14。

水资源供需平衡优化数学模型为

$$Op. \max Z = \frac{v_a W_a}{R_a} + \frac{W_i}{R_i}$$

$$S.t \begin{cases} S_a \leqslant P_j \left\{ \sum_{i=1}^{I} (X_i/P_i) + \sum_{j=1}^{I} \left[Y_j \sum_{i=1}^{I} (T_{ji}/P_i) \right] \right\} \\ S_f \geqslant 5700r \\ W_1 \geqslant R_1 P_0 t \\ W_a = R_a S_a \\ S_f + S_a \leqslant 5700 \\ W_i < R_i V_i \\ W_1 + W_i + (1 - \beta) W_a \leqslant 1310.24 \\ S_f, r, W_1, W_i \cdots, W_a \geqslant 0 \end{cases}$$

式中，Z 为最大经济指标值，万元；v_a 为单位耕地农业产值，万元/hm²；S_f 为林地面积，hm²；S_a 为农业耕地面积，hm²；r 为林地占有率，%；P_j 为规划期末人口数，人；X_i、Y_j 分别为平均每人每年对第 i 种植物性食物、第 j 种动物性食物的需要量，kg/a；T_{ji} 为饲料转化率；P_i 为第 i 种植物性作物的单产，kg。

3 意义

根据系统论和线性目标规划法，结合唐山市沙流河镇实证研究，构建小城镇水资源供需平衡优化数学模型，剖析该镇水资源供需矛盾，提出水资源供需平衡优化方案。从而可知沙流河镇水资源补给总量为 $1\,490.55 \times 10^4$ m³/a，若对水资源利用量不加约束，2001 年、2005 年和 2010 年沙流河镇用水总量分别达到 $2\,352.73 \times 10^4$ m³、$2\,429.73 \times 10^4$ m³ 和 $2\,491.72 \times 10^4$ m³；其中农业用水量最大，占 90% 以上。鉴于农业用水比重大、利用效率低，提出沙流河镇实施、推广节水灌溉技术和积极退耕还林等节水措施。经过逐年逼近平衡的

办法,到 2010 年沙流河镇水资源量可以节余 63. 32×10^4 m³,基本实现全镇水资源供需平衡。

参考文献

[1] 张领先,傅泽田,王德成,等. 唐山市沙流河镇水资源供需平衡优化分析. 农业工程学报,2005,21(4):38-42.

作物生产力的评价模型

1 背景

　　一个地区的作物生产力水平和产量潜势是评价该地区粮食生产能力、发展前景和提高生产能力的重要指标。由于作物生长发育和产量形成的过程受气候、土壤、水文、作物生理特性和耕作管理等诸多因素的影响，使得农田生态系统非常复杂，因此有必要将这些因素综合起来进行研究。王宗明等[1]引入作物模拟模型 CropSyst（Cropping system simulation model），经过参数修正和校准，对该模型的区域适用性进行验证，模拟了不同水分和养分条件下，黑土区典型耕作系统的作物生产力。

2 公式

　　因中国现有的多数气象台站中没有总太阳辐射记录值，因此需根据逐日日照时数的记录和查表得到的农业气象数据计算得到。计算公式采用左大康提出的根据全国各地实测资料建立的总太阳辐射空间分布回归方程：

$$Q = S_0 \times (0.160 + 0.612X_1 + 0.0384X_1X_2 - 0.00313X_1X_3 - 0.000469X_2X_3)$$

式中，X_1 为逐日日照百分率，%；X_2 为海拔高度，km；X_3 为平均绝对湿度，mb；S_0 为各地天文辐射值，MJ/m^2；逐日日照百分率 X_1 = 逐日日照时数/逐日可照时数。

　　模型输入的土壤参数如表 1 示。

表 1　CropSyst 模型所需的研究地点土壤初始参数

土层	1	2	3	4
土层厚度（m）	0.20	0.20	0.30	0.30
砂粒含量（%）	31.47	32.80	36.00	37.56
黏粒含量（%）	30.45	24.00	21.10	18.52
粉粒含量（%）	38.08	43.20	42.90	43.92
pH 值	6.80	6.80	6.80	6.80
阳离子交换量[meq/(100 g)]	21.71	21.92	20.61	19.80
永久萎蔫点（m^3/m^3）	0.176	0.144	0.132	0.122

续表 1

土层	1	2	3	4
田间持水量(m^3/m^3)	0.325	0.296	0.280	0.271
土壤容重(g/cm^3)	1.080	1.240	1.290	1.320
饱和水导率(m/d)	0.490	0.377	0.397	0.479
播前土壤水分含量	0.320	0.290	0.290	0.300
播前土壤硝态氮含量($kg\ N/hm^2$)	5.00	65.00	5.00	5.00
播前土壤氨态氮含量($kg\ N/hm^2$)	5.00	79.00	5.00	5.00
土壤有机质含量(%)	3.00	3.00	3.00	3.00

选择 1993 年小麦和 1994 年玉米充足供肥和充足灌水处理的试验结果(这部分试验结果不参与模型的验证工作),调整模型中作物的校准参数,进行模型校准,直到模拟值与实测值最为接近,校准完成。模型所用的部分参数取值及其来源见表 2

表 2 CropSyst 模型中部分参数

数据来源	模型参数	小麦	玉米
试验观测数据	最大收获指数	0.48	0.43
	无胁迫的最大叶面积指数	5.00	5.00
相关文献	植物生长最适宜温度(℃)	20.00	25.00
	植物生长最低温度(℃)	2.00	6.00
	最大根深(m)	1.70	2.00
	植物生长速率降低的最高温度(℃)	30.00	30.00
通过观测数据计算得到	播种到出苗的有效积温(℃/d)	60	80
	播种到开花的有效积温(℃/d)	740	960
	播种到灌浆的有效积温(℃/d)	850	1 270
	播种到生理成熟的有效积温(℃/d)	1 340	1 750
校准参数	光能转换系数(g/MJ)	3.00	4.00
	比叶面积(m^2/kg)	24.00	22.00
	作物蒸腾系数	1.05	1.10
	生物量/呼吸系数	5.00	10.00

为进一步分析模拟效果,现将实测数据与模拟数据进行分析,统计参数 RMSE 、EF 和 CRM 的含义和取值范围见表 3 所示。

表3　部分统计参数含义及取值范围

参数名	参数定义	计算公式	取值范围	最佳值	注释
$RMSE(\%)$	均方根误差	$\overline{\dfrac{\sum\limits_{i=1}^{n}(P_i-O_i)^2}{n}}$	$\geqslant 0$	0	$RMSE$ 越小,表明模拟效果越好
EF	模型性能指数	$\dfrac{\sum\limits_{i=1}^{n}(O_i-\overline{O})^2-\sum\limits_{i=1}^{n}(P_i-O_i)^2}{\sum\limits_{i=1}^{n}(O_i-\overline{O})^2}$	$\leqslant 1$	1	EF 越接近1,表明总体模拟效果越好
CRM	残差聚集系数	$\dfrac{\left(\sum\limits_{i=1}^{n}O_i-\sum\limits_{i=1}^{n}P_i\right)}{\sum\limits_{i=1}^{n}O_i}$	$\leqslant 1$	0	$CRM<0$,表明模型模拟值偏高;$CRM>0$,表明模型模拟值偏低

3　意义

通过对 CropSyst 作物模拟模型进行修订和验证,建立了作物生产力的评价模型,应用该模型对松嫩平原黑土区主要作物的生产潜力进行了模拟,并对作物生产力模拟的有效方法进行了初步探索。模拟结果表明,对于主要作物的经济产量、全生育期蒸散量、收获时的地上生物量,模拟值与实测值较为接近。模拟值和实测值的均方根误差 $RMSE$ 为 3.59%(小麦地上生物量)~8.02%(小麦产量),模拟性能指数 EF 最小为 0.76(玉米蒸散量),最大为 0.90(小麦产量)。

参考文献

[1]　王宗明,张柏,宋开山,等.CropSyst 作物模型在松嫩平原典型黑土区的校正和验证.农业工程学报,2005,21(5):47-50.

压榨取油的渗透模型

1 背景

压榨取油过程实质上是油液在多孔饼状物料中的渗流过程,油液在饼孔系中的渗流速度的快慢主要影响压榨取油的效率。渗流速度与渗透率成正比,渗透率是表征多孔饼状物料对液体的导流能力的重要参数。渗透率的大小由多孔饼状物料的结构特性决定,是物料的一种固有属性。渗流研究中的物料结构特性主要指物料孔隙大小及分布。郑晓等[1]探索压榨应力、孔隙流体压力对菜籽饼及菜籽仁饼渗透率的影响关系,揭示饼中渗透率的变化规律。

2 公式

根据 Darcy 渗流定律,如果忽略重力以及压力对油液黏度的影响,油液在饼中孔隙的渗流速度 v_i 为

$$v_i = -\frac{K_i}{\mu}\frac{\partial u}{\partial x_i} \quad (i = 1,2,3) \tag{1}$$

式中, v_i 为 i 方向的渗流速度,mm/s,分别为 v_x 、 v_y 、 v_z ; K_i 为 i 方向的物料渗透率,mm^2,分别为 K_x 、 K_y 、 K_z ; u 为饼中孔隙油液压力,MPa; μ 为油液黏度,Pas; x_i 为 i 方向的坐标轴,mm,分别为 $x_1 = x$ 、 $x_2 = y$ 、 $x_3 = z$ 。

根据连续性方程有

$$\sum_{i=1}^{3} \frac{\partial}{\partial x_i}\left(d\frac{K_i}{\mu}\frac{\partial u}{\partial x_i}\right) = \frac{\partial(dh)}{\partial t} \tag{2}$$

式中, d 为油液密度,kN/m^3; h 为饼的孔隙度,% ; t 为时间,s。

简化可得

$$\sum_{i=1}^{3} \frac{\partial}{\partial x_i}\left(d\frac{K_i}{-}\frac{\partial u}{\partial x_i}\right) = \frac{\partial(dh)}{\partial t} \tag{3}$$

此式即为三维单相渗流普遍微分方程。

可设孔隙度 h 、渗透率 K_i 均为有效应力 e' 的函数,即, $K_i = K_i(e')$, $h = h(e')$,上式变为

$$\sum_{i=1}^{3} \frac{\partial}{\partial x_i}\left(d\frac{K_i(e')}{-}\frac{\partial u}{\partial x_i}\right) = \frac{\partial[dh(e')]}{\partial t} \tag{4}$$

上式即为考虑菜籽饼与菜籽仁饼可变形的三维单相流固耦合渗流普遍微分方程。对于侧限一维压榨下的考虑菜籽饼与菜籽仁饼可变形的一维单相流固耦合渗流微分方程可简化为

$$\frac{\partial}{\partial z}\left(d\,\frac{K_z(e')}{\mu}\,\frac{\partial u}{\partial z}\right) = \frac{\partial\left[dh(e')\right]}{\partial t} \tag{5}$$

对于稳定渗流,上式简化为

$$\frac{\partial}{\partial z}\left(\frac{K_z(e')}{\mu}\,\frac{\partial u}{\partial z}\right) = 0 \tag{6}$$

关于渗透率与有效应力的关系,可设为

$$K_z(e') = K_{z0}e^{-Ue'} \tag{7}$$

式中,K_{z0}、U 为常数。

根据 Terzaghi 的有效应力原理:

$$e' = e - u \tag{8}$$

式中,e 为压榨应力,MPa。

将式(7)和式(8)代入式(6)有

$$\frac{\partial}{\partial z}\left(\frac{K_{z0}\,^{-U(e-u)}}{\mu}\,\frac{\partial u}{\partial z}\right) = 0 \tag{9}$$

当压榨应力 e 恒定不变,并忽略饼物料的壁面效应,由上式可得

$$\frac{\partial}{\partial z}\left(e^{Uu}\,\frac{\partial u}{\partial z}\right) = 0 \tag{10}$$

上式在一定的边界条件下可解得解析解,侧限一维压榨下的边界条件为

$$\begin{cases} u\big|_{z=0} = u_0 \\ u\big|_{z=H} = 0 \end{cases} \tag{11}$$

微分方程与边界条件联立求解得

$$u = \frac{1}{U}\ln\left[1 + (e^{Uu_0}-1)\left(1-\frac{z}{H}\right)\right] \tag{12}$$

对上式微分得

$$\frac{du}{dz} = -\frac{1}{UH}\,\frac{e^{Uu_0}-1}{1+(e^{Uu_0}-1)\left(1-\frac{z}{H}\right)} \tag{13}$$

上式代入 Darcy 渗流定律,可得到饼物料的上下两表面的渗流速度:

$$v\big|_{z=0} = v\big|_{v=H} = \frac{K_{z0}}{UH}e^{-Ue}(e^{Uu_0}-1) \tag{14}$$

由上式可知,饼物料的上下两表面的渗流速度相等,因此,流经饼物料的上下两表面的渗流量也相等。

$$Q\mid_{z=0} = Q\mid_{z=H} = \frac{AK_{z_0}}{UH_-}e^{-Ue}(e^{U_{u_0}} - 1) \tag{15}$$

式中,A 为饼物料的表面面积,mm^2。

理论渗流量根据公式计算,设为 Q_j,实际渗流量由渗透率试验获得,设为 q_j。令 $X_1 = K_{z_0}$、$X_2 = U$,渗透率的反演求解可归结为求解如下优化问题:

$$\min f(x) = \sum_{j=1}^{m}(Q_j - Q_j')^2$$
$$X = (X_1, X_2)$$
$$s.\,tg_n(X) = X_n \geqslant 0 \quad (n = 1, 2) \tag{16}$$

模拟退火算法的数学模型可以描述为:给定邻域结构后,模拟退火过程是从一个状态到另一个状态不断的随机"游动",这个过程可用马尔可夫(Markov)链来描述。当温度 t 为一确定值时,两个状态的转移概率定义如下:

$$p_{ij} = \begin{cases} G_{ij}(t)A_{ij}(t) & \forall j \neq i \\ 1 - \sum_{i=1, l\neq i}^{|D|} G_{il}(t)A_{il}(t) & j = i \end{cases} \tag{17}$$

式中,$|D|$ 为状态集合(解集合)中状态的个数;$G_{ij}(t)$ 为从 i 到 j 的产生概率,表示在状态 i 时,j 状态被选取的概率,可以理解为 j 是 i 的邻域;$p_{ij}(t)$ 为一步转移概率;$A_{ij}(t)$ 为接受概率,表示在状态 i 产生 j 后,接受 j 的概率,在模拟退火过程中其接受概率如下式所示:

$$A_{ij}(t) = \begin{cases} 1 & f(i) \geqslant f(j) \\ \exp\left(-\dfrac{\Delta f_{ij}}{t}\right) & f(i) < f(j) \end{cases} \tag{18}$$

3 意义

考虑菜籽饼与菜籽仁饼的孔隙率、渗透率在压榨过程中的变化,根据流固耦合渗流理论,建立了可变形菜籽饼与菜籽仁饼的一维渗流微分方程,给出了一维定常耦合渗流问题的解析解。在渗透率的试验基础上,采用改进模拟退火计算方法对菜籽与菜籽仁饼渗透率模型参数进行了反演。从而可知饼中孔隙压力与渗透率均为非线性分布;渗透率与有效应力呈指数关系;菜籽饼的渗透率远大于菜籽仁饼的渗透率。

参考文献

[1] 郑晓,林国祥,李智,等. 菜籽与菜籽仁饼的渗透率反演. 农业工程学报,2005,21(5):20-24.

磁力泵的磁力平衡模型

1 背景

磁力泵采用磁力传动,具有全密封特点,其机理是外磁钢将电机力矩透过隔离套和间隙传递给内磁钢。磁力泵广泛使用导轴承,导轴承性能好坏直接影响并决定着整机的寿命和检修周期。目前国产磁力泵存在的最突出的问题是轴承和轴套寿命太短,一方面材料不过关,另一方面是轴承受力较大且冷却方式不合理,变形异常。曹卫东等[1]通过实验对磁力泵导轴承及平衡用永磁环展了探讨。

2 公式

假定磁力泵除了内外磁钢以外的其他部件均为不锈钢或者工程塑料等不易被磁化的材料,水泵转速保持稳定。转子部件(主要包含叶轮、键、轴套、内磁钢等)和外磁钢保持径向同心。

压力差引起的作用力 F_1(向右为正)为

$$F_1 = \int_0^{\frac{D_4}{2}} P_3 \pi r^2 \mathrm{d}r + \int_{\frac{D_4}{2}}^{\frac{D_3}{2}} P_2 \pi r^2 \mathrm{d}r + \int_{\frac{D_3}{2}}^{\frac{D_2}{2}} P_1 \pi r^2 \mathrm{d}r + \int_{\frac{D_5}{2}}^{\frac{D_2}{2}} P_6 \pi r^2 \mathrm{d}r - \int_{\frac{D_5}{2}}^{\frac{D_6}{2}} P_5 \pi r^2 \mathrm{d}r - \int_{\frac{D_6}{2}}^{\frac{D_2}{2}} P_4 \pi r^2 \mathrm{d}r - \int_0^{\frac{D_6}{2}} P_7 \pi r^2 \mathrm{d}r$$

液体动反力 F_2 的大小由动量定理求解:

$$F_2 = Q_t \rho (v_{m0} - v_{m1} \cos \lambda)$$

式中, Q_t 为磁力泵理论流量; v_{m0} 为 $4Q_t / (\pi D_4^2)$; v_{m1} 为 $4Q_t / (\pi D_2 b_2)$; b_2 为叶轮出口宽度; K 为 v_{m1} 的速度矢量与水平轴心线的夹角,一般离心泵取 90°。

通过调整前后口环的直径,可以使得转子部件在轴向所受的合力 $F_{轴}$ 为零,即

$$F_{轴} = F_1 + F_2 = 0$$

由退磁曲线法得到的内外磁钢磁能可以表示为

$$W = \frac{1}{2\mu_0} B_r^2 V_m \left[\frac{1}{1 + \frac{k_f^\theta}{k_r^\theta} \frac{L_m}{L_g^2 + (r\theta)^2 + x^2}} - \frac{1}{1 + \frac{k_f^1}{k_r^1} \frac{L_m}{L_g}} \right]$$

轴向位移引起的回复力为

204

$$\frac{\partial W}{\partial x} = \frac{1}{2\mu_0} B_r^2 V_m \frac{k_f^\theta}{k_r^\theta} L_m \left[\frac{x \left(L_g^2 + (r\theta)^2 + x^2 \right)^{-1.5}}{\left(1 + \frac{k_f^\theta}{k_r^\theta} \frac{L_m}{L_g^2 + (r\theta)^2 + x^2} \right)^2} \right]$$

式中，μ_0 为真空磁导率，$4\pi \times 10^{-7}$；B_r 为剩余磁感应强度；V_m 为磁钢总体积；r 为磁钢公称半径；L_m 为磁钢径向厚度；L_g 为气隙厚度；k_f^θ 为工作点漏磁系数；k_r^θ 为工作点磁阻系数；x 为磁钢的轴向位移。

忽略动环自重，设前、后导轴承的天压力为零。转子重力及力偶平衡方程式表示为

$$N_{前} + N_{后} = G, \quad N_{前} L_{前} = N_{后} L_{后}$$

为了保证前\后导轴承的正压力减少到几乎为零，即需要保证前后径向磁化磁环静环作用在动环上的力（$N_{前}$、$N_{后}$）满足：

$$N_{后} = \frac{G L_{前}}{L_{前} + L_{后}}, \quad N_{前} = \frac{G L_{后}}{L_{前} + L_{后}}$$

在不同的角度 θ 处气隙不同，$\mathrm{d}\theta$ 内磁环能量可以表示为

$$\mathrm{d}W = \frac{B_r^2 dV_m}{2\mu_0} \left[\frac{1}{1 + \frac{k_f^e}{k_r^e} \frac{l}{l_g - e\cos\theta}} - \frac{1}{1 + \frac{k_f^1}{k_r^1} \frac{l}{l_g}} \right]$$

由于对称性，只需在 $0 \sim \pi$ 角度进行积分：

$$W = 2 \int_0^\pi \frac{1_m}{2\mu_0} B_r^2 \left[\frac{1}{1 + \frac{l}{l_g - e\cos\theta}} - \frac{1}{\frac{1}{\pi} + \frac{l}{l_g}} \right] 2rlh\mathrm{d}\theta$$

$$W = \frac{B_r^2}{\mu_0} 2rl^2 h \left[\frac{\pi}{l + l_g} - \frac{\pi}{\sqrt{l + l_g - e}\sqrt{l + l_g + e}} \right]$$

静环作用在动环上的力（N）为

$$N = \frac{\partial W}{\partial e} \frac{B_r^2}{\mu_0} 2\pi rl^2 he \left(l + l_g + e \right)^{-1.5} \left(l + l_g - e \right)^{-1.5}$$

如果取 $l_g = 0.51$、$h = 2l$ 可得

$$l = \sqrt{\frac{\mu_0 N (9 - k^2)}{8\pi r B_r^2}}$$

3　意义

根据磁力泵导轴承的设计，并以一种卧式磁力泵为模型，通过分析退磁曲线法获得的磁钢能量公式，给出了磁力泵转子在有轴向偏移时，磁力联轴器回复力的计算方法；在转子两端各加装一对异性磁化磁环，将外环预先偏置，产生对转子的托力，理论上托力可以完全

平衡转子重量,并使得转子所承受的合力偶为零。研究说明,利用永磁磁环的作用力可以用来平衡转子重量,提高磁力泵导轴承寿命,方案可行。

参考文献

［1］ 曹卫东,施卫东,孔繁余. 磁力泵导轴承及平衡用永磁环的研究. 农业工程学报,2005,21(5):65-68.

农田的固碳潜力公式

1 背景

　　农田固碳措施主要是通过提高农田土壤有机碳含量来实现固碳的目标,施用氮肥的泄漏主要来自生产氮肥的化石燃料消耗和施用氮肥后土壤氧化亚氮(N_2O)的直接排放。逯非等[1]在搜集和整理全国典型的农业长期定位实验站数据基础上,估算了中国农田使用氮肥的土壤固碳潜力;提出"有效固碳潜力"的概念,作为评价一项固碳措施是否可行的首要依据,并以此方法对中国农田施用化学氮肥的固碳潜力的有效性进行分析。

2 公式

2.1 土壤固碳速率和潜力估算

　　气候条件、土壤性质及耕作栽培措施对农田土壤碳含量的变化会产生很大影响。为了排除气候条件、土壤性质及耕作栽培措施的影响,本研究在计算施用化肥农田土壤固碳速率的时候,将施用化肥土壤的碳的变化量减去该试验站空白区土壤的碳的变化量,由于气候条件、土壤性质和耕作措施等对化肥区土壤碳产生影响的同时,也会对空白区土壤碳产生影响,因此其具体计算过程如下:

$$SOC = soc \cdot BD \cdot H \cdot 10^3 \tag{1}$$

式中,SOC 为以 g/m^2 计的土壤有机碳含量;soc 为以 g/kg 计的土壤有机碳含量;BD 为土壤容重(g/cm^3);H 为土层厚度(m),在此取 0.2 m。

$$DSOC = (SOC_2 - SOC_1)/n \tag{2}$$

式中,$DSOC$ 为土壤碳年变化量[$g/(m^2 \cdot a)$];SOC_2 为经过长期定位试验 n 年后土壤碳含量的末值(g/m^2);SOC_1 为同一试验小区长期定位试验布置前土壤碳含量的初值(g/m^2);n 为长期定位试验的年数。

$$CSR = (DSOCF - DSOC_0) \cdot 10 \tag{3}$$

式中,CSR 为施用化肥农田土壤的固碳速率[$kg/(hm^2 \cdot a)$];$DSOCF$ 为施用化肥农田土壤的碳年变化量[$g/(m^2 \cdot a)$];$DSOC_0$ 为不施肥农田土壤的碳年变化量[$g/(m^2 \cdot a)$]。

　　在此假定氮肥施用量与固碳速率呈线性相关关系,即

$$CSR = a \cdot N + b \tag{4}$$

式中, a 和 b 分别为线性关系式的斜率和截距; CSR 为土壤固碳速率$[kg/(hm^2 \cdot a)]$; N 为单位耕地面积氮肥施用量$[kg/(hm^2 \cdot a)]$。对 CSR 和 N 进行相关性分析,如果某农区氮肥施用量与固碳速率之间的关系不显著,则采用氮肥施用量对固碳速率贡献率的平均值作为 a 值, b 值取 0。

固碳潜力按照下式计算:

$$CSP = CSR \cdot S \cdot 10^{-9} \tag{5}$$

式中, CSP 为施用化肥的农田土壤固碳潜力(Tg/a); S 为施用面积,即耕地面积(hm^2)。

2.2 泄漏的计算

计算煤燃烧的碳排放有多种方法,在此采用IPCC[2]给出的燃烧热和排放系数乘积的方法计算:

$$E = \sum CE_i \cdot Q_{neti} \cdot EF_i \tag{6}$$

式中, E 为碳的总排放量(t_c); CE_i 为能源 i 实物消耗量(煤单位为 t,重油为 kg,天然气为 m^3); Q_{neti} 为能源 i 低位发热量(煤为 tce/t,重油为 kJ/kg,天然气为 kJ/m^3); EF_i 为相应能源 i 的碳排放系数(煤为 tC/tce,重油和天然气为 tC/GJ); i 为能源种类,在此可为煤、重油、天然气。

电能消耗导致的碳排放是通过折算发电的标准煤耗得出的。根据《中国电力年鉴》[3]的发电总量、火电发电量、供电标准煤耗和线损率数据计算:

$$CC = CC_T \cdot EPG/EPG_T/(1 - \mu) \tag{7}$$

式中, CC 和 CC_T 分别为供电 1 kWh 平均标准煤耗和我国火电供电标准煤耗(gec/kWh); EPG 和 EPG_T 分别为 2004 年全国发电总量和全国火电厂发电总量(kWh); μ 为线损率,无量纲。

施用氮肥引起的 N_2O 直接排放量按照IPCC[4]推荐的方法计算:

$$N_2O - N = N_F \cdot EFd \tag{8}$$

式中, N_2O-N 为直接排放的 N_2O 所含 N; NF 为使用氮肥中所含 N; EF_d 为 N_2O 直接排放系数。

有效固碳潜力指一项固碳技术措施在计算了泄漏因素的抵消作用后所具有的固碳潜力。一项固碳减排措施是否具有有效固碳潜力应是评判其是否可行的首要标准。有效固碳潜力的计算公式如下:

$$ACSP = CSP - L \tag{9}$$

式中, $ACSP$ 为有效固碳潜力(Tg C/a); L 为按全球增温潜势折算为碳排放的泄漏(Tg C/a)。有效固碳潜力反映了一项措施对固碳减排的净贡献。当有效固碳潜力为正值时,表明采用该项措施有固碳减排的效应,当有效固碳潜力为负值时,则该项措施会导致碳的净排放。有效固碳潜力的概念也可以用于两种措施或处理的对比。如下式:

$$\Delta ACSP = ACSP_1 - ACSP_0 \tag{10}$$

式中,$ACSP_1$ 为新措施的有效固碳潜力(Tg C/a);$ACSP_0$ 为原措施的有效固碳潜力(Tg C/a)。

根据各省市区的氮肥施用量和耕地面积,可以得到两种情景下各省市区的固碳速率,并采用以上公式计算出固碳潜力(表1)。

表 1　施用氮肥土壤固碳潜力、泄漏和有效固碳潜力

省、市、自治区	氮肥施用现状					按推荐量施肥					按推荐量施肥后有效固碳潜力增减 $\Delta ACSP$ (Tg C/a)
	化肥施用总量 (10^4 t/a)	土壤固碳速率 CSR [kg C/($hm^2 \cdot$ a)]	土壤固碳潜力 GSP (Tg C/a)	泄漏 (Tg C/a)	有效固碳潜力 $ACSP$ (Tg C/a)	化肥施用总量 (10^4 t/a)	土壤固碳速率 CSR [kg C/($hm^2 \cdot$ a)]	土壤固碳潜力 GSP (Tg C/a)	泄漏 (Tg C/a)	有效固碳潜力 $ACSP$ (Tg C/a)	
北京	9.11	165	0.056 8	0.217	-0.160	7.87	146	0.050 1	0.187	-0.137	0.022 8
天津	10.9	143	0.069 4	0.258	-0.189	12.4	160	0.077 6	0.294	-0.217	-0.027 8
河北	169	154	1.06	4.01	-2.95	186	168	1.16	4.44	-3.28	-0.329
山西	47.3	77.9	0.358	1.12	-0.767	71.0	106	0.486	1.69	-1.20	-0.436
内蒙古	56.9	59.8	0.490	1.35	-0.864	92.3	83.0	0.681	2.20	-1.51	-0.651
辽宁	71.9	269	1.12	2.21	-1.09	81.2	337	1.40	2.50	-1.10	-0.005 2
吉林	75.4	157	0.876	2.32	-1.44	101	297	1.66	3.12	-1.46	-0.014 5
黑龙江	60.4	-96.4	-1.14	1.86	-2.99	151	136	1.60	4.65	-3.04	-0.050 9
上海	10.9	383	0.121	0.363	-0.242	10.1	354	0.111	0.335	-0.224	0.018 7
江苏	208	456	2.30	6.92	-4.62	171	374	1.90	5.70	-3.80	0.817
浙江	58.9	306	0.651	1.96	-1.31	62.2	323	0.687	2.07	-1.38	-0.072 1
安徽	146	270	1.62	4.86	-3.24	181	335	2.00	6.02	-4.01	-0.774
福建	60.0	462	0.663	1.99	-1.33	56.4	435	0.624	1.88	-1.25	0.079 3
江西	52.0	192	0.575	1.73	-1.15	101	372	1.11	3.34	-2.23	-1.08
山东	228	182	1.40	5.43	-4.03	248	196	1.51	5.90	-4.39	-0.358
河南	247	187	1.52	5.88	-4.37	289	215	1.74	6.88	-5.14	-0.770
湖北	152	350	1.68	5.06	-3.37	154	344	1.70	5.11	-3.41	-0.038
湖南	108	303	1.20	3.60	-2.40	155	435	1.72	5.16	-3.45	-1.04
广东	111	374	1.22	3.68	-2.46	115	388	1.27	3.82	-2.55	-0.091 3
广西	75.4	189	0.834	2.51	-1.67	139	349	1.54	4.63	-3.09	-1.42
海南	16.3	237	0.181	0.543	-0.362	20.1	291	0.222	0.667	-0.445	-0.082 6

省、市、自治区	氮肥施用现状					按推荐量施肥					按推荐量施肥后有效固碳潜力增减 $\Delta ACSP$ (Tg C/a)
	化肥施用总量 (10^4t/a)	土壤固碳速率 CSR [kg C/ ($hm^2 \cdot$ a)]	土壤固碳潜力 GSP (Tg C/ a)	泄漏 (Tg C/ a)	有效固碳潜力 $ACSP$ (Tg C/ a)	化肥施用总量 (10^4t/ a)	土壤固碳速率 CSR [kg C/ ($hm^2 \cdot$ a)]	土壤固碳潜力 GSP (Tg C/ a)	泄漏 (Tg C/ a)	有效固碳潜力 $ACSP$ (Tg C/ a)	
重庆	46.3	201	0.512	1.54	−1.03	70.9	308	0.784	2.36	−1.57	−0.545
四川	129	216	1.42	4.28	−2.86	192	320	2.12	6.37	−4.25	−1.40
贵州	49.0	112	0.542	1.63	−1.09	90.5	204	1.00	3.01	−2.01	−0.918
云南	81.3	140	0.899	2.70	−1.80	107	185	1.18	3.56	−2.38	−0.574
西藏	1.94	59.1	0.021 4	0.064 5	−0.043 0	2.13	64.8	0.023 5	0.070 6	−0.047 2	−0.004 1
陕西	89.9	152	0.776 3	2.14	−1.36	82.8	137	0.703	1.97	−1.27	0.095 4
甘肃	39.2	51.6	0.259	0.933	−0.674	63.2	101	0.506	1.50	−0.999	−0.325
青海	3.67	26.2	0.01 80	0.087 3	−0.069 3	8.47	97.8	0.067 3	0.201	−0.134	−0.064 9
宁夏	16.2	103	0.130	0.386	−0.256	18.0	117	0.148	0.427	−0.279	−0.023 5
新疆	51.2	103	0.411	1.22	−0.805	55.4	114	0.455	1.32	−0.863	−0.057 5
全国总和	2 483		21.9	72.9	−51.0	3 096		30.2	91.4	−61.1	−10.1

3 意义

按照 2003 年氮肥施用情况和农业专家对不同作物提出的推荐施肥量,设定了"氮肥施用现状"和"按推荐量施肥"两个情景[1],在搜集和整理全国典型的农业长期定位实验站数据的基础上,分析了两种情景下我国农田土壤的固碳潜力;同时根据我国生产氮肥的化石能源消耗以及施用氮肥的数据,采用国内以及 IPCC 提供的相关参数,计算了施用化肥导致的温室气体泄漏,并提出"有效固碳潜力"的概念作为评价固碳潜力有效性和固碳措施可行性的标准。

参考文献

[1] 逄非,王效科,韩冰,等. 中国农田施用化学氮肥的固碳潜力及其有效性评价. 应用生态学报. 2008, 19(10):2239-2250.

[2] IPCC. Revised 1996 IPCC Guidelines for National Greenhouse Gas Inventories. Paris, France:IPCC/

OECD / IEA, 1997.

［3］ Editing Committee of China Electric Power Yearbook. China Electric Power Year-book 2005. Beijing: China Electric Power Press, 2005.

［4］ IPCC. Good Practice Guidance and Uncertainty Management in National Greenhouse Gas Inventories ［EB/OL］. （2000）［2007-12-28］ http: //www. ipcc-nggipiges. or. jp/public/gp/english/.

水稻冠层的蒸散模型

1 背景

　　土壤–植被–大气系统(SPAC)内部能量和物质的传输转化过程控制着水循环与作物生长的微气候环境,对作物产量的形成有重要影响,而能量平衡的改变是导致作物生长发育和水分利用率发生变化的物理环境因子。王明娜等[1]利用中国稻麦 FACE 系统平台,通过田间微气象观测与作物冠层能量平衡理论分析相结合,建立了 FACE 条件下水稻叶片气孔导度与环境因子的关系,并利用 Penman-Monteith(P-M)方程对 FACE 条件下水稻冠层蒸腾作用进行模拟分析,以期揭示未来 CO_2 浓度升高后水稻水分利用率的变化。

2 公式

　　模型以简单的半机理及经验模型为主,依据相关的学科基础理论和假说,确定模型的结构,用麦夸特法(Levenberg-Marquardt)确定模型参数。采用回归估计标准误(root mean squared error, RMSE)统计检验模型。RMSE 可用下面公式计算:

$$RMSE = \sqrt{\frac{\sum_{i=1}^{n} (OBS_i - SIM_i)^2}{n}}$$

式中,OBS_i 为实测值;SIM_i 为模拟值;n 为样本容量。RMSE 值越小,表明模拟值与观测值间的偏差越小,模拟精度越高。

　　由于 FACE 圈本身的限制,在国外 FACE 研究中,很多都是通过能量平衡余项法(the residual energy balance method)来计算蒸散[2]。即根据能量平衡公式:

$$R_n = LE + C + G \tag{1}$$

通过红外测温仪对冠层温度的观测,先计算出显热项 C,则根据式(1),潜热项 LE 为

$$LE = R_n - C - G \tag{2}$$

式中,R_n 为作物冠层上方接收到的净辐射;LE 为作物冠层与空气间的潜热交换;C 为作物冠层与空气间的显热交换;G 为土壤热通量。R_n 和 G 由试验观测获得,C 根据下式计算:

$$C = (T_r - T_a) \rho c_p / r_a \tag{3}$$

式中,T_r 和 T_a 分别为冠层和空气温度,由试验观测获得;ρc_p 为空气的定容比热

212

(1 240 J/m³); r_a 为边界层空气动力学阻抗(s/m)。

在此利用 Penman-Monteith(P-M)方程模拟水稻冠层的蒸散。P-M 方程是最常用的基于作物冠层能量平衡计算蒸腾速率的普适性机理模型,但模型的参数即叶片气孔阻抗的测量与蒸腾的测量一样费时费力。因此,利用 P-M 方程模拟作物蒸腾的关键在于作物叶片气孔阻抗的确定。

Penman-Monteith(P-M)方程为

$$\lambda E = \frac{R_{nc}s + (\rho c_p/r_a)(e_s - e_a)}{s + \gamma(1 + r_c/r_a)} \tag{4}$$

式中,λ 为水的蒸发潜热(2 450 J/g);E 为蒸腾速率[g/(m²·s)];γ 为湿度计常数(0.0646 kPa/℃);s 为饱和水汽压随温度变化曲线的斜率(kPa/℃);e_s 和 e_a 分别为饱和水汽压和实际水汽压(kPa);r_a 为边界层空气动力学阻抗(s/m);r_c 为冠层对水汽的阻抗(s/m);R_{nc} 为冠层所得的净辐射(W/m²)。R_{nc} 由以下公式计算[3]:

$$R_{nc} = R_n[1 - \exp(-k_s LAI)] \tag{5}$$

根据 Goudriaan[4]:

$$e_s = 0.6107\exp[17.4T_a/(239 + T_a)];$$

$$e_a = e_s RH;$$

$$r_a = 180(d/u)^{0.5};$$

$$s = 4185.6e_s(T_a)/(T_a + 239)^2$$

式中,k_s 为冠层消光系数,水稻取 0.5[4];LAI 为叶面积指数;T_a 为空气温度(℃);RH 为空气相对湿度;d 为叶片的特征尺度(m);u 为冠层高度的风速(m/s)。

考虑冠层叶面积指数对冠层阻力($r_c = 1/g_c$)的影响,为求得冠层气孔导度(g_c),通常是分层测出冠层各层叶面积指数 LAI_i 和对应叶片的气孔导度(g_{si})[5]。g_c 由下式计算:

$$g_c = \sum_{i=1}^{n} g_{si} \cdot LAI_i \tag{6}$$

在气孔导度模拟中,Jarvis 模型被广泛应用到农田蒸散、陆面过程和生物地球化学循环,这是一个典型的阶乘型的经验模型,实际气孔导度(g_s)可以通过最大导度(g_{max})和环境因素的校正系数得到

$$g_s = g_{max}f(I)f(T_a)f(C_a)f(VPD)f(\Psi) \tag{7}$$

式中,I 是吸收的光通量密度;T_a 为气温;C_a 为大气 CO_2 浓度;VPD 为水气压差(vapour pressure deficit);Ψ 为土壤水势。

在此结合 Jarvis 的气孔导度模型,构建了适于 FACE 条件下水稻的气孔导度对环境因子的响应模型:

$$g_s = g_{s0}(PAR)f(VPD) \tag{8}$$

式中,$g_{s0}(PAR)$ 是在未受其他因素限制的情况下,即不考虑空气干燥度对气孔导度影响时

的最大气孔导度水平；$f(VPD)$表示由于空气干燥，叶片气孔导度相对于g_{s0}的减小率。

Michaelis-Menten 方程可以用来描述光合作用与光合有效辐射之间的关系，$g_{s0}(PAR)$对光合有效辐射 PAR 的反映也呈双曲线函数规律，形式如下：

$$g_{s0}(PAR) = \frac{g_{smax} m_{is} PAR}{g_{smax} + m_{is} PAR} \tag{9}$$

式中，g_{smax}为 PAR 趋近无穷大时的气孔导度值；m_{is}为初始斜率，可表示 g_s 对 PAR 的敏感度。

依据同步观测的低饱和水气压($VPD<1$ kPa)时对应的光合有效辐射、气孔导度值和上述气孔导度模型，使用非线性参数估算进行曲线拟合，拟合曲线如下图所示(图1)。

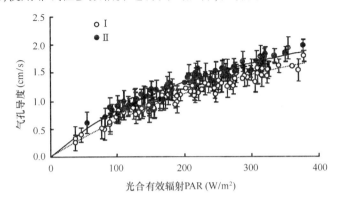

图1　低饱和水气压差 $VPD<1$ kPa 时水稻叶片气孔导度与光合有效辐射的关系

将对环境因子的响应模拟的水稻冠层气孔导度代入 P-M 公式，计算出每天的总蒸散量，并与试验期间用 Lysimeter 实测的水稻日累积蒸散量进行比较(图2)。可以看出，将水稻叶片气孔导度与光合有效辐射、饱和水气压差的定量关系与 P-M 方程相结合，可以较好地模拟 FACE 和对照条件下的水稻蒸散量。

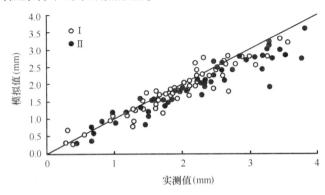

图2　水稻田日蒸散量实测值与模拟值比较

3 意义

利用开放式 CO_2 浓度增高(FACE)系统平台[1],通过在水稻拔节期至成熟期对水稻冠层微气候及相关生理指标的连续观测,并结合能量平衡分析,模拟研究了 FACE 对水稻冠层蒸散和水分利用率的影响。水稻冠层的蒸散模型表明:将水稻叶片气孔导度与光合有效辐射、饱和水气压差的定量关系与 Penman-Monteith 方程相结合,可以较好地模拟 FACE 和对照条件下的水稻蒸散量;观测期间, CO_2 浓度升高使水稻的水分利用比对照减小约 10 mm,结合水稻生物量增加 12%,FACE 条件下水稻水分利用率(WUE)增加约 12%。

参考文献

[1] 王明娜,罗卫红,孙彦坤,等. FACE 条件下水稻冠层蒸散和水分利用率的模拟. 应用生态学报. 2008,19(11):2497-2502.

[2] Triggs JM, Kimball BA, Pinter PJ, et al. Free-air CO_2 enrichment effects on the energy balance and evapotranspiration of sorghum. Agricultural and Forest Meteorology, 2004,124:64-79.

[3] Monteith JL, Unsworth MH. Principles of Environmental Physics. 2nd Ed. London: Edward Arnold, 1990.

[4] Goudriaan J. Crop Micrometeorology: A Simulation Study. Simulation Monographs. Wageningen: Pudoc Press, 1977.

[5] Bunce JA. Effects of humidity on short-term responses of stomatal conductance to an increase in carbon dioxide concentration. Plant, Celland Environment, 1998,21:115-120.

冬小麦的二氧化碳日收支模型

1 背景

遥感监测技术具有快速、经济、大面积、客观等优点,在植被监测与研究中具有不可替代的作用,目前已成为地表植被研究和对地观测的重要手段[1]。李双江等[2]采用光谱仪对冬小麦完整生长期光谱特征进行定点、连续观测,研究了长武冬小麦反射率的日变化、季节变化、生长转折期的波谱位移及冬小麦波谱与 CO_2 日收支变化的响应关系,以期为卫星遥感的植被信息提取提供基础实验数据。

2 公式

利用光谱辐射计数据系统计算了光谱反射率、归一化植被指数($NDVI$)和红边位置,并利用通量观测系统数据,采用涡度相关法计算出 2 m 高度 CO_2 通量。其公式为

$$\rho = R_{up}/R_{down} \tag{1}$$

式中,R_{up} 为向上的光谱能量;R_{down} 为向下的光谱能量;ρ 为光谱反射率。

$$NDVI = \frac{\rho_{NIR} - \rho_{Red}}{\rho_{NIR} + \rho_{Red}} \tag{2}$$

式中,$NDVI$ 为归一化植被指数;ρ_{NIR} 和 ρ_{Red} 分别为近红外波段和红光波段的反射率,是这个波段内所有光谱波段的积分。在此采用 NOAA-AVHRR 卫星传感器的波段,分别为 0.725~1.1 μm、0.58~0.68 μm。

$$\rho'(\lambda_i) = \frac{\rho(\lambda_{i+1}) - \rho(\lambda_{i-1})}{\lambda_{i+1} - \lambda_{i-1}} \tag{3}$$

式中,$R'(\lambda_i)$ 为红边位置;λ 为波长;i 为波段。

$$F = \overline{w's'} = \frac{1}{T}\int_0^T ws\,\mathrm{d}t \approx \frac{1}{N}\sum_{i=1}^N w's' \tag{4}$$

式中,F 为 CO_2 通量;w 为垂直风速;s 为 CO_2 浓度;撇号代表偏离平均的脉动;T 取值 30 min,得 N = 18 000。

用抛物线($y = ax^2 + bx + c$)拟合各日 $NDVI$ 随时间的变化趋势,得到 R^2 和极值位置($x = -b/2a$)的分布情况(表 1)。可见 $NDVI$ 的日变化较明显,与抛物线有较好的拟合效果,这是

由太阳高度角的变化引起的。$NDVI$ 的日极值位置随着小麦生长发育的进行,逐渐趋于集中。

表1　冬小麦日 $NDVI$ 拟合方程决定系数(R^2)和极值位置分布

项目	范围	落入各期间的天数(d)		
		越冬前	越冬期	越冬后
R^2	≥0.5	33	59	83
	0.128~0.5	16	40	19
	<0.128	11	11	3
极值位置分布	<12:30	21	46	15
	12:30—14:30	16	46	74
	>14:30	23	18	16

3　意义

根据光谱辐射仪对黄土高原冬小麦整个生育期光谱反射率的连续观测数据及 CO_2 通量观测数据[2],对冬小麦田光谱特征变化及其与 CO_2 日收支的相关性进行了分析。冬小麦的二氧化碳日收支模型表明:冬小麦田不同波长光谱反射率和归一化植被指数($NDVI$)呈现明显的日变化和季节变化;同一天内,反射率随太阳高度角的变化而变化,变化最大的波段(550 nm 左右、700~1 050 nm)表现为峰。不同生育期同一时刻,光波段(350~670 nm)反射率变化不大,近红外波段(700~1 050 nm)出现较大差异,在出苗期、分蘖期和越冬期后红边位置向长波方向"红移";越冬期前出现向短波方向"蓝移"的现象;但成熟期"蓝移"现象不明显,表现为突变;其他生育时期没有观测到波谱位移。

参考文献

[1]　Tong QX,Zheng LF,Wang JN,et al. Study on imaging spectrometer remote sensing information for wetland vegetation. Journal of Remote Sensing,1997,1(1):50-57.

[2]　李双江,刘志红,刘文兆,等. 黄土高原冬小麦田光谱特征变化及其与二氧化碳日收支的相关分析. 应用生态学报. 2008,19(11):240-241.

黑龙江省的生态足迹模型

1 背景

生态足迹分析法把人类的各种消费和活动转换成土地面积,在不考虑当地土地生产力、气候、土壤性质或技术条件下,通过等价因子和产量因子对不同消费水平的国家的可持续发展状况进行比较[1]。与其他的可持续发展衡量方法相比,生态足迹方法的可操作性和可重复性强,其结果可进行横向和纵向对比[2]。陈春锋等[3]分别运用能值生态足迹方法和传统生态足迹方法评价了 2005 年黑龙江省可持续发展状态,并对比分析了这两种生态足迹方法的差异,探讨了黑龙江省真实的可持续发展状态,以期为决策部门制定相关政策提供科学依据。

2 公式

2.1 传统生态足迹方法

在生态足迹计算中,各种资源和能源消费项目被折算为生物生产性土地,主要考虑 6 种生物生产性土地类型:化石能源用地、耕地、林地、草地、建设用地和水域。采用均衡因子将这 6 类具有不同生物生产能力的生物生产面积加权求和即为生态足迹。某类生物生产面积的均衡因子为全球该类生物生产面积的平均生物生产力与全球平均生物生产力之比。在计算生态承载力时,引入产量因子,将各国或各地区同类生态生产力土地面积转化为可比面积。其计算公式为

$$E_T = \sum_{j=1}^{6} \left[r_i \times \sum_{i=1}^{n} (aa_i) \right] = \sum_{i=1}^{n} (e_i/p_i) \tag{1}$$

$$E_C = \sum_{j=1}^{6} (a_j \times r_j \times y_j) \tag{2}$$

式中,E_T 为总的生态足迹(hm^2);E_C 为生态承载力(hm^2);p_i 为第 i 种消费品的平均生产能力;c_i 为第 i 种消费品的消费量;aa_i 为第 i 种交易商品折算的生物生产地域面积(hm^2);r_j 为均衡因子;a_j 为第 j 种生物生产性土地类型的实际面积;y_j 为产量因子。

应用传统生态足迹方法计算得到 GGH 年黑龙江省人均生态足迹(表 1)。可见黑龙江省各土地类型的人均生态足迹构成比例中,化石能源用地所占比例最大,然后依次为耕地、

218

建筑用地、草地、水域和林地。

表1 基于传统生态足迹方法的黑龙江省生态足迹和生态承载力

人均生态足迹 E_f			人均生态承载力 E_c		
土地类型	均衡因子	需求面积（hm^2/cap）	土地类型	产量因子	供给面积（hm^2/cap）
耕地	2.17	0.828	耕地	1.7	1.159
草地	0.47	0.157	草地	0.2	0.006
林地	1.35	0.082	林地	0.93	0.754
建筑用地	2.17	0.265	建筑用地	1.7	0.185
水域	0.27	0.143	水域	1	0.014
化石能源用地	1.35	1.011	总计		2.117
总计		2.486	扣除12%后总计		1.863

2.2 能值生态足迹方法

能值分析（emergy analysis）是在传统能量分析基础上创立的一种生态-经济系统研究理论和方法[4]。应用能值这一新的科学概念和度量标准及其转换单位——能值转换率（transformity），可将生态经济系统内流动和储存的各种不同类别的能量和物质转换为同一标准的能值，以能值角度对各种不同类别的能量和物质进行定量分析[5]。

为了更好地理解生态承载力，需将自然资源分为可更新资源和不可更新资源。由于不可更新资源的消耗速度快于其再生速度，故随着人类的不断利用，不可更新资源将会日益枯竭，只有利用可更新资源，生态承载力才具有可持续性。因此，在计算生态承载力时只需考虑可更新资源的能值，其计算公式如下：

$$E_c = e/p_1 \tag{3}$$

式中，E_c 为人均生态承载力；e 为可更新资源的人均太阳能值；p_1 为全球平均能值密度。

能值生态足迹的计算过程：首先计算区域能值密度（p_2），其公式为 p_2 = 区域总能值/区域土地面积，其中，区域总能值主要考虑5种可更新资源的能值，即太阳辐射能、风能、雨水化学潜能、雨水势能及地球旋转能，为避免重复计算，以其中最大能值作为区域总能值；然后将各消费项目的人均能值换算成对应的生物生产性土地面积，其中，消费项目主要分为生物资源消费和能源资源消费，生物资源消费又分为农产品、林产品、畜产品和水产品等，能源资源消费主要包括煤炭、原油、电力等。因此，能值生态足迹的计算公式如下：

$$E_f = \sum_{i=1}^{n} a_i = \sum_{i=1}^{n} \frac{c_i}{p_2} \tag{4}$$

式中，E_f 为人均生态足迹；a_i 为第 i 种资源的人均生态足迹；c_i 为第 i 种资源的人均能值；p_2 为区域能值密度。

根据上面公式计算出 2005 年黑龙江省人均能值生态足迹为 3.258 hm²(表 2)。从表可见黑龙江省的消费主要体现在对农产品、建筑用地以及能源的消费上。

表 2　基于能值生态足迹方法的黑龙江省能值生态足迹

项目	原始数据 (J)	能值转换率 (sej/J)	太阳能值 (sej)	人均能值 (sej/cap)	人均生态足迹 (hm²/cap)	生物生产性 土地类型
水稻	1.64×10^{17}	8.30×10^{4}	1.36×10^{22}	3.56×10^{14}	0.438	耕地
小麦	9.80×10^{15}	6.30×10^{4}	6.17×10^{20}	1.62×10^{13}	0.020	耕地
玉米	1.37×10^{17}	2.70×10^{4}	3.70×10^{21}	9.68×10^{13}	0.119	耕地
谷子	7.30×10^{14}	2.70×10^{4}	1.97×10^{19}	5.16×10^{11}	0.001	耕地
豆类	7.83×10^{16}	8.30×10^{4}	6.50×10^{21}	1.70×10^{14}	0.209	耕地
油料	6.85×10^{15}	8.60×10^{4}	5.89×10^{20}	1.54×10^{13}	0.019	耕地
麻类	3.51×10^{15}	8.40×10^{4}	2.95×10^{20}	7.72×10^{12}	0.009	耕地
甜菜	1.56×10^{16}	8.49×10^{4}	1.32×10^{21}	3.47×10^{13}	0.043	耕地
烟叶	6.50×10^{14}	8.30×10^{4}	5.40×10^{19}	1.41×10^{12}	0.002	耕地
蔬菜	1.66×10^{16}	8.49×10^{4}	1.41×10^{21}	3.69×10^{13}	0.045	耕地
猪肉	2.30×10^{16}	1.70×10^{5}	3.91×10^{21}	1.02×10^{14}	0.126	耕地
禽肉	7.71×10^{15}	1.70×10^{5}	1.31×10^{21}	3.43×10^{13}	0.042	耕地
禽蛋	3.56×10^{15}	1.71×10^{5}	6.09×10^{20}	1.59×10^{13}	0.020	耕地
木材	6.73×10^{9}	1.20×10^{12}	8.08×10^{21}	2.11×10^{14}	0.423	林地
水果	6.56×10^{14}	5.30×10^{5}	3.48×10^{20}	9.10×10^{12}	0.011	林地
牛肉	6.60×10^{15}	2.00×10^{5}	1.32×10^{21}	3.46×10^{13}	0.042	草地
羊肉	1.03×10^{15}	2.00×10^{5}	2.06×10^{20}	5.39×10^{12}	0.007	草地
奶类	2.56×10^{16}	1.71×10^{5}	4.38×10^{21}	1.15×10^{14}	0.141	草地
水产品	3.69×10^{15}	2.00×10^{6}	7.38×10^{21}	1.93×10^{14}	0.237	水域
煤炭	2.24×10^{17}	3.98×10^{4}	8.92×10^{21}	2.33×10^{14}	0.287	化石能源
原油	1.94×10^{17}	5.30×10^{4}	1.03×10^{22}	2.69×10^{14}	0.331	化石能源
火电	8.23×10^{16}	1.59×10^{5}	1.31×10^{22}	3.43×10^{14}	0.686	建筑用地
合计	1.01×10^{18}	–	8.80×10^{22}	2.30×10^{15}	3.258	–

3　意义

陈春锋等[1]运用传统生态足迹方法及其改进方法——能值生态足迹方法,对 2005 年黑龙江省可持续发展状态进行了分析。黑龙江省的生态足迹模型表明:2005 年,采用能值生态足迹方法和传统生态足迹方法计算的黑龙江省生态赤字分别为 1.919 hm^2/cap 和 0.625 6 hm^2/cap。2 种方法得到的研究区生态足迹均超过生态承载力,表明该区域经济社会发展处于一种不可持续的发展状态。能值生态足迹方法从能量角度探讨了人类物质需求与生态系统资源供应的关系,并采用能值转换率、能值密度等更加稳定的参数进行计算,一定程度上克服了传统生态足迹方法的缺陷。

参考文献

[1] Luck MA, Jenerette GD, Wu JG, et al. The urban funnel model and the spatially heterogeneous ecological footprint. Ecosystems, 2001,4: 782-796.

[2] Haberl H, Erb KH, Krausmann F. How to calculate and interpret ecological footprints for long periods of time: The case of Austria 1926-1995. EcologicalEconomics,2001,38: 25-45.

[3] 陈春锋,王宏燕,肖笃宁,等. 基于传统生态足迹方法和能值生态足迹方法的黑龙江省可持续发展状态比较. 应用生态学报. 2008,19(11):2544-2549.

[4] Odum HT. Systems Ecology. New York: John Wiley and Sons, 1983.

[5]   Lan SF, Qin P, Lu HF. Emergy Analysis of Ecological-economic System. Beijing: Chemical Industry Press, 2002.

生态系统恢复力的评价模型

1 背景

受气候变化和人类活动的影响,全球生态系统发生了巨大变化。在区域或更小的尺度上,生态系统发生的变化更明显,其产生的连锁反应可能会对当地社会、经济造成重大影响[1],成为可持续发展的障碍。因此,需要维持生态系统的持续、健康、稳定发展,并最大限度地降低不确定性因素所造成的影响和损失。高江波等[2]采用 GIS、均方差决策法和突变级数法对青藏铁路穿越区的恢复力进行了量化研究,旨在为生态系统管理者提供科学依据,以期避免或尽量减小人为扰动所造成的负面效应。

2 公式

由于生境条件与群落特征值呈显著的相关关系[3],故分别按照生境条件,模拟实际状态下每一栅格点的群落特征值。具体公式如下:

$$P\_co_i = \max(p\_co) \times \frac{pr_i}{\max(pr)} \tag{1}$$

$$P\_bd_i = \max(p\_bd) \times \frac{we_i}{\max(we)} \tag{2}$$

$$P\_bm_i = \max(p\_bm) \times \frac{pr_i}{\max(pr)} \tag{3}$$

式中,P_co_i、P_bd_i 以及 P_bm_i 分别为第 i 个栅格点的覆盖度、物种多样性以及群落生物量;p_co、p_bd 以及 p_bm 分别为野外群落调查的覆盖度、物种多样性以及群落生物量;pr_i、we_i 和 pr_i 分别为第 i 个栅格点的降水量、湿润度以及生产潜力,其中,湿润度由气候湿润度和复合地形指数(compound topographical index,CTI)综合而成,生产潜力由降水量和土壤有机质综合而成。

为了消除量纲与量纲单位的影响,在决策和排序之前,应首先将评价指标进行无量纲化处理[4],即数据的标准化。一般来说,种类越多、覆盖度越大、生产力越高的生态系统抵御外界胁迫的能力越大,受扰动后的恢复能力越大,因而恢复力指数就越高。在此所用指标为"效益型"指标,即属性值越大越好的指标。其标准化的方法如下:

$$Z_{ij} = \frac{y_{ij} - y_{j\min}}{y_{j\max} - y_{j\min}} \qquad (I = 1,2,\cdots,n; j = 1,2,\cdots,m) \tag{4}$$

式中,$y_{j\max}$、$y_{j\min}$分别为第j个指标的最大值和最小值,y_{ij}表示第j个指标的第i个属性值。

恢复力指数对应3个下级指标(物种多样性、群落覆盖度和群落生物量),因此,该系统可视为以该恢复力指数为状态变量、3个下级指标为控制变量的燕尾突变系统。此种模型的分叉集[式(5)]和归一化公式[式(6)]如下所示,其中分叉集是使势函数发生突变的控制变量的取值[5]。

燕尾突变:

$$a = -10x^2, b = 20x^3, c = -15x^4, d = 4x^5 \tag{5}$$

燕尾突变模型归一公式:

$$x_1 = c_1^{\frac{1}{2}}, x_2 = c_2^{\frac{1}{3}}, x_3 = c_3^{\frac{1}{4}} \tag{6}$$

若系统的诸控制变量之间不可替代,即不能相互弥补不足,则从诸控制变量对应的x值中选取最小值作为整个系统的x值,即"大中取小",只有这样才能满足分叉集方程而发生质变。当系统的各控制变量之间可以相互替代时,则取各控制变量的平均值。在此各控制变量(指标)之间可以相互弥补不足,因此取其平均值作为恢复力指数。

根据归一公式以及"平均化原则",在ArcGIS9.0中利用栅格计算器求得各栅格的生态系统恢复力指数,同时利用地统计分析得出各指标的分布状况(图1)。

图1　研究区生态系统恢复力指数

3　意义

在明晰生态系统恢复力基本定义及其影响因子性质的基础上,基于地理信息系统(GIS)、均方差决策法和突变级数法,选择物种多样性、群落覆盖度以及群落生物量为指标对青藏铁路穿越区生态系统恢复力进行了定量评估[2]。生态系统恢复力的评价模型表明：研究区恢复力高值区位于祁连山草甸草原、湟水谷地的针叶林和落叶阔叶林以及唐古拉山以南的蒿草沼泽草甸，而最低值位于柴达木盆地中部和昆仑山山麓。研究区绝大部分区域的生态系统具有强或中等恢复力。通过对生态系统恢复力的评价研究可以找出生态恢复建设的薄弱环节，并确定从哪些方面入手进行恢复更有效，进而可结合脆弱性评价为区域开发提供科学依据，以期避免或尽量减少人为扰动对环境造成的不利影响。

参考文献

[1] Sun J, Wang J, Yang XJ. An overview on the resilience of social-ecological systems. Acta Ecologica Sinica, 2007, 27(12): 5371-5381.

[2] 高江波,赵志强,李双成. 基于地理信息系统的青藏铁路穿越区生态系统恢复力评价. 应用生态学报. 2008, 19(11): 2473-2479.

[3] Sun R, Liu CM, Zhu QJ. Relationship between the fractional vegetation cover change and rainfall in the Yellow River basin. Acta Geographica Sinica, 2001, 56(6): 667-672.

[4] Wang MT. A comprehensive analysis method on determining: The coefficients in multi-index evaluation. System Engineering, 1999, 17(2): 56-61.

[5] Chen YF, Sun DY, Lu GF. Application of catastrophe progression method in ecological suitability assessment: A case study on Zhenjiang new area. Acta Ecologica Sinica, 2006, 26(8): 2587-2593.

森林公园的景点评价模型

1 背景

景观敏感度是一种可能性,即在系统控制条件下,一种变化所引起的景观系统敏感的、可认知的、持续的且复杂的响应[1]。景点作为森林公园中游人游览的关键区域,对游人游览过程中的景观视觉影响最大,最终决定公园内景观价值能否充分发挥。由于景观敏感度较高的景点即使受到轻微干扰,也会对景观造成很大的视觉冲击,因此,对景点的景观敏感度评价是协调景点景观保护和开发建设的重要前提。周锐等[2]采用 GIS 技术,选择相对坡度、相对距离、视觉几率、互视性和醒目程度 5 个因素,定量地综合评价了猴石国家森林公园景点的景观视觉敏感度,探讨了景点景观敏感度评价的原理和方法,实现了多角度定量化的景观敏感度评价,为森林公园现有的景点景观保护和未来的规划建设、资源的合理开发提供理论依据和科学指导。

2 公式

2.1 相对坡度的景观敏感度

对于进入公园的游人来说,景观相对游人视线的角度($0° \leq a \leq 90°$)越大,景观被看到的面积和被注意到的可能性也越大,即景观的可视性、易视性越大,景观敏感度也越高,但在这样的区域内人为开发建设给自然景观带来的冲击也越大。可用景观表面沿视线方向的投影面积来衡量景观的敏感度,设各景点的景观表面积都为 1,景观表面与水平面的平均夹角为 a,则投影面积(e_s)即相对坡度景观敏感度的计算公式为

$$e_s = \sin a \qquad (0° \leq a \leq 90°) \qquad (1)$$

当景观表面与视线垂直时(即 $a = 90°$),投影面积最大,景观的敏感度也最大,值为 1;当景观表面与视线平行时(即 $a = 0°$),投影面积最小,景观的敏感度也最小,值为 0;其他情况下,e_s 在 0~1。通常情况下,森林公园内的景观以仰视或平视为主,而夹角 a 实际上就是地形的坡度,俯视时为 $90-a$,所以相对坡度的景观敏感度可直接用景点所在的坡度来表示,即

$$e_s = \sin[\arctan(H \cdot W^{-1})] = \sin[90 - \arctan(H \cdot W^{-1})] \qquad (2)$$

式中,H 为等高距(m);W 为等高线水平间距(m)。根据不同的精度要求,可选用不同比例尺的地形图,基于 GIS 计算的景点坡度,可得到各景点的坡度敏感度。

2.2 相对距离的景观敏感度

一般情况下，游人在森林公园内沿着游道欣赏各景点的景色，显然，景点相对于游人的距离越近，景观的易见性和清晰度就越高，人为开发建设可能带来的视觉冲击也就越大，因而景观的敏感度也越高，反之，景观敏感度就越低。考虑到游人的正常视觉能力，在此根据需要设定能清晰地欣赏到某景点景观质地和结构等的最远距离为 D，游人与景点的实际距离为 d：当 $d \leqslant D$ 时，游人能清晰地欣赏该景点景观，此时的景观敏感度 e_d 为 1；当 $d > D$ 时，$e_d = D/d$，其值在 0~1。

$$e_d = \begin{cases} 1 & (d \leqslant D) \\ D \cdot d^{-1} & (d > D) \end{cases} \tag{3}$$

由于游人主要沿着游道行走，因此式（3）中的 d 可认为是游道与景点之间的距离，但游道的不同点位与景点的距离不同，对同一景点的景观敏感度评价值也不同，所以可认为与景点距离最近的游道上获得的景观敏感度值为该景点的敏感度值。该最近距离可利用 GIS 的空间分析功能结合 DEM 计算得到，即景点与游道垂直的欧式距离。

2.3 视觉几率的景观敏感度

景点在游人视域内出现的几率越大、持续的时间越长，景观的敏感度就越高。假设游人沿着游道匀速游览，那么各景点在视域内被视几率的景观敏感度 e_p 可用下式表示：

$$e_p = t \cdot T^{-1} \tag{4}$$

式中，t 为各景点在游人视域内出现的时间（h）；T 为游人沿游道游览所花费的全部时间（h）。由于游览的速度因人而异，导致 t、T 值很难确定，因此一般情况下，视觉几率的景观敏感度可表示为

$$e_p = l \cdot L^{-1} \tag{5}$$

式中，l 为各景点视域内的游道长度（m）；L 为园区内游道的总长度（m）。

2.4 景点间互视性的景观敏感度

游人在园内观赏景观时，除沿游道游览外，还可沿着林间小路到达各景点，在各景点间遥相观望，因此某景点与其他景点间的互视性越大，该景点的景观敏感度越大，在该景点周围进行人为开发建设造成的视觉冲击也越大。互视性景观敏感度（e_v）可用下式表示：

$$e_v = n \cdot N^{-1} \tag{6}$$

式中，n 为某景点在其他景点视域内出现的次数，即被视次数；N 为森林公园内的景点总数。

2.5 景点醒目程度的景观敏感度

通过实地考察，沿主要游道从不同角度获得各景点的照片，由具备专业知识的园林、生态、规划等研究方向的 10 位专家对各景点进行敏感度综合评分，即醒目程度的量化过程。依据影响景观醒目程度的 5 个主要因素（各因素满分均为 5 分），由专家对各景点分别进行打分：①环境对比度，即景点景观与背景在形体和颜色等方面的相异性；②地形地貌，即地势的陡峭程度和垂直曲率；③植被覆盖，即植被的覆盖率和色彩的丰富性；④毗邻风景，即

周围风景的美观性;⑤特异性,即景点景观的象形性和生动性。各单项因素的评分平均值 S_i 可用下式表示:

$$S_i = \sum 各位评估专家评价的分数 / 评估专家人数 \qquad (7)$$

进而可得到各景点醒目程度评分的总和 T:

$$T = \sum S_i$$

最后各景点醒目程度的景观敏感度的评价值 e_a 可用下式表示:

$$e_a = T/25 \qquad (8)$$

式中,25 表示总分 25 分。10 位专家对影响醒目程度的各项单因素的打分值见表 1,再根据式(7)和式(8)便可求得各景点的景观敏感度值。

表 1 研究区各景点醒目程度的景观敏感度评分

景点	环境	地形地貌	植被覆盖	毗邻风景	特异性	总分
A	2	1	2	3	1	9
B	3	1	3	4	2	13
C	2	1	2	3	3	11
D	3	3	3	4	3	16
E	3	2	3	3	2	13
F	2	2	2	3	3	12
G	3	3	3	3	3	15
H	3	2	3	3	3	14
I	4	1	2	3	4	14
J	4	4	3	2	5	18
K	3	3	4	3	4	17
L	3	3	3	3	3	15
M	4	4	4	3	5	20
N	4	5	3	3	5	20
O	5	5	5	2	5	22
P	4	5	3	3	5	20
Q	3	4	5	4	4	20
R	4	3	3	3	5	18
S	4	4	4	3	5	20
T	3	5	4	4	5	21
U	3	3	4	3	4	17
V	3	4	5	3	4	19
W	3	3	5	3	4	18

注:A:猴石山观景处;B:木屋山庄;C:月亮石(黑龙泉);D:夹扁石;E:双灵寺;F:洗月潭;G:仙人台;H:圣水潭;I:观佛台;J:云雾双灵;K:情人石;L:启运石;M:猴石山;N:观音壁;O:如意灵龟;P:天成弥勒大佛;Q:柱云峰;R:八戒台;S:千佛壁;T:一指洞天;U:仙人指;V:三峰山;W:罗汉山。

2.6 景点景观敏感度的综合评价

采用定性与定量综合集成的层次分析法(AHP 法)确定各因素的权重,并结合专家咨询,通过对相对坡度、相对距离、视觉几率、互视性和醒目程度 5 个单因素的综合分析,确定每个因素相对其他各因素的重要程度,最终求得影响景点景观敏感度的各分量的权重依次为:0.32(w_s)、0.37(w_d)、0.13(w_p)、0.12(w_v)、0.06(w_a)。景观敏感度的综合评价模型可用下式表示:

$$E = \sum (e_i \times w_i) \tag{9}$$

以猴石公园现有 23 个景点为例,对景观敏感度综合评价,结果见表 2,可见该公园最初的规划建设较为合理,充分考虑了地理位置对景点景观的视觉影响。

表 2 猴石公园各景点景观敏感度的评价结果

景点	e_s	e_d	e_p	e_v	e_a	E	评价等级
A	0.36	0.598	0.028	0.130	0.36	0.377	IV
B	0.24	0.786	0	0.086	0.52	0.409	IV
C	0.16	1	0.060	0.130	0.44	0.471	III
D	0.46	1	0.247	0.217	0.64	0.614	II
E	0.51	1	0.313	0.348	0.52	0.647	II
F	0.26	1	0.218	0.304	0.48	0.547	III
G	0.52	1	0.257	0.478	0.60	0.663	II
H	0.33	1	0.086	0.261	0.56	0.552	II
I	0.08	1	0.045	0.348	0.56	0.477	III
J	0.26	1	0.286	0.522	0.72	0.596	II
K	0.67	1	0.126	0.174	0.68	0.662	II
L	0.25	1	0.127	0.130	0.60	0.518	III
M	0.27	0.591	0.043	0.348	0.80	0.400	IV
N	0.67	1	0.011	0.174	0.80	0.655	II
O	0.60	1	0.385	0.522	0.88	0.727	II
P	0.66	0.798	0.401	0.522	0.80	0.669	II
Q	0.19	0.429	0	0.217	0.80	0.294	V
R	0.59	0.623	0.368	0.304	0.72	0.547	III
S	0.41	0.645	0.293	0.217	0.80	0.482	III
T	0.42	0.830	0.279	0.174	0.84	0.549	III
U	0.36	0.802	0.535	0.391	0.68	0.569	II
V	0.48	0.560	0.202	0.565	0.76	0.501	III
W	0.24	0.586	0.011	0.130	0.72	0.354	IV

注:e_s 相对坡度的景观敏感度;e_d 相对距离的景观敏感度;e_p 视觉几率的景观敏感度;e_v 景点间互视性的景观敏感度;e_a 景点醒目程度的景观敏感度;E 综合景观敏感度。

3 意义

采用 GIS 空间分析技术,结合地形特征,选择相对坡度、相对距离、互视性、视觉几率和醒目程度 5 个分量,基于景观敏感度的测定原理和方法,对猴石国家森林公园内的主要景点进行了景观敏感度定量评价[2]。通过多角度定量化的景观敏感度评价,丰富了景观视觉评价和景观感知研究的理论,同时,为深入研究不同程度的人为干扰与景观视觉变化的关系奠定基础,为森林公园现有的景点景观保护和未来的规划建设、资源的合理开发提供理论依据和科学指导。

参考文献

[1] Brunsden D, Thornes JB. Landscape sensitivity and change. Transactions of the Institute of British Geographers, 1979,4: 463-484.

[2] 周锐,李月辉,胡远满,等. 基于景观敏感度的森林公园景点评价. 应用生态学报. 2008,19(11): 2460-2466.

城市空间的扩展模型

1 背景

城市建设用地的空间扩展是城市化进程的一个重要测度指标[1]。对于城市建设用地扩展的时空特征研究可加深对城市化本质的理解,并为城市可持续发展提供有效的空间决策依据。王厚军等[2]基于遥感影像数据,利用 GIS 的空间分析功能,对 1979—2006 年沈阳市城市建设用地扩展的时空特征进行了研究,并结合统计资料对其驱动机制进行了分析,旨在为沈阳城市发展提供科学依据,以期为城市建设与发展政策的制定提供参考。

2 公式

为全面反映沈阳市城市扩展的时空特征,在此选择城市空间扩展研究中常用的指标(城市扩展强度、城市重心转移、城市扩展弹性系数、城市用地分形维数和紧凑度指数)对沈阳市城市扩展进行综合分析,进而揭示城市扩展的时空演变规律。

(1)城市扩展强度指数。城市扩展强度指数表示单位时间内土地面积变化的幅度,是反映城市扩张空间变化的一个重要指标。通过分析城市扩展强度指数可定量地比较城市扩张的程度及速度,其表达式为

$$R = \frac{U_b - U_a}{U_a} \times \frac{1}{T} \times 100\% \tag{1}$$

式中,R 为研究末期城市扩展强度;U_b 为研究末期城市用地面积(km^2);U_a 为研究初期城市用地面积(km^2);T 为间隔时间(a)。

1979—2006 年沈阳市城市扩展强度变化如图 1 所示。

(2)城市重心坐标。通过不同时期城市重心的迁移情况,可分析城市空间变化规律。

$$X_t = \sum_{i=1}^{n} (C_{ti} \times X_i) / \sum_{i=1}^{n} C_{ti} \tag{2}$$

$$Y_t = \sum_{i=1}^{n} (C_{ti} \times Y_i) / \sum_{i=1}^{n} C_{ti} \tag{3}$$

式中,X_t、Y_t 分别为第 t 年城市分布重心的经、纬度;C_{ti} 为第 t 年第 i 块矢量图的图斑面积(km^2);X_i、Y_i 分别为第 i 块矢量图斑几何中心的经、纬度坐标。

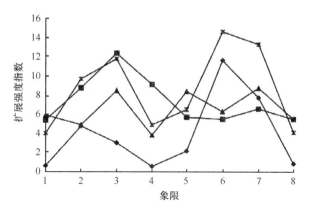

图1　1979—2006年间沈阳市各象限城市扩展强度的变化

（3）紧凑度。紧凑度是反映地物形状的参数,紧凑度的变化可表征城市用地扩展的空间特征[3]。

$$c = \frac{2\sqrt{\pi A_t}}{P_t} \qquad (4)$$

式中,c为紧凑度;A_t、P_t分别为第t年城市斑块的面积(km^2)和周长(km)。c值在$0\sim1$,其值越大,表明地物形状的紧凑性越好,反之越差,圆是形态最紧凑的图形,其紧凑度为1。

（4）城市用地分形维数。城市用地分形维数可描述城市边界形状的曲折性和复杂性,它反映了土地利用形状的变化及土地利用受干扰的程度,计算公式如下:

$$S_t = \frac{2\ln\left(\frac{P_t}{4}\right)}{\ln(A_t)} \qquad (5)$$

式中,S_t为第t年城市斑块的分形数;A_t、P_t分别为第t年城市斑块的面积(km^2)和周长(km)。分形维数值的理论范围在$1\sim2$,维数越大表示图形形状越复杂,当维数小于1.5时,说明图形趋向于简单;当维数等于1.5时,表示图形处于布朗随机运动状态,越接近于该值,稳定性越差;当维数大于1.5时,则图形趋于复杂。

1979—2006年沈阳市城市紧凑度和分形维数的变化如表1所示。可见沈阳市城市紧凑度随时间不断减小,分形维数随时间不断增大。表明沈阳市城市空间形态日益复杂,城市形状变得不规则。

表 1 沈阳市城市紧凑度和分形维数的变化

年份	紧凑度	分形维数
1979	0.53	1.19
1992	0.25	1.45
2001	0.16	1.56
2006	0.14	1.58

(5)城市扩展弹性系数。城市扩展弹性系数指城市扩张速度与人口增长速度之间的协调关系,计算公式如下:

$$R(i) = \frac{A(i)}{Pop(i)} \tag{6}$$

式中,$R(i)$为城市扩展的弹性系数;$A(i)$为城市的面积年均增长率(%);$Pop(i)$为城市的非农业人口年均增长率(%)。

1979—2006 年沈阳市城市扩展弹性系数的变化如表 2 所示。可见作为老工业基地,沈阳市经济的快速增长为城市的扩展提供了资金支持,导致城市扩展速度与人口增长速度不协调的现象。

表 2 不同时段沈阳市城市扩展弹性系数

时段	城市扩展年均增长率(%)	城市人口年均增长率(%)	弹性系数
1979—1992 年	2.59	1.92	1.35
1992—2001 年	5.47	1.35	4.05
2001—2006 年	5.83	0.85	6.86

3 意义

基于 1979 年、1992 年、2001 年和 2006 年遥感影像资料,利用人机交互式方法提取了沈阳市城市扩展信息,并借助 GIS 技术对空间数据的统计分析功能,从城市扩展强度、重心坐标、紧凑度、分形维数和城市扩展弹性系数方面对沈阳市城市扩展的时空变化特征及其驱动力进行了分析[2]。城市空间的扩展模型:1979—2006 年间,沈阳市城市建设用地面积持续增加,扩展强度逐渐增强,以 2001—2006 年间的城市扩展规模和速度最大;沈阳市城市扩展具有明显的空间分异特征,城市重心总体向西南方向偏移;紧凑度逐渐减小,分形维数逐渐增大,城市空间形态日益复杂;自然环境因素、经济发展、人口增长、交通基础设施建设以及政府政策和城市规划是沈阳市城市扩展的主要驱动因素。

参考文献

[1] Zeng L,Zong Y, Lu Q. Spatial-temporal feature of urban land extension in Baoding City. Resources Science, 2004,26(4): 96-103.

[2] 王厚军,李小玉,张祖陆,等. 1979—2006 年沈阳市城市空间扩展过程分析. 应用生态学报. 2008, 19(12):2673-2679.

[3] Wu X Q,Hu Y M,He H S,et al. Spatiotemporal pattern and its driving forces of urban growth in Shenyang City. Chinese Journal of Applied Ecology, 2007,18(10):2282-2288.

旱地作物的水分平衡方程

1 背景

辽西地区属暖温带半干旱区,年均降雨量 450~500 mm,年降水相对变率 19.2%,干燥度 1.21[1],干旱是该区粮食产量低而不稳的主要因素之一。刘作新和庄季屏[2]对该区 3 种主要粮豆作物进行不同耕作及灌溉处理的对比试验,对各处理下土壤的水分状况进行土壤物理估算。通过结果分析,为该区选择出较好的灌溉耕作体系,使该区有限的农业水资源利用更经济、合理,并探索了农田生态系统有效的水分调控管理途径。

2 公式

2.1 根区的水平衡方程

从农业观点出发,我们仅考虑田间单位面积根区的水量平衡,其方程可表达为下列形式:

$$\Delta S = (P + I + U) - (R + D + E + T) \tag{1}$$

式中,ΔS 为根区土壤含水量的变化(mm);P 为自然降水(mm);I 为灌溉水(mm),U 为流入根区的毛管上升水(mm);R 为地表径流(mm);D 为流出根区的深层水分渗漏(mm);E 为土壤蒸发(mm);T 为植物蒸腾(mm)。由于试验区地下水位在 5 m 以下,毛管上升水 U 可略去不计。实际上,方程中较难直接测定的最大分量为 E 和 T,也可放在一起表示为作物田间耗水总量 ET。本项试验在平坦地上进行($R=0$),整个生长季无灌溉($I=0$)。因此,方程(1)可简化为

$$\Delta S = P - D - ET_c \tag{2}$$

2.2 水平衡方程各分量的测定及估算

两个连续土层深度 Z_1 和 Z_2 之间在任意时间 t 的储水量 S 用下式计算:

$$S = \int_{z_1}^{z_2} \theta \mathrm{d}z \ (\mathrm{mm}) \tag{3}$$

土壤储水量的变化 ΔS 用减差法确定。深层渗漏分量 D 用方程(4)式估算:

$$D = \left[S_{100}(t_2) - S_{80}(t_2) \right] - \left[S_{100}(t_1) - S_{80}(t_1) \right] \tag{4}$$

式中,S_{100} 和 S_{80} 分别为土壤剖面 0~100 cm 和 0~80 cm 的储水量;t_2 和 t_1 为不同的测定

时间。

如将 D 项与自然降水项合并为田间有效降水并仍以 P 代表，则可将方程式(2)最终简化为

$$\Delta S = P - ET_c \qquad (5)$$

2.3 水分利用效率(WUE)

水分利用效率可定义为单位面积土地上作物消耗 1 mm 水所获的经济产量[3]，由下式计算：

$$WUE = \frac{经济产量}{消耗产量}[\mathrm{kg/(ha \cdot mm)}] \qquad (6)$$

根据该公式计算不同作物水分利用效率(表1)。

表1 不同年份各作物田间耗水总量、产量及水分利用率

年份		1984	1985	1986	1984	1985	1986	1984	1985	1986
作物	处理	田间耗水总量(mm)			产量(kg/ha)			水分利用效率[kg/(ha·mm)]		
大豆	CK	428.0	548.8		2 675	3 563		6.25	6.49	
	SL+WI	470.0	569.7		3 075	3 203		6.54	5.62	
	P+WI	499.5	564.6		2 648	3 359		5.30	6.95	
	P+SI	457.4	589.9		2 370	3 320		5.18	5.63	
高粱	CK	420.1	512.9		4 290	8 204		10.21	16.00	
	SL+WI	468.4	549.4		5 708	8 086		12.19	14.72	
	P+WI	467.6	549.3		5 723	8 110		12.24	14.76	
	P+SI	440.6	580.4		5 280	8 906		11.98	15.34	
玉米	CK	408.2	548.2	439.2	720	11 691	7 290	1.76	21.33	16.6
	SL+WI	469.0	560.9	476.5	4 065	11 031	9 532	8.67	19.67	20.0
	P+WI	488.3	571.9	496.3	5 575	11 125	8 992	11.42	19.45	18.1
	P+SI	449.6	603.8	522.8	3 900	11 618	9 150	8.67	19.24	17.5

3 意义

对辽西地区主要作物田间水平衡分量进行了估算[2]，系统研究了4种处理对水平衡方程各分量及水分调控效果的影响。分析了不同处理的作物生长、产量反应及水分利用效率。旱地作物的水分平衡方程表明：秋翻冬灌处理的储水能力分别高于秋翻不灌、秋翻春灌及深松冬灌3个处理。秋翻冬灌可使 1 m 褐土土体增加有效储水约 100 mm，占该土体总

有效水的 2/3,使该区主要作物足以抗御春旱和夏旱,并明显提高水分利用效率。秋翻冬灌且每隔 2~3 年深松 1 次为最好的组合措施。

参考文献

[1] 严胆升.燕辽易旱区生态农业的雏形.沈阳:辽宁科学技术出版社, 1988,55-109.

[2] 刘作新,庄季屏.辽西地区农田水分状况的研究 I.旱地作物的水分平衡估算及其调控.应用生态学报. 1992,3(1):20-27.

[3] 刘孝义.土壤物理及土壤改良研究法.上海:上海科学技术出版社,1982,86-90.

沙土的内排水模型

1 背景

近年来比利时北部近海岸地区旅游业发展较快,随着季节性的游人骤增,淡水消费量及生活废弃物大量增加,使得沿海岸带淡水资源的质和量都发生了显著变化。为了正确估算该区水量平衡,评价水质状况,必须对土壤导水率及扩散率等水力传导特性进行实地测定。基于监测土壤剖面内排水过程中瞬时状态的"内排水法",随着中子测水仪及张力计等仪器的普及[1],该方法在我国亦得到应用。刘作新[2]用"内排水法"实地测定了比利时北部近海岸草地沙土的非饱和导水率 $K(\theta)$ 和扩散率 $D(\theta)$,并求得其经验公式。

2 公式

描述垂直土壤剖面水流的一般方程为

$$\frac{\partial \theta}{\partial t} = \frac{\partial}{\partial z}\left[K(\theta)\, \frac{\partial H}{\partial z} \right] \tag{1}$$

式中,θ 为容积含水量;t 为时间;Z 为剖面深度;$K(\theta)$ 为导水率,它是 θ 的函数;H 为水头。对 l 式积分,可得

$$\int_0^z \frac{\partial \theta}{\partial t}\mathrm{d}z = \left(K(\theta)\, \frac{\partial H}{\partial z} \right) z \tag{2}$$

如果对土壤表面加以覆盖,以防止蒸发,则只有内排水发生。土壤水通量可由连续土壤湿度剖面向下至深度 z 之间的积分得到

$$q = \int_0^z \frac{\partial \theta}{\partial t}\mathrm{d}z = \left(K(\theta)\, \frac{\partial H}{\partial z} \right) z \tag{3}$$

最后可得

$$K(\theta) = \frac{q}{\mathrm{d}H/\mathrm{d}z} \tag{4}$$

在深层湿润剖面的内排水过程中,一般地,水头梯度 $\left(\dfrac{\partial H}{\partial z}\right) z$ 变化具有均一性。亦即,吸力梯度为零,只有重力梯度起作用。另外,在非饱和流情况下,必须考虑吸力梯度的作用。导水率由水流通量 q 与水头梯度 $\mathrm{d}H/\mathrm{d}z$ 的比率(式4)得出。这可在内排水过程中逐渐减少含水量,得到一系列 K-θ 值,建立起土壤剖面每一层次的导水率 K 与容积含水量 θ 的函数

关系。在已知容积含水量和基质势(h)的条件下,扩散率 $D(\theta)$ 及比水容量 $C(\theta)$ 可分别根据式(5)和(6)求得

$$D(\theta) = K(\theta)/C(\theta) \tag{5}$$

$$C(\theta) = \mathrm{d}\theta/\mathrm{d}h \tag{6}$$

根据模型计算水头与内排水时间的变化如图1。可见,在内排水开始短时间内,水头急剧下降,随着内排水时间的延长,其下降速度减缓并趋于稳定。

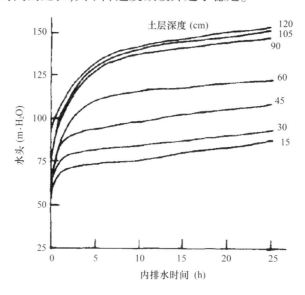

图1 土壤水头随内排水时间的变化

3 意义

通过沙土的内排水模型的应用,土壤容积含水量与导水率和扩散率之间的关系可用幂函数或指数函数方程描述,就相关系数和精度而言,函数类型间差异很小。协方差分析表明:$0\sim30$ cm,$30\sim60$ cm 和 $60\sim90$ cm 土层的导水率及扩散率回归方程之间无显著差异,但它们与 $90\sim120$ cm 土层的方程间差异显著,须用两组不同的公式描述。用以描述的幂函数和指数函数类型间无明显差异。

参考文献

[1] 陈志雄,Michel v.封丘地区土壤水分平衡研究.根层边界的水分通量.土壤学报,1991,28(1):66-72.
[2] 刘作新.比利时北部近海岸草地沙土非饱和水传导特性.应用生态学报.1993,4(4):388-392.

丹顶鹤的繁殖生境模型

1　背景

　　丹顶鹤属于我国一级保护鸟类,是世界级濒危物种,丹顶鹤的数量及其分布动态受到国内外学者的广泛关注[1]。扎龙湿地是我国最大的以鹤类等大型水禽为主体的珍稀鸟类国家级自然保护区,是丹顶鹤最重要的集中繁殖栖息地[2]。王志强等[3]以扎龙湿地为研究区,基于生境适宜性模型(HIS)模拟了丹顶鹤繁殖生境质量的变化,分析了丹顶鹤生境质量变化及丹顶鹤生境选择行为变化过程的响应过程和机制,以期为丹顶鹤种群管理及保护计划的制订提供参考依据。

2　公式

　　研究区生境适宜性指数(HS)模型[4]公式如下:

$$HSI = (V_1 \times V_2 \times V_3 \times V_4)^{1/2} \cap (V_5 > 500\,\text{m} \sim 1\,\text{km}) \cap (V_6 > 3.3\,\text{km}^2)$$

$0.8 \leqslant HSI < 1$ 时,为适宜繁殖生境;$0.6 \leqslant HSI < 0.8$ 时,为次适宜繁殖生境;$0.4 \leqslant HSI < 0.6$ 时,为微适宜繁殖生境;$HSI < 0.4$ 时,为非适宜繁殖生境[2]。

　　丹顶鹤在繁殖期采用营家庭或个体的方式,以巢址为中心形成了固定的家域,因此,巢址的分布能较好地代表繁殖期丹顶鹤的分布格局。在此用巢址空间格局变化来反映丹顶鹤栖息地选择行为的变化。

　　最近邻体分析是分析种群空间分布格局的主要方法之一[5]。为了进行丹顶鹤巢址的最近邻体分析,首先在 ArcGIS 9.0 中将鸟巢图层生成栅格格式图层,利用 ArcGIS workstation 计算,其公式如下:

$$\bar{r}_A = \sum_{i=1} r_i / n \quad (i = 1, 2, \cdots, n)$$

式中,r_i 为鸟巢与其最近邻鸟巢间的距离;n 为鸟巢总数。

　　然后计算调查区内鸟巢个体随机分散时最近邻体间的平均距离期望值,其公式如下:

$$\bar{r}_E = 1 / (2\sqrt{D_N}) \qquad D_N = n/S$$

式中,$\bar{r}_E$ 为平均距离期望值;D_N 为巢址的分布密度;n 为鸟巢总数;S 为调查区面积。

最后计算最邻近距离比率(R):

$$R = \bar{r}_A / \bar{r}_E$$

当 $R = 1$ 时,丹顶鹤巢址空间格局为随机分布;$R < 1$ 时为聚集分布;$R > 1$ 时为均匀分布。R 偏离 1 的显著性检验如下:

$$C = (\bar{r}_A - \bar{r}_E / E)$$

式中,E 为 $\bar{r}_E$ 的标准误差,且 $E = 0.261\,36 / \sqrt{nD_N}$。在显著性水平分别为 5%、1% 时,如果 $|C| \geqslant 1.96$ 或 2.58,则 R 值显著偏离 1。R 显著小于 1 为聚集分布,反之则为均匀分布。

根据以上公式计算丹顶鹤生境各参数(表 1)。可见,丹顶鹤巢址趋于均匀分布;2004 年,丹顶鹤繁殖适宜生境形态经历了从完整到破碎化的过程,适宜生境资源也表现为由丰富、均匀到不足和斑块化,核心区内鹤巢已转变为成群分布。

表 1　扎龙湿地核心区丹顶鹤巢址的分布格局参数值

年份	r_A	D_N	r_E	R	C
1996	2 014	6.99×10^{-8}	1 890.54	1.07	0.901
2004	1 789	4.1×10^{-8}	2 470.76	0.72	3.682

3　意义

基于 1996 年和 2004 年扎龙湿地丹顶鹤生境因子专题图,通过建立生境适宜性模型和种群格局最邻近体模型[3],定量分析了扎龙湿地丹顶鹤繁殖生境质量的变化。丹顶鹤的繁殖生境模型表明:研究期间,扎龙湿地丹顶鹤繁殖适宜生境经历了面积丧失和功能丧失过程;2004 年,研究区内丹顶鹤繁殖适宜性生境已大量丧失,核心区繁殖适宜生境已经严重斑块化。丹顶鹤繁殖生境选择行为对生境质量变化的响应表现为两个过程:一是丹顶鹤巢址不断向核心区集中的过程,二是在核心区的分布格局经历了从均匀分布到成群分布的生态过程。

参考文献

[1] Li WJ,Wang ZJ,Ma ZJ,et al.A regression model for the spatial distribution of red-crown crane in Yancheng Biosphere Reserve, China. Ecological Modelling.1997,103:115-121.

[2] Wang ZQ,Chen ZC,Hao CY.Habitat suitability evaluation of red-crown crane in Zhalong with the method of habitat suitability index(HSI).Wetland Science,2009,7(3):197-201.

[3] 王志强,傅建春,全斌,等.扎龙湿地丹顶鹤繁殖生境质量变化.应用生态学报.2010,21(11):2871-2875.

［4］ Liu HY, Li ZF, Bai YF. Landscape simulating of habitat quality change for oriental white stork in Naoli River Watershed. Acta Ecologica Sinica,2006,26(12):4007-4013.

［5］ Wang BY, Yu SX. Multi-scale analyses of population distribution patterns. Acta Phytoecologica Sinica. 2005. 29(2):235-240.

陕西植被的覆盖度模型

1 背景

植被覆盖度(fractional vegetation coverage，FVC)指植被(包括叶、茎、枝)在地面的垂直投影面积占统计区总面积的百分比,是植物群落覆盖地表状况的一个综合量化指标。植被覆盖及其变化不仅是区域生态系统环境变化的重要指标,而且对水文、生态、全球变化等都具有重要意义。李登科等[1]应用简单实用的像元二分法,利用 250 m 分辨率的 MODIS NDVI 构建了定量估算植被覆盖度模型,研究了 2000—2009 年陕西省植被覆盖度的时空变化特征,以期为陕西省植被的定量、动态监测提供技术与理论支持,为客观评价陕西省退耕还林、封山育林、天然林保护等生态建设工程的生态效益提供科学依据。

2 公式

混合像元分解模型中最常用的线性模型是像元二分模型。像元二分模型的原理:假设一个像元由土壤和植被两部分组成,像元信息可表达为由绿色植被成分所贡献的信息和由土壤成分所贡献的信息之和。混合像元的 $NDVI$ 值为两部分植被指数值的加权平均和,权重为各部分在像元中的面积比例,表达式为

$$NDVI = f_{veg} \cdot NDVI_{veg} + (1 - f_{veg}) \cdot NDVI_{soi.l} \tag{1}$$

式中,$NDVI$ 为混合像元的植被指数值;$NDVI_{veg}$ 为纯植被像元的植被指数值;$NDVI_{soil}$ 为纯土壤像元的植被指数值;f_{veg} 为植被覆盖度。

混合像元法求算植被覆盖度的基本公式如下:

$$f_{veg} = (NDVI - NDVI_{soil})/(NDVI_{veg} - NDVI_{soil}) \tag{2}$$

$NDVI_{soil}$ 代表纯土壤覆盖像元的最小值,对于大多数类型的裸地表面,其值理论上应该接近零。由于地表湿度、粗糙度、土壤类型、土壤颜色等条件的不同,$NDVI_{soil}$ 会随着时空而变化,$NDVI_{soil}$ 值一般在 0.1 ~ 0.2。$NDVI_{veg}$ 代表纯植被覆盖像元的最大值,其值理论上应该为 1,实际上由于植被类型的不同等因素,$NDVI_{veg}$ 值会随着时间和空间而改变[2]。

利用线性倾向估计进行植被覆盖度时间趋势分析,采用相关系数的统计检验方法进行显著性趋势检验。随着时间的变化,植被覆盖度常表现为序列整体的上升或下降趋势、空

间分布格局变化以及在某时刻出现的转折或突变。这些变量可以看做是时间的一元线性回归,线性倾向值用最小二乘法估计:

$$B = \frac{\sum\limits_{i=1}^{n} x_i t_i - \frac{1}{n}\sum\limits_{i=1}^{n} x_i \sum\limits_{i=1}^{n} t_i}{\sum\limits_{i=1}^{n} t_i^2 - \frac{1}{n}\left(\sum\limits_{i=1}^{n} t_i\right)^2} \qquad (3)$$

式中,B 为线性倾向值;x 为 FVC;t 为年份;$n=10$。当 $B>0$ 时,随着时间 t 的增加,x 呈上升趋势;当 $B<0$ 时,随着时间 t 的增加,x 呈下降趋势。

$$植被覆盖度变化率 = B/均值 \times 10 \times 100\%$$

式中,均值指 10 年的平均植被覆盖度值。

根据模型计算,可见陕西省植被覆盖度呈波动增加趋势,线性增长趋势达极显著水平(图 1)。

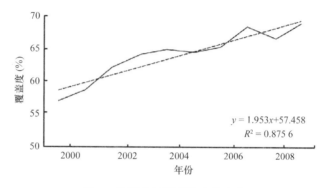

图 1　陕西省植被覆盖度的变化

3　意义

基于像元分解模型[1],利用 2000—2009 年 MODIS NDVI 数据(250 m 分辨率)定量分析了陕西省植被覆盖度的时空变化特征及其成因。陕西植被的覆盖度模型表明,2000—2009 年,陕西省植被覆盖度在波动中呈极显著增加趋势($P<0.001$),变化率为 35.0%;2000—2009 年,陕西省植被覆盖结构转好,高植被覆盖所占的面积呈极显著上升趋势($P<0.001$),增幅为 10.0%;中植被覆盖所占的面积呈显著上升趋势($P<0.05$),增幅为 8.4%;低植被覆盖所占的面积呈极显著下降趋势($P<0.001$),降幅为 18.4%。陕西省植被覆盖度的增加是人类活动和自然因素共同作用的结果,封山育林、退耕还林等一系列生态建设工程的实施是陕北地区植被覆盖度增加的主要原因。

参考文献

［1］ 李登科,范建忠,王娟.陕西省植被覆盖度变化特征及其成因.应用生态学报.2010,21(11):
2896-2903.

［2］ Ma ZY,Shen T,Zhang JH,et al. Vegetation changes analysis based on vegetation coverage. Acta Geodaetica
et Cartographica Sinica.2007,36(3):45-48.

城市森林的景观连接度模型

1 背景

随着全球城市化趋势的不断加速,城市森林破碎化和孤岛化现象日益严重,生境的破碎化和孤岛化是生物多样性的一个重要威胁,也是导致物种不断减少甚至灭绝的重要原因[1]。景观连接度(landscape connectivity)是景观空间结构单元相互之间连续性的量度,包括结构连接度(structural connectivity)和功能连接度(functional connectivity)[2]。景观连接度分析过程通常都是针对某一特定物种,或在距离阈值上设定不同特定值,因为对于不同扩散能力物种的距离阈值有所差异。刘常富等[3]基于生境可利用性的观点,利用整体连通性指数(IIC)、可能连通性指数(PC)等对沈阳城市森林进行连接度和斑块重要性分析,并对比分析了各种阈值的表现,最后筛选出城市景观连接度适宜阈值,为城市尺度的城市森林景观连接研究提供参考。

2 公式

2.1 种类相合概率

种类相合概率(class coincidence probability,CCP)指生境内两个随机选择的斑块恰巧属于相同组分的概率;或者可以定义为随机安置于生境内的两种动物通过现有的斑块和连接能找到彼此的概率。其算式如下:

$$CCP = \sum_{i=1}^{NC} \left(\frac{c_i}{A_C} \right)^2$$

式中,c_i 为组分 i 的面积(属于组分 i 的所有斑块面积之和);A_C 为生境斑块总面积。

2.2 整体连通性指数

整体连通性指数(integral index of connectivity,IIC)的算式如下:

$$IIC = \frac{\sum_{i=1}^{n} \sum_{j=1}^{n} \frac{a_i \times a_j}{1 + nl_{ij}}}{A_L^2}$$

式中,a_i 和 a_j 分别为斑块 i 和 j 的面积;nl_{ij} 为斑块 i 与斑块 j 间最短路径上的链接数;A_L 为景观的总面积(包括林地斑块和非林地斑块)。$0 \leqslant IIC \leqslant 1$。$IIC = 0$,表示各生境斑块之间没有连接;$IIC=1$,表示整个景观均为生境斑块。

2.3 可能连通性指数

可能连通性指数(probability index of connectivity,PC)的算式如下:

$$PC = \frac{\sum_{i=1}^{n} \sum_{j=1}^{n} a_i \cdot a_j \cdot P_{ij}^*}{A_L^2}$$

式中,P_{ij}^* 为斑块 i 与斑块 j 间所有路径概率乘积的最大值,$0<PC<1$。

2.4 重要斑块的选取

整体连通性指数和可能连通性指数既可反映景观的连通性,又可计算景观中各斑块对景观连通性的重要值[4]。斑块的重要值指斑块对景观保持连通的重要性,选择的指数不同,得到的斑块重要值也不同。根据某连接度指数计算各斑块的重要性(dI),其算式如下:

$$dI = \frac{I - I_{remove}}{I} \times 100\%$$

式中,I 为某一景观的连接度指数值;I_{remove} 为将斑块 i 从该景观中剔除后,景观的连接度指数值。

根据以上指标模型计算沈阳城市森林景观不同距离阈值下连接度指数值(表1)。可以看出,沈阳市城市森林 NL 随着距离阈值的增大而增大,搜索范围越大,景观中任意两个斑块间的链接越容易建立。

表1 沈阳城市森林景观不同距离阈值下连接度指数值

距离阈值(m)	链接数(个)	组分数(个)	种类相合概率	整体连通性指数	可能连通性指数
50	1 276	414	0.124	0.019	0.032
100	1 753	302	0.179	0.023	0.053
200	2 508	178	0.361	0.034	0.094
400	4 404	54	0.863	0.062	0.175
600	6 720	14	0.967	0.081	0.248
800	9 357	7	0.979	0.092	0.309
1 000	12 523	3	0.982	0.106	0.359
1 200	15 949	1	1	0.117	0.399

3 意义

利用2006年沈阳市 QuickBird 遥感影像城市森林解译数据,借助地理信息系统,以沈阳市三环以内区域城市森林景观斑块为研究对象[3],基于生境可利用性和动植物的扩散能力,选取 50 m、100 m、200 m、400 m、600 m、800 m、1000 m、1200 m 8 个距离阈值,采用整体连通性指数、可能连通性指数和景观中各斑块的重要性对研究区城市森林景观连接度的距离阈值进行了分析和筛选。城市森林的景观连接度模型表明:2006 年沈阳城市森林景观连接度的适宜距离阈值范围在 100~400 m,以 200 m 尤为适宜。距离阈值的选择可因城市森林景观连通性的可执行性和不同层次需求而适当增大或减小。

参考文献

[1] Andrews A. Fragmentation of habitat by roads and utility corridors: A review. Australian Zoologist, 1990, 26:130-141.

[2] Wu J G. Landscape ecology: Concepts and theories. Chinese Journal of Ecology. 2000,19(1):42-52.

[3] 刘常富,周彬,何兴元,等.沈阳城市森林景观连接度距离阈值选择.应用生态学报.2010,21(10):2508-2516.

[4] Lucĭa PH, Saura S. Impact of spatial scale on the identification of critical habitat patches for the maintenance of landscape connectivity. Landscape and Urban Planning. 2007,83:176-186.

流域洪水的特征模型

1 背景

伐木改变了径流的形成条件,导致年径流量、洪水、洪水形态和枯水量的变化,它们又可能引起其他环境问题,如泥沙淤积、河岸冲刷、山洪危害以及水质恶化等,在这些方面已有一些初步研究结果[1-2]。由于各类研究所涉及的流域位置、大小、气候类型、立地条件、砍伐方式及资料条件等具体情况不一样,分析的结果很不统一,甚至还会出现冲突的结论[3]。因此森林水文效应评价中存在不少疑难问题,有关研究仍很活跃,其中最关键的是找到满足代表性和可比性的森林流域以及选择合适的分析方法。程根伟和 Hetherington[1]对太平洋西海岸森林砍伐对洪水特征的影响展开了调查。

2 公式

Carnation Creek 流域森林砍伐开始于 1975 年,其中 H,J 站上流域是 90%净伐,B 站以上区间为部分净伐,全区总砍伐比例达到 40%。森林砍伐到 1980 年底截止,随后在砍伐迹地上人工植造杉树林,到 1990 年基本成林。因此整个观测期可分为砍伐前(1971—1975年)、筑路(1976 年)、砍伐期(1976—1980 年)和砍伐后期(1981—1990 年),为配合当地降水特点,以 10 月至次年 9 月作为一个水文年。有关流域和测站分布及砍伐面积等自然地理特征参见表 1。

表 1 Carnation Creek 流域特征

水文站	集水面积(km²)	海拔(m)	观测时期(年)	砍伐比例(%)
B	9.30	8~884	1971—1991	40
C	1.45	46~700	1972—1991	0
E	2.64	150~884	1972—1991	5
H	0.12	152~305	1972—1991	90
J	0.24	30~300	1975—1990	90

研究林地与径流形成关系的方法很多,按大类可分为物理或生理模型,野外降雨径流观测,数学模型仿真,时间序列分析和配对流域对比分析方法。其中流域对比法以相邻流

域的平行对照观测为特点,突出了森林单独的作用,可以消除气候条件和地理因素对评价的影响,被广泛地用于森林水文效应研究。

洪水特征可用洪水过程的统计参数表示,选用 7 个参数分别描述洪峰流量 Q_p、洪峰涨幅 DQ_p、快速径流量 V_q、上涨时间 DT_F、雨洪滞时 TC、洪水径流系数 CV 和对称系数 CT_q。其中参数 Q_p, DQ_p, V_q 代表洪水强度或大小,CT_q 代表洪水形态,TC 和 CT_q 代表流域对暴雨的响应特征。记 (Q_i, Y_i),(Q_p, T_p) 和 (Q_u, T_u) 分别是起涨、洪峰和快速径流终止的流量与时间,$H(t)$,$Q(t)$,$QB(t)$ 是降水、总径流和地下水过程,则以上洪水参数可定义为

$$DQ_p = Q_p - Q_i$$

$$DT_p = T_p - T_i$$

$$V_q = \int_{T_i}^{T_u} [Q(t) - QB(t) \, \mathrm{d}t]$$

$$V_p = \int_{T_i}^{T_u} H(t) \, \mathrm{d}t$$

$$T_q = T_u - T_i$$

$$CV_p = V_q / V_p$$

$$CT_q = CT_q / T_q$$

$$TH = \int_{t_i}^{t_u} [tH(t) / V_p] \, \mathrm{d}t$$

$$TQ = \int_{ri}^{r_u} \{t[Q(t) - QB(t)] / V_q\} \, \mathrm{d}t$$

$$TC = TQ - TH$$

式中,t_i, t_u 为主要降水开始和结束的时间,在实际计算中用离散求和来代替积分。

对各子流域选择若干场洪水计算以上 7 个参数,再取研究站和参照站相同洪次的参数进行回归。若令 PL_i 和 PC_i 分别是砍伐区和保留区的对应参数($i = 1 \sim N$),则这 N 对参数用最小二乘法求得它们的相关关系:

$$PL = a + bPC$$

同时还得到回归方程的相关系数 R 和显著性水平 P_r,系数 (a, b) 是回归方程的截距和坡度,(R, P_r) 代表方程的拟合优度和可靠性。其中图 1 显示了 C 站和 H 站砍伐前后洪峰涨率回归分析。

3 意义

据加拿大 Carnation Creek 生态试验站 20a 的森林水文观测资料,应用回归分析和协方差检验,研究了森林砍伐以前、道路修筑、砍伐中和砍伐后各时期洪水参数的变化。根据流

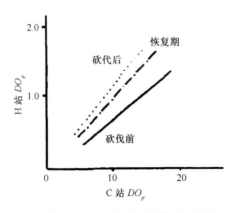

图 1 C 站和 H 站砍伐前后洪峰涨率回归

域洪水的特征模型,森林砍伐后,洪峰和洪量有显著的增大,一般增幅在 20%~30% 之间,年径流量增长 15%~20%,但洪峰滞时和洪水形态变化不大。森林砍伐和人工造林是一种强烈的流域改造活动,它极大地改变了地表覆盖条件,并可导致一系列的环境影响,其中河川径流变化有重要的生态和社会意义。

参考文献

[1] 程根伟,Hetherington E. 太平洋西海岸森林砍伐对洪水特征的影响. 山地学报,1997,15(3):167-172.
[2] 程根伟. 四川盆地河川径流特征与森林的关系探讨,水土保持学报,1991,5(1):48-52.
[3] 程根伟,钟祥浩. 防护林生态效益定量指标体系,水土保持学报,1992,6(3):79-86.

泥石流的冲击模型

1 背景

关家沟泥石流危害对象主要为县城,且泥石流灾害具毁灭性,考虑历史上已发生的泥石流规模,结合区域防洪标准,参照有关规范、手册的标准,采用五十年一遇的标准设计,百年一遇校核。1982 年关家沟泥石流造成的社会影响至今尚未消除,每遇暴雨,居住在排导沟附近及低洼处的居民夜不敢寐,登上河堤,察看水情,严重地干扰着社会稳定和全县的经济建设。史正涛和祁龙[1]通过实验对甘肃省文县关家沟泥石流进行综合分析,并提出治理方案。

2 公式

2.1 泥石流容重

其反映了流体的含沙浓度,受泥沙补给和沟床输沙能力的共同控制。采用陇南地区的经验公式[2]计算泥石流容重:

$$\gamma_C = 1.1A^{0.11}$$

式中,A 为单位面积固体物质补给量($\times 10^4$ m³/km²)。显然式内主要反映产沙能力,因此对计算结果要按沟床条件做适当修正。

2.2 泥石流流量

$$Q_C = Q_B(1 + \phi)D$$

式中,Q_B 为清水流量;D 为堵塞系数,因为沟道内堵塞现象较轻微,取 1.00;ϕ 为泥沙系数:

$$\phi = (\gamma_C - 1)(\gamma_H - \gamma_C)$$

式中,γ_H 为泥沙容重。

2.3 冲击力

其是破坏工程构筑物的主要作用力之一。它的大小与泥石流容重和流速等有关,它要经多次试算才能完成。冲击力(t/m^2)公式为:

$$F = K\gamma_C V_C^2/g$$

式中,K 为系数,在 2.5~4.0 之间,取 3.0;g 为重力加速度;V_C 为流速:

$$V_C = m_c H_C^{2/3} I_C^{1/2}$$

式中,m_c为沟床糙率系数$(1/n_c)$,n_c为糙率;H_c为平均泥深或水力半径;I_c为沟床比降。

由于关家沟流域面积较大,固体物质补给区分散,拦挡坝不能集中布设成群坝。14座拦挡坝分布在主沟及6条支沟中,除大沟的2座拦挡坝外,其余各坝或由于相距太远或由于地形太陡,都只能布设成单坝(图1)。

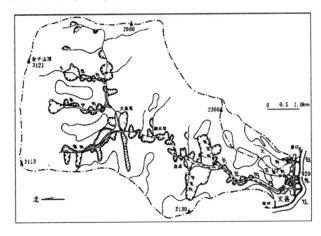

图1　关家沟泥石流治理工程平面布置图

3　意义

通过泥石流的冲击模型,可得出主沟拦挡坝溢流口宽20 m(支沟6~8 m),深1.5~3.0 m;坝体两侧伸入山体的宽度:基岩取1.0 m,非基岩取2.0 m;实体工程的抗滑安全系数不小于1.2,抗倾安全系数1.3~1.6,基本符合有关规范要求。从而可知对其需采用工程措施稳沟、拦挡泥沙、排导等;生态措施采用如封山育林、植树造林等,将工程措施和生态措施相结合,综合治理。改善生态环境,美化风景,进而发展林果、养殖、木材加工业,增加稳产高产农田。

参考文献

[1]　史正涛,祁龙. 甘肃省文县关家沟泥石流综合治理. 山地学报,1997,15(2):124-128.

[2]　甘肃省交通科学研究所,中国科学院兰州冰川冻土研究所. 泥石流地区公路工程. 北京:人民交通出版社,1981.59.

蔬菜基地的环境评价公式

1 背景

远离城市的山区,经济落后,但环境质量优良,是发展无工业"三废"污染、无毒、无害、安全优质的无公害蔬菜的理想地区,也是山区发展经济的良好选择。根据"绿色工程"计划,金华市罗店镇盘前村被选为浙江省无公害蔬菜基地。吕洪飞和陈立人[1]对其环境质量开展了评价,并探讨了山区蔬菜生产的利弊,为山区无公害蔬菜生产和经济发展提供科学依据。盘前村位于金华北山的国家级双龙风景名胜区的大盘景区内,村内现有人口 600 多人;耕地近 89 hm²,全部种植蔬菜。1981 年起盘前村为金华市蔬菜公司的蔬菜基地,缓解了蔬菜淡季(夏季)的缺销状态。

2 公式

2.1 环境质量现状及评价

按中国绿色食品发展中心制定的《绿色食品产地环境质量现状评价纲要》(1994 年)试行本规定,设置监测点 2 个,确定监测项目、分析方法、评价方法和评价标准。

水质监测和评价见表 1。

表 1　水质监测结果和评价标准

项目	pH	DO	COD_{Mn}	BOD_5	F^-	Cl^-	CN^-	As	Cr^{6+}	Pb	Cd	Hg	细菌总数	大肠菌群
实测	6.2	8.58	1.67	0.47	<0.05	9.29	<0.005	<0.007	0.005	<0.004	<0.002	<0.000 5	50 个 /mL	3 个/L
标准	5.5~8.5	5.0	5.0	8.0	2.0	250	0.5	0.05	0.1	0.1	0.05	0.001	100 个 /mL	10 000 个 /L

注:除 pH、细菌总数、大肠菌群外,其余的单位均为 mg/L。

农灌用水水质监测项目有:pH,DO(溶氧量),COD_{Mn},BOD_5,F^-,CN^-,Cl^-,As,Cr^{6+},Pb,Cd,Hg,细菌总数和大肠菌群,共 14 项,除 DO,COD_{Mn} 以参考文献[3]为依据外,其余以 GB 5084—92 农田灌溉水质标准为依据。用 Nemerow 指数法[4]给评价,综合污染指数为

$$P = \sqrt{\{[(C_i/S_i)_{max}]^2 + [(C_i/S_i)_{av}]^2\}/2}$$

式中,C_i 为实测值;S_i 为标准值。

2.2 大气监测和评价(表2)

大气监测项目有:SO_2,NO_x,飘尘,总 F^-,共 4 项,以 GB 3095—82 大气环境质量标准的 I 级标准和 GB 9137—88 保护农作物的大气污染物最高允许浓度为依据。

表2 大气监测结果和评价标准(mg/m³)

项目	SO_2	NO_x	TSP	F^-
实测	0.012	0.015	0.164	1.46×10^{-4}
标准	0.05	0.05	0.15	2.3×10^{-3}

用几何均数指数(姚志麒指数)[5]法进行评价,大气污染综合指数为

$$I = \sqrt{\left[(C_i/S_i)_{max} \right] \left[(1/K) \sum_{i=1}^{K} C_i/S_i \right]}$$

式中,K 为污染物项数;C_i 为实测值;S_i 为标准值。

3 意义

根据对金华市山区无公害蔬菜基地环境质量的评价,可知该基地环境质量优良:水质综合污染指数 0.37(I 级),大气质量几何均数指数 0.68(II 级);各种重金属元素含量均在浙江省土壤元素变化范围内;土壤中六六六、DDT、As 的含量和基地内主产蔬菜的抽检指标均符合绿色食品卫生标准。当地适宜发展无公害蔬菜。建立一个现代化的无公害蔬菜示范基地,作为双龙风景区的一个景点和特色旅游项目,品尝无公害蔬菜,既可提高当地经济收入,又可加强环境保护意识。

参考文献

[1] 吕洪飞,陈立人. 金华市山区无公害蔬菜基地环境质量评价. 山地学报,1997,15(2),86-90.
[2] 施德法,吕洪飞,胡吉安等. 金华双龙风景名胜区风景林植被研究. 华东森林经理,1996,10(1):55-57.
[3] [日]川崎市水质研究所. 水质管理指标. 凌绍森译. 北京:中国环境科学出版社,1988. 9-11,101-103.
[4] 姚志麒. 环境卫生学(第二版). 北京:人民卫生出版社,1987. 153-154,235-236.
[5] 蔡宏道. 环境污染与卫生监测(第一版). 北京:人民出版社,1981. 543-544.

盆地洪涝的时间序列模型

1 背景

金衢盆地位于浙江省中西部,是我国南方著名红色盆地之一,面积约 1.51×10^4 km²。金衢盆地气候湿润,光热充足,历来是浙江省重要的粮食生产基地之一。但由于它位于中亚热带季风气候区,降水的年内和年际变化很大,故盆地内洪涝灾害较为严重。近年来,已有学者对金衢盆地的洪涝特点做过研究。冯利华[1]综合分析了金衢盆地的洪涝特征。为了减轻洪涝灾害对粮食生产的影响,切实打好粮食翻身仗,兹拟对金衢盆地洪涝的时间分维特征和时间序列特征做一分析。

2 公式

分形是用分维来定量描述的。设某一研究时段的子段为 ε(标度),在研究时段内自然现象出现的子段数为 $N(\varepsilon)$,若 ε 与 $N(\varepsilon)$ 满足

$$D = \lim_{\varepsilon \to 0} \frac{\ln N(\varepsilon)}{\ln(\varepsilon)} \tag{1}$$

那么该自然现象具有时间分形结构,D 就是它的时间分维。

根据金华气象站 1980—1996 年 5—9 月降水量资料,把金衢盆地的洪涝年份延长到 1996 年,总计洪涝等级资料共 27 年。根据分形理论,首先把研究时段等分为 $\varepsilon = 2^n$ 个子段 $(n=1,2,3,\cdots)$,并统计出现不同等级洪涝的子段数 $N(\varepsilon)$,然后把 ε 与 $N(\varepsilon)$ 点绘在双对数坐标系中(图1)。从图1可见,在 A 段,当标度 ε 较小时,直线的斜率等于1,$\ln N(\varepsilon) = \ln\varepsilon$ 即每一子段都有洪涝出现,说明洪涝在这一时间域上不存在自相似性。在 C 段,当标度 ε 较大时,直线的斜率等于0,$\ln N(\varepsilon) = b$,即每一子段最多只有一次洪涝出现,这时无论 ε 怎样变大,洪涝出现的子段数恒等于洪涝总年数 $[N(\varepsilon) = N]$,说明洪涝在这一时间域上也不存在自相似性。只有在 B 段,当标度 ε 适当时,直线的斜率才介于 0~1 之间,此时

$$\ln N(\varepsilon) = D\ln\varepsilon + b \tag{2}$$

说明洪涝只有在这一时间域上才存在自相似性,其分布出现时间分形结构,相应的时间域即为无标度区。就 I 级大涝而言,在无标度区 [64,512],ε 与 $N(\varepsilon)$ 的关系为

$$\ln N(\varepsilon) = 0.1943\ln\varepsilon + 2.7961 \tag{3}$$

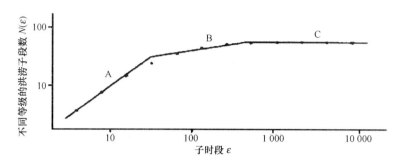

图 1　金衢盆地洪涝的时间分形结构

其时间分维值 $D = 0.1943$,相关系数 $R = 0.9911$。

表 1 是金衢盆地洪涝的无标度区和时间分维值。计算结果表明,金衢盆地的洪涝具有时间分形结构。无标度区、时间分维值和洪涝周期、灾害程度存在着密切关系。无标度区越窄,时间分维值越大,洪涝周期越短,但洪涝灾害越轻;反之,无标度区越宽,时间分维值越小,洪涝周期越长,但洪涝灾害越严重。

表 1　金衢盆地洪涝的无标度区和时间分维值

洪涝等级	无标度区	时间分维值 D	相关系数 R
Ⅰ级大涝	[64,514]	0.194 3	0.991 1
Ⅱ级偏涝	[32,256]	0.496 4	0.980 5

金衢盆地洪涝的时间序列特征

金衢盆地洪涝的时间序列存在着明显的隐含周期。据逐步回归周期分析的原理,可把洪涝的时间序列 $X(t)$ 看成是具有不同隐含周期的周期波序列叠加的结果,即

$$X(t) = \sum_{i=1}^{k} a_i f_i(t) + e(t), (t = 1, 2, \ldots, n) \tag{4}$$

式中,k 为隐含周期个数,是不超过 $n/2$ 的最大整数;n 为资料系列长度;$f_i(t)$ 是隐含周期长度为 l_i 的周期波序列($i = 1, 2, \cdots, k$);a_i 为 $f_i(t)$ 的系数;$e(t)$ 为白噪声。

在这里,周期波序列 $f_i(t)$ 取为原序列 $X(t)$ 的分组平均值序列,并用逐步回归的方法来估计 a_i,从而挑选优势隐含周期,进行外推预报,其计算步骤如下。

(1)根据周期分析法,将洪涝时间序列 $X(t)$ 依次按周期长度 l 分组($2 \le l \le k$),求出各组的平均值作为新序列 $f_i(t)$,将 $f_i(t)$ 的长度外推至 n,再把这 $k-1$ 个新序列视为预报因子 $x_1, x_2, \cdots, x_{k-1}$,原序列则视为预报量 x_k,由此得到原始数据矩阵 A。

(2)按下式计算相关矩阵(增广矩阵):

$$r_{ij} = \frac{\sum_{t=1}^{n} (x_{ti} - \bar{x}_i)(x_{tj} - \bar{x}_j)}{\sqrt{\sum_{t=1}^{n} (x_{ti} - \bar{x}_i)^2} \sqrt{\sum_{t=1}^{n} (x_{tj} - \bar{x}_j)^2}}$$
$$(i,j = 1,2,\cdots,k) \qquad (5)$$

并计算

$$F_i = \frac{V_i(n - p - 1)}{Q^{(l)}} \qquad (6)$$

式中,V_i 为因子 x_i 对回归方程的方差贡献;$Q^{(l)}$ 为第 1 步的残差平方和;p 为已引入方程的因子个数。

(3)给出引入和剔除因子的 F 检验临界值 F_α。根据各因子对回归方程的方差贡献大小,做显著性检验,逐个引入对 $X(t)$ 影响显著的因子(即优势隐含周期),同时剔除对 $X(t)$ 影响不显著的因子。其间依次变换相关矩阵,直至既无因子能被引入又无因子能被剔除时为止。

(4)计算被引入因子的回归系数 a_i,建立预报方程 $X(\hat{t})$,最后计算拟合值和预报值。

为了推测金衢盆地洪涝灾害的变化趋势,统计了 1470 年以来每十年中 Ⅰ 级大涝和 Ⅱ 级偏涝的总年数,并把 1971—1990 年资料留作验证之用。当给定引入和剔除因子的 F 检验临界值 $F_\alpha = 5.0$ 时,可提取 6 个优势隐含周期,其周期长度分别为 90a、160a、170a、230a、240a、250a,大涝和偏涝年的预报方程为

$$X_1(\hat{t}) = 0.6122 f_{90}(t) + 0.4763 f_{160}(t) + 0.4790 f_{170}(t) + 0.2447 f_{230}(t)$$
$$+ 0.3842 f_{240}(t) + 0.4318 f_{250}(t) - 4.8066 \qquad (7)$$

式(7)的复相关系数 $R_1 = 0.9368$,剩余标准差 $Sy_2 = 0.6260$。

3 意义

根据对金衢盆地的公式计算,可知金衢盆地的洪涝具有时间分形结构。无标度区越宽,时间分维值越小,洪涝周期越长,洪涝灾害越严重。1997—2000 年金衢盆地出现洪涝年的可能性比较小,而 21 世纪的第一个十年(2001—2010 年),金衢盆地的洪涝年可能稍偏少。时间分维是描述洪涝发生规律的一个较好的物理指标,有可能为洪涝预报提供一定的理论依据。洪涝年的出现是一种自然现象,这是不可避免的,但它有一定的特征。认识了这种特征,就能够在一定程度上减轻洪涝灾害的损失,从而达到增产增收的目的。

参考文献

[1] 冯利华. 金衢盆地的洪涝特征. 山地学报,1997,15(2):136-140.

流域发展的协调度模型

1 背景

猫跳河为乌江南岸 I 级支流,由南向北流。1960 年前本流域几乎没有现代工业,属自给型小农经济。1960—1979 年底,基本完成了流域水能开发的 98%。随着水电及水资源调节,形成了采冶、化工、轻纺、能源、农灌水资源、水产和旅游业等多种产业,社会进步显著,经济发展迅速。但环境质量下降,水资源开发已经达到枯水年的极限,出现供需不平衡的紧张态势,制约着当地经济发展,并波及贵阳市的可持续发展。杨汉奎[1]就其猫跳河流域持续发展的协调度展开了分析。

2 公式

关于评价协调度,实际上是一种模糊数学的思维和概念。因为这是一个非常庞杂、拥有数亿、数百亿个参数的开放系统,人们只能选择有限的序参量参加评估。在选择以下的指标进行评价。

(1)社会发展度

$$S^{DD} = \sqrt[n]{x_1^1, \ldots, x_1^n, \ldots, x_2^1, \ldots, x_2^n, \ldots, x_3^1, \ldots, x_3^n}$$

或

$$\ln S^{DD} = \frac{1}{n} \sum_{i=1}^{n} \ln x_i \tag{1}$$

社会状态可分解成人口 x_1、社会稳定 x_2 和社会设施 x_3 几个子系统,各个子系统又可分解为若干个次级系统(以 1-n,表示于上角),以至更低级指标元。

通过参数集及评判集的模糊计算(包括给予权重),求得一数值,令其为 a。

(2)区域经济发展度 E_C^{DD} 和区域环境影响度 E^{DD}。

以同前方式,各自求得一数值,令它们分别为 b,c。设 $a+b+c=100\%$,并按比例(各为 1/3 者最佳)用三端元三角形图的图解方法求解之。

据此对本流域持续发展求出协调度 C,获得: $S^{DD}=0.723$; $E_C^{DD}=0.891$; $E^{DD}=0.286$。它们在流域持续发展系统中比率分别为 38%,47%,15%。从三端元三角形图中对某点模糊读出 $C=0.42$。从表 1 中可看出,本流域持续发展已是"中等失调"级。

表 1 猫跳河流域的模糊指标与分级

级	失控	严重失调	中等失调	轻度失调	勉强协调	中度协调	良好协调	优化协调
指标	≤0.29	0.30~0.39	0.40~0.49	0.50~0.59	0.60~0.69	0.70~0.79	0.80~0.89	0.90~1.00

3 意义

根据三端元三角形图的图解方法,在猫跳河流域求解流域持续发展的协调度。由此认为,当前要调整协调度 C,应削减流域环境的熵增,使流域环境综合指数达 0.50, C 值就可达到 0.68。区域经济发展度的指标体系分解为农业、工业、建筑业和交通运输业等第一、二、三产业。区域环境影响度的指标体系包括水环境、土地环境、大气环境和生态环境等指标,并加以综合评价。本流域的农业不适应持续发展,农业人口必须逐渐下降,将其转移到林业、加工业、养殖业和建筑业等方面去。将来的贵阳-清镇-修文会连成一片,成为贵州喀斯特高原上持续发展的中心。

参考文献

[1] 杨汉奎.猫跳河流域持续发展的协调度.山地学报,1997,15(2):77-80.

高寒草甸的层带模型

1 背景

青藏高原虽有巨大的山体效应,但在全球范围的地带性来看,其"高原地带性"[1]也只不过是一个非地带性的搅动。地带性、非地带性及三维地带性的概念,实际上反映的是自然现象的面状展布。这里用到了"层带"的概念,"层"指相当于中尺度的垂直地带性地域分异,"带"指相当于大尺度的水平地带性地域分异,以青藏高原高寒草甸的分布为例,说明气候层带的立体状展布,水平地带性和垂直地带性在相应层带中的统一。王秀红[2]对青藏高原高寒草甸层带进行了分析。

2 公式

高寒草甸的水平地带性和垂直地带性,对山地森林带和高寒草原带或高原季风性和大陆性带谱系统的桥接作用可由截面图(图 1)体现出来。

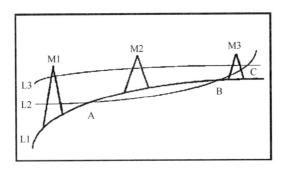

图 1　青藏高原高寒草甸分布模式

青藏高原上的高寒草甸与北半球、南半球或东亚几种对自然环境十分敏感的自然地理界线(雪线、山地寒漠土线、森林上限及树线、多年冻土线等)的高度在分布特征上,既有共同性,又有差异性。高寒草甸上下限分布的模式正是基于这种普遍性和独特性、综合大量青藏高原科学工作者的科研成果而建立的[3-4]。具体的步骤是:首先收集各种关于高寒草甸上下限分布的数据资料,然后在地形图上确定各个垂直带的经纬度,最后对所获数据进行回归分析。

以 H 表示高寒草甸的分布海拔,x 和 y 分别为分布点的经度和纬度,通过逐步回归分析(舍去偏离较大的点),得出适合高寒草甸上限分布的数学模型:

$$H = \exp(2.46 + 0.0734x + 0.203y + 0.000448x^2 - 0.00331y^2), n = 144, r = 0.895 \quad (1)$$

适合高寒草甸下限分布的数学模型:

$$H = \exp(-4.18 + 0.0923x + 0.557y - 0.00351y^2 - 0.00344xy), n = 135, r = 0.833$$

$$(2)$$

图2显示了高寒草甸上下限分布趋势面以及趋势面之间适合高寒草甸展布的层带状空间。其上限分布趋势面的特点是随着经纬度的变化,上限分布出现极大值点;其下限分布趋势面的特点是从东南向西北下限分布逐步升高。此层带幅度的大致趋势是由东南向西北逐渐减小。高寒草甸的水平分布及垂直分布可视为此层带中的气候特征在其下垫面的"投影"或反映。

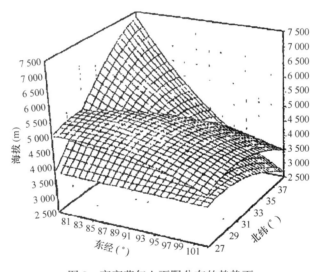

图2 高寒草甸上下限分布的趋势面

显然分布上下限趋同处,亦即从高原东南部向西北部层带幅度趋零处就是垂直带中高寒草甸消失的地方。令方程式(1)和式(2)相等,两个曲面的相交曲线就是垂直带中高寒草甸可能消失的水平界线。通过计算得出此曲线为

$$x^2 - 7.7xy - 0.4y^2 + 42.2x + 790.2y - 14821.4 = 0 \quad (3)$$

上述三个方程之间的关系为 $C = L2 \cap L3$(图3)。

用 H 表示上述分割结点的海拔,x 和 y 分别为结点的经度和纬度,通过逐步回归分析得出趋势面方程:

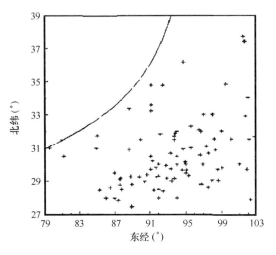

图 3　高寒草甸样点分布及其可能消失的界线

$$H = \exp(-35.4 + 0.577x + 1.09y - 0.00318x^2 - 0.0167y^2)，\quad n = 225, r = 0.799$$

$$(4)$$

趋势面式(4)和趋势面式(2)相交的闭合曲线区即高寒草甸可能的水平分布范围(图4)。闭合曲线的方程($AB = L1 \cap L2$)

$$x^2 - 1.08xy + 4.15y^2 - 152.42x - 167.61y + 9817.61 = 0 \qquad (5)$$

由于高原西北部山地较多,东南部深谷较多,故上述闭合曲线范围偏西。但此偏差并不影响确定高寒草甸可能的水平分布范围的设想。实际上,只要将趋势面做适当旋转,此趋势面即接近高寒草甸水平分布区高原基面的趋势面。

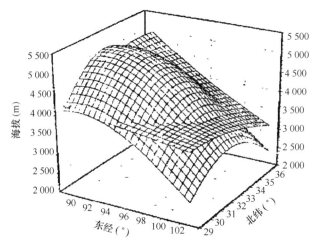

图 4　高寒草甸可能的水平分布范围

3 意义

根据相关公式对高寒草甸的分析,可知高寒草甸是高原上适合高寒草甸形成的气候层带在其下垫面上"投影"的产物。在垂直带中,高寒草甸分布的上下限是上述气候层带上下限的指示。高寒草甸下限分布趋势面与高原基面趋势面相交的闭合曲线区是高寒草甸在高原上水平分布的范围。高寒草甸层带在准水平方向上有其分异特点。在层带中,随着海拔的升高,相应的垂直带中高寒草甸植被趋于简化。

参考文献

[1] 张新时.西藏植被的高原地带性.植物学报,1978,20(2):140-149.

[2] 王秀红.青藏高原高寒草甸层带.山地学报,1997,15(2):67-72.

[3] 周兴民.青藏高原嵩草草甸的基本特征和主要类型.高原生物学集刊,1982,(1):151-162.

[4] 李文华.西藏森林.北京:科学出版社,1985.310-340.

土壤元素间的相关性

1 背景

研究区域位于龙门山—夹金山—凉山山脉主脊岭以西,区内山脉与河谷相间排列,山高谷深,成土条件、土壤发生类型及其分布都十分复杂。对区内局部地区或个别山体的土壤理化性质及元素含量进行分析[1-2],并从土壤类型组合上对本区进行土壤区划研究[3-4]。郑远昌[1]为对横断山区的土壤有比较全面的了解,根据多年考察取样的分析资料,并参考前人有关研究成果,从区域和综合的角度,系统地论述横断山区的土壤分布、土壤地球化学及元素含量。

2 公式

从35个剖面的7个土壤元素含量的统计结果(表1)看出,与全国和世界土壤元素的平均值相比[5],横断山区的土壤除Zn外,其余元素的含量均较高,其中Cd,Co,Ni和Cu都高于全国和世界的平均水平,而Cd的含量为全国的8.29倍,是世界平均值的29.90倍。

表1　土壤元素含量比较(mg/kg)

区域＼元素	Cu	Zn	Pb	Ni	Co	Cd	F
横断山区	53.4	41.5	26.7	78.8	28.5	2.9	274
全国	22.6	74.2	26.0	26.9	12.7	0.4	478
世界	30.0	90.0	12.0	50.0	8.0	0.1	200

根据35个剖面94个层次元素含量的分析数据,分析元素间的相关性,相关性公式为

$$r = \frac{n\sum xy - \sum x \cdot \sum y}{\sqrt{\left[n \cdot \sum x^2 - \left(\sum x\right)^2\right]\left[n \cdot \sum y^2 - \left(\sum y\right)^2\right]}}$$

式中,x,y 为元素;n 为例数。

通过公式计算,求出7个元素含量的相关性。在7个元素含量中,正强相关的元素对有:Cu与Ni,Cu与Co,Cu与Cd,Zn与Co,Ni与Co 6个元素对;较正强相关的只有Zn与Cd

元素对;负强相关的元素对有 F 与 Cu 和 F 与 Co。

3 意义

根据元素间的相关性的公式分析,概述了横断山区主要土类的地理分布情况,土壤理化性质及地球化学特征,土壤元素含量不仅取决于土壤环境的性质,而且还取决于元素的性质和地球化学特性,反映出自然土壤金属元素的分布特点。金属元素在表生作用下迁移较弱,因此在土壤剖面的垂直分布上一般都有自 A 层向 B、C 层增加的趋势,反映出自然土壤金属元素的分布特点,只是各元素变化的幅度大小不同而已。

参考文献

[1] 郑远昌. 横断山区土壤地球化学及元素含量. 山地学报,1997,15(1):30-35.

[2] 张万擂. 卧龙自然保护区的森林土壤及其垂直分布规律. 林业科学,1983,18(3):254-268.

[3] 郑远昌,张建平,殷义高. 贡嘎山海螺沟土壤环境背景值特征. 山地研究,1993,11(1),23-29.

[4] 李明森. 横断山区土壤区划. 山地研究,1989,7(1):38-46.

[5] 成延整,田均良. 西藏土城元家背景值及其分布. 北京:科学出版社. 1993,31-67.

细沟的临界断面方程

1 背景

细沟是坡面径流在片状侵蚀基础上发生的最初的沟状侵蚀,细沟宽度与深度由数厘米以至数十厘米,沟与沟的间距由数十厘米以至一米,可为犁耕所消减。细沟的形成及发育过程伴随着细沟流对坡地的侵蚀,取决于细沟中的水流运动和坡地土壤特性[1-2]。王协康和方铎[1]展开了临界细沟水力几何形态问题的研究。目前关于细沟流对土壤侵蚀的作用主要有两种观点:一种认为细沟流主要作用是输移从坡面带来的泥沙,而不能独立破坏土壤和冲刷土壤颗粒;另一种认为细沟水流比坡面流的侵蚀作用大得多。

2 公式

2.1 细沟床面上临界起动切应力分布

假定细沟沟道顺直,水流沿着与沟道平行方向流动,在细沟床面上 O' 点处泥沙颗粒受水流拖泄力 F'_D,上举力 F'_L 及其重力 W' 的作用(图 l),由泥沙颗粒受力平衡得泥沙起动条件为

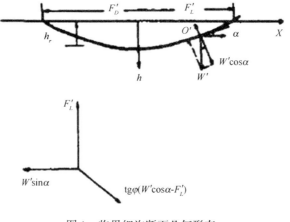

图 1 临界细沟断面几何形态

266

$$\sqrt{F'^2_D + (W'\sin a)^2}/(W'\cos a - F'_L) = tg\varphi \tag{1}$$

当 O' 点泥沙颗粒所在床面的坡度 α 为零时,其起动条件为

$$F_D > tg\varphi(W' - F_L) \tag{2}$$

式中,φ 为泥沙水下休止角;F_D,F_L 为水流拖泄力和上举力;设泥沙颗粒在床面 O' 点处的临界切应力 τ'_c 与水流拖泄力 F'_D 成正比,则

$$\tau'_c = m'F'_D \tag{3}$$

同理可得

$$\tau_c = mF_D \tag{4}$$

式中,r_c 为泥沙起动临界切应力;m',m 为比例系数;由床面泥沙起动条件式(1)得

$$F'^2_D + W'^2\sin^2\alpha = tg^2\varphi(W'^2\cos\alpha - F'_L)^2$$

$$m'w'/m'F'_D = (tg^2\varphi\cos\alpha F'_L/F'_D$$

$$+ tg\varphi\sqrt{\cos^2\alpha - ctg^2\varphi\sin^2\alpha + \sin^2\alpha F'^2_L/F'^2_D}/(tg^2\varphi\cos^2\alpha - \sin^2\alpha) \tag{5}$$

同理可得

$$m'w'/mF_D = 1 + tg\varphi\cos a F_L/F_D/tg\varphi \tag{6}$$

若取 $m = m'$,由式(3)~式(6)得

$$\tau'_c/\tau_c = \cos\alpha(1 + tg\varphi F_L/F_D)(1 - tg^2\alpha/tg^2\varphi)/(tg\varphi F_L/F_D + \sqrt{1 - tg^2\alpha/tg^2\varphi + F'^2_D/F'^2_D})$$

由于在山区流域泥沙颗粒较粗,且细沟尺度较小,因此近似认为 $\alpha \ll \varphi$,则上式简化为

$$\tau'_c/\tau_c = \cos\alpha(1 + tg\varphi F_L/F_D)(tg\varphi F'_L/F'_D + \sqrt{1 + F'^2_L/F'^2_D}) \tag{7}$$

一般情况,松散泥沙颗粒所受水流拖泄力比上举力大得多,则假定:

$$\sqrt{1 + F'^2_L/F'^2_D} \approx 1 , F'^2_L/F'^2_D = F_L/F_D$$

那么式(7)可化为

$$\tau'_c = \tau_c\cos\alpha \tag{8}$$

2.2 细沟临界断面基本方程

细沟断面上切应力各处等于泥沙临界起动切应力的不冲不淤的沟道断面称为细沟临界断面。由于细沟尺度较小,一般可认为在整个沟床为均匀沙,其泥沙水下休止角为 α,根据细沟断面泥沙起动条件可得泥沙临界起动方程为

$$F_D^2 + (W'\sin\alpha)^2 = tg^2\varphi(w'\cos\alpha - F_L)^2 \tag{9}$$

式中,F_D,F_L 分别为水流拖泄力,上举力;W' 为泥沙水下重量。若取

$$\tau = \beta_1 F_D, F_L = \beta_2 F_D, \beta'_1, \beta'_2$$

为比例系数,则上式化为

$$\tau^2 + (\beta_1 w'\sin\alpha)^2 = tg^2\varphi(\beta_1 w'\cos\alpha - \beta_2\tau)^2 \tag{10}$$

在细沟中心处,$\alpha = 0$ 且 $\tau = \tau_c$,由式(8)得

$$\beta_1\omega' = (1 + \beta_2 tg\varphi)\tau_c/tg\varphi \tag{11}$$

式中,τ_c 为细沟中心处泥沙临界起动切应力;h_c 为对应水深,则

$$\tau_c = \tau h_c J \tag{12a}$$

式中,r 为水的容重;J 为细沟平均坡降,可近似等于坡面平均坡降 S_0,则上式为

$$\tau_c = \tau h_c S_0 \tag{12b}$$

当 $\alpha \neq 0$,细沟床面泥沙临界起动切应力由式(8)可求,即

$$\tau'_c = \cos\alpha\, \tau_c = \tau h_c S_0 \cos\alpha \tag{12c}$$

把式(11)、式(12b)和式(12c)代入式(10),基本方程变为

$$(h/h_c)^2 + \mathrm{tg}^2\alpha(1 + \beta_2\mathrm{tg}\varphi)^2/\mathrm{tg}^2\varphi = \left[(1 + \beta_2\mathrm{tg}\varphi) - \beta_2\mathrm{tg}\varphi h/h_c\right]^2 \tag{13}$$

令 $k = \beta_2\mathrm{tg}\varphi$,得

$$(h/h_c)^2 + \mathrm{tg}^2\alpha(1 + k)^2/\mathrm{tg}^2\varphi = \left[(1 + k) - kh/h_c\right] \tag{14}$$

由图 1 可知 $\mathrm{tg}\alpha = -\mathrm{d}h/\mathrm{d}x$,$x$ 为床面上任意一点到床面中心处的水平距离;h 为对应水深。则式(14)可化为

$$\mathrm{d}(h/h_c)/\left[1 + 2(-h/h_c)k/(1 + k) - (-h/h_c)^2(1 - k)/(1 + k)\right] = \mathrm{tg}\varphi\, \mathrm{d}(x/h_c) \tag{15}$$

对式(15)两边进行积分,可得

$$-\sqrt{(1 + k)/(1 - k)}\,\arcsin\left[h(1 - k)/h_c + k\right] = \mathrm{tg}\varphi h/h_c + C \tag{16}$$

式中,C 为积分常数。当 $x = 0$ 时,$h = h_c$,则

$$C = -\pi\sqrt{(1 + k)/(1 - k)}/2 \tag{17}$$

把 C 值代入式(16)得

$$h/h_c = \left\{\cos\left[\mathrm{tg}\varphi\sqrt{(1 + k)/(1 - k)}\,x/h_c\right]\right\}/(1 - k) \tag{18}$$

式(18)为所求细沟临界断面基本方程,其中 $k = \beta_2\mathrm{tg}\varphi$,β_2 为上举力系数。

2.3 细沟临界断面水力几何形态要素变化规律

在细沟出现临界断面条件下,由式(18)可导出其水力几何形态要素变化规律如下。

(1)细沟临界断面水面宽度 B_c

当 $x = B_c/2$ 时,$h = 0$,由式(18)得

$$B_c/2h_c = \sqrt{(1 + k)/(1 - k)}\,\arccos k/\mathrm{tg}\varphi \tag{19}$$

(2)细沟临界断面过水面积 A_c

$$A_c = 2\int_0^{B_c/2} h\,\mathrm{d}x = B_c h_c(\sqrt{1 - k^2}\arccos k - k)/(1 - k) \tag{20}$$

(3)细沟临界断面湿周 P_c

$$P_c = 2\int_0^{B_c/2}\sqrt{1 + (\mathrm{d}h/\mathrm{d}x)^2}\,\mathrm{d}x$$

$$= 2\int_0^{B_c/2}\sqrt{1 + \mathrm{tg}^2\varphi\left[1 - \cos(2\mathrm{tg}\varphi\sqrt{(1 - k)/(1 + k)}\,x/h_c\right]}\,\mathrm{d}x \tag{21}$$

对函数 $\cos(2\mathrm{tg}\varphi\sqrt{(1 - k)/(1 + k)}\,x/h_c)$ 利用麦克劳林展开,并取前三项,得

$$\cos\left(2\mathrm{tg}\varphi\sqrt{(1-k)/(1+k)}\,x/h_c\right) \approx 1 + 0 - 2\mathrm{tg}^2\varphi(1-k)x^2/(1+k)h_c^2 \tag{22}$$

把式(22)代入式(21)得

$$P_c = \mathrm{tg}^2\varphi h_c\left\{B_c\eta'/2h_c + 2(1+k)\ln[B_c/2h_e + \eta']\mathrm{tg}^2\varphi/\sqrt{2}(1+k)/\mathrm{tg}^2\varphi\right\}/\sqrt{2}(1+k) \tag{23}$$

其中，
$$\eta' = \sqrt{2(1+k)^2/\mathrm{tg}^4\varphi + B_c^2/4h_c^2}$$

(4)细沟临界断面水力半径 R_c

$$R_c = A_c/P_c \tag{24}$$

把式(20)和式(23)代入式(24)可得水力半径 R_c。

(5)细沟临界断面流量 Q_c

由于目前对细沟流水力学研究较少，则近似利用明渠水力学的方法来分析细沟流的水流特性。由明渠均匀流的达西阻力公式可求细沟临界断面流量得

$$Q_c = (8g/f)^{\frac{1}{2}}R_c^{1/2}S_0^{\frac{1}{2}}A_c \tag{25}$$

式中，f 为达西—韦斯巴赫阻力系数；R_c 为水力半径；A_c 为过水断面面积。把式(24)代入式(25)得

$$Q_c = (8g/f)^{\frac{1}{2}}P_c^{-1/2}S_0^{\frac{1}{2}}A_c^{3/2} \tag{26}$$

把式(20)和式(23)代入式(26)可得细沟临界断面流量。

关于细沟流水流阻力问题的研究很少。Porster 等从细沟流切应力叠加出发，即 $\tau = \tau_p + \tau_f$，式中，τ_p 为表面阻力，τ_f 为形态阻力[3]。利用 $\tau = pv^2 f/8$ 得阻力系数 $f = f_g + f_f$。由试验资料求得总阻力系数为

$$(1/f)^{1/2} = 2.14\lg(R/\lambda) \tag{27a}$$
$$\lambda = 28.3\sigma_c^{1.66} \tag{27b}$$

式中，R 为水力半径；λ 为阻力参数；σ 为沿沟槽纵剖面高程的标准差。

2.4 坡地细沟密度的研究

细沟在坡地上的发育及发展过程伴随着对坡地的侵蚀，细沟密度反映了细沟发育的复杂程度，从而可作为研究坡地侵蚀的一个定量指标。细沟侵蚀受降雨强度，坡面比降，土壤特性等诸多因素的影响，是一个极其复杂的物理过程，因此考虑细沟发育极限状态(临界细沟)的细沟密度更具有实际意义。

假定在坡长为 L；宽度为 W；平均坡降为 S_0 的坡地上(图2)，在降雨强度保持稳定值的情况下，若坡地上所有细沟均达到临界状态，在任意断面 A-A' 处的流量为

$$Q_x = ix'w \tag{28}$$

如果在 A-A' 断面的临界细沟数为 n，$Q_x = nQ_c = ix'w$，则把式(25)代入上式得

$$n = ix'w/A_c\sqrt{8gs_0R_c/f} \tag{29}$$

由于临界细沟水面宽度为 B_0，则 A-A' 断面细沟密度 R_0 为

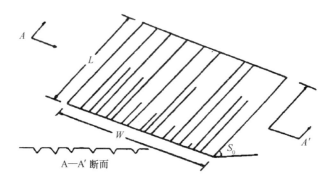

图2 细沟模式示意图

$$R_0 = nBc/W = ix'Bc(8g/f)^{-\frac{1}{2}}S_0^{\frac{-1}{2}}R_c^{\frac{-1}{2}}A_0^{-1} \tag{30}$$

把式(30)代入式(19),式(20),式(24),可得

$$B_c = C_1 0.047(\tau_s - \tau)D/\tau s_0 \tag{31a}$$

$$A_c = C_2[0.047(\tau_s - \tau)D/\tau s_0]^2 \tag{31b}$$

$$R_c = C_3 0.047(\tau_s - \tau)D/\tau s_0 \tag{31c}$$

其中,

$$C_1 = 2\sqrt{(1+k)/(1-k)}\,\mathrm{arccos}k/\mathrm{tg}\varphi; C_2 = C_1[\sqrt{(1-k^2)}/\mathrm{arccos}k - k](1-k)$$

$$C_3 = \sqrt{2}[C_1\eta/2 + 2\ln(C_1/2 + \eta)\mathrm{tg}^2\varphi/\sqrt{2}(1+k)(1-k)^2/\mathrm{tg}^4\varphi]^{-1}C_2(1+k)\mathrm{tg}^2\varphi$$

$$\eta = \sqrt{2(1+k)^2\mathrm{tg}^4\varphi + C_1^2/4}$$

把式(31a),式(31b),式(31c)代入式(29)得

$$R_0 = \sqrt{f/8g}\,C_1 C_2^{-1}C_3^{-1/2}[\tau/0.047(\tau_s - \tau)D]^{\frac{3}{2}}ix's_0 \tag{32}$$

如果忽略细沟水流上举力的影响,即$\beta_2 = 0, k = 0$,则式(31a),式(31b),式(31c),式(26),式(32)简为

$$B_c = C'_1 0.047(\tau_s - \tau)D/\tau s_0 \tag{33a}$$

$$A_c = C'_2[0.047(\tau_s - \tau)D/\tau s_0]^2 \tag{33b}$$

$$R_c = C'_3 0.047(\tau_s - \tau)D/\tau s_0 \tag{33c}$$

$$Q_c = (8g/f)^{\frac{1}{2}}S_0^{\frac{1}{2}}C'_2C'_3^{\frac{1}{2}}[0.047(\tau_s - \tau)D/\tau s_0]^{2.5} \tag{33d}$$

$$R_D = \sqrt{F/8G}\,C_1 C_2^{-1}C_3^{-\frac{1}{2}}[\tau/0.047(\tau_s - \tau)D]^{\frac{3}{2}}ix's_0 \tag{33e}$$

其中,

$$C'_1 = \pi/\mathrm{tg}\varphi, C'_2 = 2/\mathrm{tg}\varphi$$

$$C'_3 = 2/\sqrt{2}[\pi\sqrt{2 + \pi^2\mathrm{tg}^2\varphi/4}/2 + 2\ln((\pi\mathrm{tg}\varphi/2 +)\sqrt{2 + \pi^2\mathrm{tg}^2\varphi/4}/\sqrt{2})]^{-1}$$

式中,f为达西—韦斯巴赫阻力系数, φ为泥沙水下休止角。

3 意义

根据细沟侵蚀发育是坡地土壤侵蚀的重要组成部分,它的形成与发展主要取决于水流条件和土壤特性,从分析细沟床面上切应力出发,在细沟全断面泥沙处于临界起动条件下,导出了细沟临界断面方程,并讨论其水力几何要素的变化,进一步提出用细沟密度去分析坡地的土壤侵蚀程度。由于估算细沟冲刷量大多数是统计经验公式,对细沟侵蚀的分析通用性较差,因此提出了利用细沟密度去分析坡地细沟侵蚀的程度,对细沟侵蚀的研究具有重要意义。

参考文献

[1] 王协康,方铎. 临界细沟水力几何形态问题的研究. 山地学报,1997,15(1):24-29.

[2] 钱宁,万兆惠. 泥沙运动力学. 科学出版社,1983,284.

[3] 陈国祥,姚文艺. 坡面流水力学. 河海科技进展,1992,12(2):7-13.

降水引起径流量的变化公式

1 背景

天山北坡山体不同海拔的自然景观因水热条件变化而很不相同。高山区降水充沛,山峰白雪皑皑,冰川广布;低山丘陵区则呈干旱、半干旱气候特点,降水较少,植被稀疏,地表物质松散。因而发源于天山北坡的河流,其径流形成、产输沙过程独具特色。陈亚宁和李卫红[1]结合头屯河流域不同高度降水特征、产输沙机理及河流水沙匹配过程的研究,详尽分析了天山北坡降水对河流水沙情势的影响,旨在为河流减沙治理和流域水土保持提供理论依据和科学参考。

2 公式

天山北坡河流主要为降雨和冰雪融水混合型补给的河流,年降水量的多寡将对河流水沙情势产生影响[2]。统计头屯河流域降水和河川径流以及河流输沙的关系表明,头屯河上游山区降水和河流径流量的年际变化关系密切,二者的相关系数高达 0.83(图 1)。

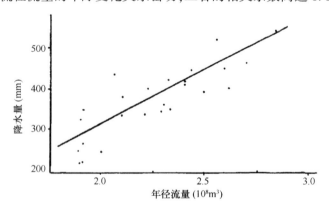

图 1 头屯河降水与年径流量变化关系曲线(制材厂水文站)

据制材厂水文站资料通过回归关系,得到二者的函数关系为

$$H_x = 1.350\ 5 + 0.002\ 4P_x$$

同时,以头屯河中游河流出山口控制站哈地坡水文站为例,分析低山带降水与河道水

沙情势的年际变化则发现,降水不仅与河川径流量,而且与输沙量变化都相关。

经计算,哈地坡水文站年降水量与年径流量的相关系数为 0.768 7,较流域上游(制材厂水文站)相比,相关系数略低。哈地坡水文站降水量 P_H 与径流量 H_H 的函数关系式为

$$H_H = 1.407\ 6 + 0.003\ 8P_H$$

降水量与输沙量的相关系数为 0.6,二者的函数关系为

$$W_H = -5.286\ 4 + 0.145\ 6P_H$$

式中,W_H 为年输沙量(10^4t);P_H 为降水量(mm)。

降水对水沙情势年内变化的影响见头屯河流域上游山区降水量与径流量年内匹配关系(表1)。

表1 天山北坡头屯河上游山区降水与径流年内匹配分析表

时间	春季(3—5月)	夏季(6—8月)	秋季(9—11月)	冬季(12—2月)	全年
降水量(mm)	97.6	183.5	68.4	16.1	365.6
百分比(%)	26.7	50.2	18.7	4.4	100.0
径流量(10^8 m^3)	0.265 4	1.459 0	0.404	0.085 1	2.220 0
百分比(%)	11.9	65.7	18.4	3.8	100.0
百分比差值	+14.8	−15.5	+0.3	+0.6	

降水对河川径流量年内分配的影响还可以制材厂水文站和哈地坡水文站的年径流与 5—9 月间降水量的函数关系加以说明。

$$H_x = 1.3077 + 0.0034P_{5-9} \quad R = 0.6862$$

$$H_H = 1.7252 + 0.0042P_{5-9} \quad R = 0.7766$$

式中,H_x,H_H 分别为制材厂水文站和哈地坡水文站径流量;P_{5-9} 为制材厂和哈地坡站 5—9 月的降水量。

3 意义

以天山北坡头屯河流域为例,在对山区不同海拔的降水特征、侵蚀产沙情势以及河流水沙运移特点分析的基础上,详尽就山区降水对河流水沙情势的年际变化、年内变化以及月变化的影响进行了分析研究,并就降水对不同海拔的河流水沙情势的影响强度及相互关系做了探讨。然而降水对河流月径流量的影响远不及对河流来沙量的影响。这与中游产沙区植被稀少、岩土裸露、山地侵蚀剥蚀强烈有关。分析表明,河流中游低山带的最大降水月和最大输沙量月相吻合,均出现在 6 月份。

参考文献

[1] 陈亚宁,李卫红.天山北坡降水对河流水沙情势影响.山地学报,1997,15(1):47-52.

[2] 李卫红等.天山头屯河水沙情势变化分析.干旱区地理,17(3),82-89.

斜坡失稳时间的协同模型

1 背景

地壳表层岩体经河流的冲蚀、切割以及风化、卸荷等外界因素作用形成具有一定坡度的斜坡,直到最后局部坡体消亡(滑坡发生),斜坡的演化明显经历了三个阶段:平衡态—近平衡态—远离平衡态,这三个阶段也是一般具有复杂结构的开放系统应普遍遵循的演化历程。近年发展起来的协同学理论正是以研究具有复杂结构的非线性系统演化的普遍性规律以及探讨新结构形成的条件、方式等为其主要目标的[1,2]。将协同学的研究方法和成果引入斜坡演化规律的研究中,并据此提出了一种新的斜坡失稳时间预测模型——协同预测模型。

2 公式

为简单起见,把斜坡体系的演化过程仅用两个变量(u,s)来加以描述。按照协同学理论,系统的演化方程一般都可写成如下方程形式:

$$u = K(u,s) + F(t) \tag{1}$$

式中,$K(u,s)$为包含快变量和慢变量的非线性函数,u代表慢变量,s表示快变量;$F(t)$为涨落力。

式(1)表明,任何非线性系统的演化一方面受系统内部因素控制(各子系统之间的非线性相互作用),其可用非线性函数$K(u,s)$表示;另一方面还受外部随机因素的影响,其可用涨落项$F(t)$代替。内因是系统演化的本质原因,外因的作用主要表现在促使内因发生变化和在质变的临界点起触发(诱发)作用。

由于涨落力不是影响斜坡体系演化的决定性因素,并且考虑涨落力会使数学运算变得相当复杂,故暂不考虑外界随机因素对斜坡演化的影响,即忽略式(1)中的涨落项$F(t)$。

对于二维系统,式(1)中非线性函数可具体化为

$$K(u,s) = au - us \tag{2}$$

由式(1)和式(2)得

$$u = au - us \tag{3}$$

式中,s一般可表示为如下形式:

$$s = -\beta s + u^2 \tag{4}$$

可以证明,式(3)和式(4)中的 s 可用 u 来表示。从式(3)和式(4)中消去 s 得如下积分:

$$s(t) = \int_{-\infty}^{t} e^{-\beta(t-\tau)} u^2(\tau) \mathrm{d}\tau \tag{5}$$

用分部积分法可把式(5)中的 $s(t)$ 变换为 $u(t)$ 的函数,即

$$s(t) = \frac{1}{\beta} u^2(t) - \frac{1}{\beta} \int_{-\infty}^{t} e^{-\beta(t-\tau)} 2(uu)_\tau \mathrm{d}\tau \tag{6}$$

当 u 变得较慢时,u 可当作小量看待,忽略式(6)中的积分项,得到

$$S(t) \approx \frac{1}{\beta} u^2(t) \tag{7}$$

将式(7)代入式(3)得

$$u = \frac{\mathrm{d}u}{\mathrm{d}t} = au - bu^3 \tag{8}$$

式中,

$$b = \frac{1}{\beta}$$

式(8)表明,快变量可用慢变量表示,即快变量是随慢变量的变化而变化的,它们的行为伺服于慢变量。从式(3)到式(8)唯一用慢变量表示快变量(消掉快变量)的过程,这便是有名的绝热消去法。若将绝热消去法推广到升维系统,则被称为伺服原理。式(8)也即所得到的描述斜坡体系发展演化的演化方程。

式(8)中,若把其中的慢变量"用斜坡演化过程中所出现的位移(或其他状态变量如声发射,速率等)来代替,求解式(8)再根据斜坡的位移—时间序列资料,用最小二乘法拟合出 a,b 值,则可用于斜坡失稳时间的预测。

将式(8)与 Verhulst 模型[3-4]对比知,式(8)的形式与 Verhulst 模型较相似,仅变量 u 的幂次有所差别。由于在推导式(8)的过程中忽略了涨落项 $F(t)$,用式(8)表示实际斜坡演化的历时曲线必然会存在一定误差,减小该误差的补救措施是仿用灰色系统的方法对原始监测数据进行累加处理(AGO),以淡化随机因素(涨落项)对原始数据的影响。设 $u^{(0)}$ 为原始监测非负时间序列,一次累加生成后的生成序列为 $u^{(1)}$,即

$$u^{(0)} = \{u^{(0)}(1), u^{(0)}(2), \cdots, u^{(0)}(n)\} \tag{9}$$

及

$$u^{(1)} = \{u^{(1)}(1), u^{(1)}(2), \cdots, u^{(1)}(n)\} \tag{10}$$

一次累加生成的公式可表述为

$$u^{(1)}(i) = u^{(1)}(i-1) + u^{(0)}(i) \tag{11}$$

式中,i 为等时间间隔的位移数据的个数。均值生成数据按下式计算:

$$Z^{(1)}(i) = [u^{(1)}(i) + u^{(1)}(i-1)]/2 \qquad (12)$$

则式(8)变为

$$\frac{\mathrm{d}u^{(1)}}{\mathrm{d}t} = au^{(1)} - b[u^{(1)}]^3 \qquad (13)$$

采用最小二乘估计法可求得式(13)的系数 a,b:

$$\begin{bmatrix} a \\ b \end{bmatrix} = (B^T B)^{-1} B^T Y_n \qquad (14)$$

其中,

$$B = \begin{bmatrix} Z(2) & -Z^3(2) \\ Z(3) & -Z^3(3) \\ \vdots & \vdots \\ Z(N) & -Z^3(n) \end{bmatrix} \qquad (15)$$

$$Y_n = [u^{(0)}(2), u^{(0)}(3), \cdots, u^{(0)}(u)]^T \qquad (16)$$

式(13)的解为

$$u^{(1)}(t) = \sqrt{\frac{a}{\dfrac{1}{\left[\dfrac{u_o}{a - b(u_o)^2}\right]e^{2at}} + b}} \qquad (17)$$

式中, u_o 为位移时序的初值。同 Verhulst 模型一样,式(13)也反映了斜坡从生长到衰亡的整个过程,从式(13)可看出,其右边项实际为斜坡的变形速率。晏同珍等人[3,4]的研究结果表明,可将变形速率最大的点所对应的时间作为滑坡的预报时间,故令

$$X = au^{(1)} - b[u^{(1)}]^3 \qquad (18)$$

对上式求导得 x(速率)取极大值时所对应的位移值为

$$u^{(1)}(t) = \sqrt{\frac{a}{3b}} \qquad (19)$$

于是,由式(17),式(19)联立解得滑坡暴发的预报时间为

$$t = \frac{1}{2a}\ln\left(\frac{a - bu_0^2}{2bu_0^2}\right) + t_o \qquad (20)$$

式中, u_o 为时序号初始数(一般恒定为1)。

3 意义

根据斜坡失稳时间的协同预测模型的分析,可知斜坡岩体由小变形到大变形乃至滑坡的发生,实质上是由组成斜坡的各子系统协同作用的结果。将协同学引入斜坡的稳定性预

测评价中,并提出了一种新的斜坡失稳时间预测模型——协同预测模型。协同学主要是用于处理远离平衡系统的非平衡相变问题,其所得模型的适用条件是远离平衡系统。因此所建预测模型也仅适用于短期或临滑预报,在应用时值得注意。

参考文献

[1] 黄润秋,许强.斜坡失稳时间的协同预测模型.山地学报,1997,15(1):7-12.

[2] H.哈肯.信息与自组织.郭治安,罗久里等译.成都:四川教育出版社,1988.302-323.

[3] 晏同珍,殷坤龙,伍法权等.滑坡定量预测研究进展.水文地质工程地质,1986,6(104):8-14.

[4] 晏同珍,伍法权,殷坤龙.滑坡系统静动态规律及斜坡不稳定性空时定量预测.地球科学-中国地质大学学报,1989.

集水区的侵蚀结构模型

1 背景

山地系统的侵蚀状况是衡量系统功能好坏的重要指标,它是系统输入与系统内部各子系统、各组分间以及与人为活动相互作用的结果。侵蚀状况的分析,将为林种配置、土地利用提供基本的依据,就是使其达到合理利用,优化配置。陈宏伟和李江[1]利用景观生态学的原理和方法,突破传统的比例结构的定性描述方法,采用定量的指标,探讨这些指标的适用性和可用性,并对侵蚀结构进行分析。

2 公式

景观生态学对结构的描述与研究有十数个指标。根据研究的实际需求和生态学意义在侵蚀结构研究中的体现,选择了 H,E,D,B 几个指数,所用的各种指数不单从面积比重反映侵蚀等级的结构,而是综合了面积比重和地块数,而地块分布的聚集或者分散性能较全面、科学地反映客观事实[2]。

2.1 多样性指数

在一定的区域内景观要素类型愈丰富,分布的有序性愈差,则景观多样性指数愈高。根据信息论中 Shannon-weaver 函数为基础得公式:

$$H = -\sum_{i=1}^{n} p_i \times \log_2 p_i \tag{1}$$

式中,H 为多样性指数;u 为景观要素类型数目;P_i 为 i 类景观要素所占面积比例。

2.2 均匀性指数

景观要素分布愈均匀则指数愈大,均匀分布时 $E=1$,$E \to 0$ 时分布最不均匀:

$$E = H/H_{max}, \quad H_{max} = -\log_2 1/n$$

式中,E 为均匀性指数;H_{max} 为最大多样性指数。

2.3 优势度指数

优势度指数反映景观体系中一种或几种景观要素支配景观的程度,它用最大多样性指数的离差表示:

$$D = \log_2 n + \sum_{i=1}^{n} P_i \cdot \log_2 P_i = Hmax - H$$

式中,D 为优势度,其余同 H 中所示。

当优势度低时表示各景观类型有大致相等的比例,而优势度高时则表明某一种或几种景观要素类型占有明显优势的比例。

2.4 类斑丰度指数

指某一类景观要素在景观中的稠密性,它反映景观要素在景观中的稠密性和地位[3]:

$$B = (1 - 1/n_i) \times 1/s \sum_{i=1}^{n_i} H_i$$

式中,n 为某类景观要素的数目;s 为整个景观的面积;h_i 为第 i 个景观要素的面积。

调查方法按照水土保持规范对侵蚀现状调查的要求对系统进行调查,将所有地块分等级划分为无、轻度、中度、强度、极强度、剧烈 6 个等级,分地块量算面积,统计地块数作为各指标计算的基本数据(表1)。

表 1 集水区各侵蚀等级面积及地块数

区域	小区 集水 编号	无 块散 (块)	无 面积 (hm²)	轻度 块散 (块)	轻度 面积 (hm²)	中度 块散 (块)	中度 面积 (hm²)	强度 块散 (块)	强度 面积 (hm²)	极强度 块散 (块)	极强度 面积 (hm²)	剧烈 块散 (块)	剧烈 面积 (hm²)
北	II	1	2.22	9	32.42	4	11.21	4	15.69	5	7.82	5	16.99
	IV	0	0	5	9.65	5	9.95	6	11.36	2	6.08	0	0
区	VI	2	6.08	1	1.30	5	13.25	4	4.88	1	2.38	0	0
南	II	5	7.05	12	45.80	2	6.22	4	21.92	0	0	2	8.15
区	V	6	13.71	10	16.10	3	7.75	3	7.68	0	0	1	3.17

5 个集水区各指标计算所得结果(表2)。

表 2 侵蚀等级结构指标

集水区	无 H	轻 H	中 H	强 H	极强 H	剧烈 H	E	D	无 B	轻 B	中 B	强 B	极强 B	剧烈 B
北 II	0.14	0.53	0.38	0.45	0.31	0.46	0.88	0.31	0	0.33	0.97	0.14	0.07	0.16
北 IV	0	0.51	0.51	0.52	0.43	0	0.98	0.03	0	0.21	0.21	0.26	0.08	0
北 VI	0.48	0.21	0.51	0.44	0.30	0	0.83	0.38	0.11	0	0.38	0.13	0	0
南 II	0.29	0.49	0.50	0.32	0	0.27	0.80	0.46	0.06	0.47	0.03	0.18	0	0.05
南 V	0.52	0.53	0.42	0.42	0	0.26	0.92	0.18	0.24	0.30	0.11	0.11	0	0

3 意义

对头塘山地系统的侵蚀结构的景观生态学分析,表明 H,E,B 指数对侵蚀结构的描述是可行和适用的,并对 5 个集水区的侵蚀结构进行了评价。优势度指数不能反映单个类型的优势,与传统生态学优势度指数相比,有其局限性。山地系统由地貌的水平和垂直结构组合、土地利用结构、侵蚀结构等组成,要合理地配置林种,合理利用土地,调整现有结构,弄清楚侵蚀结构特征是必要的基础工作,这样方能统筹兼顾,突出重点,有效地进行治理。

参考文献

[1] 陈宏伟,李江.云南省头塘山地系统侵蚀结构景观分析.山地学报,1997,15(1):42-46.
[2] 肖笃宁.景观空间结构的指标体系和研究方法,景观生态学理论方法及应用.北京:中国林业出版社,1991.92-98.
[3] 赵景住.景观生态学空间格局动态度 t 指标体系.生态学报,1990,10(2):182-186.

旅游资源的评价模型

1 背景

安徽山地旅游资源比较丰富,著名的山地风景名胜区有黄山、九华山、齐云山、天柱山、琅琊山等(这五山均为国家级重点风景名胜区)。近几年,安徽山地旅游资源得到不同程度的开发,但开发中还存在一定的问题[1-2]。万绪才和李登山[1]在对安徽山地旅游资源进行定量评价的基础上,对其进行等级划分,并提出了相应的开发战略构想,以为制定山地旅游开发提供参考。

2 公式

从 20 世纪 70 年代起,以美国运筹学家、匹兹堡大学教授塞蒂(A. L. Saaty)为代表的一批学者,在旅游资源评价中率先引入数学方法,建立起一套以定量化为目标的评价模型及指标体系。80 年代以来,我国一些学者如魏小安、保继刚、楚义芳、俞孔坚等在这方面也进行了尝试与探索,并取得了明显的进展。这种定量评价方法,主要包括指标数量化和评价模型化。

其基本数学模型式为

$$\sum_{i=1}^{n} Q_i P_i$$

式中,Q_i 为第 i 个评价因子的权重,P_i 为第 i 个评价因子的评价分数,n 为评价因子的数目。

在确定评价因子的权重和分值过程中分别借助层次分析法和模糊数学法,这样大大提高了评价的精确度。这种方法的应用,是旅游资源评价方法的一次重大突破与革新。

把各评价因子的权重值和得分,代入数学模型:

$$E = \sum_{i=1}^{n} Q_i P_i$$

式中,E 为某旅游地综合评估结果值,Q_i、P_i、n 同上,最终得出某旅游地的总评价值。

为了确定评价因子的权重,因而向有关专家发出征询卷共 70 份,回收 52 份,共获得有效原始数据 2012 个。借助计算机对这些数据进行处理,同时参考国内外有关旅游资源评价方面的成果,从而得出安徽山地旅游资源评价因子的权重值(表 1)。

表 1　安徽山地旅游资源评价因子权重表

第一层	权重	第二层	权重	第三层	权重
旅游资源条件	0.702 0	美学观赏价值	0.287 8	美感受； 奇特度	0.120 8 0.167 0
		康娱价值	0.091 3	环境质量； 气候条件	0.050 2 0.041 1
		文化价值	0.126 4	历史文化价值； 宗教文化价值	0.075 8 0.050 6
		科学价值	0.077 2	科学研究； 科普教育	0.050 2 0.027 0
		规模	0.119 3	多样性； 集聚度； 组合条件	0.053 7 0.041 7 0.023 9
旅游开发条件	0.298 0	区位条件	0.062 6	与客源地距离； 对外交通； 与附近旅游地的距离、类型的异同	0.012 5 0.028 2 0.021 9
		客源条件	0.068 5	客源的规模； 客源的稳定性； 客源的潜力	0.030 1 0.019 8 0.018 6
		社会经济条件	0.053 6	区域经济发展水平； 资金来源； 物产供应条件	0.026 8 0.011 2 0.015 6
		旅游基础设施	0.071 5	旅游区内交通； 宾馆饭店； 水电通信； 娱乐设施	0.025 7 0.020 0 0.017 8 0.008 0
		旅游从业人员素质	0.041 8	管理水平； 服务水平	0.022 6 0.019 2

3　意义

根据大量调查的数据,运用定量方法对安徽山地旅游资源进行评价分析,并将其山地风景名胜区划为三个等级,最后提出该省山地旅游资源的开发设想。突出重点开发一级旅游地,黄山是安徽山地旅游的"拳头"产品,是游客来安徽旅游的首选旅游地,其旅游资源品位高,吸引力大,具有独特的魅力。重视二级旅游地的开发,应综合其旅游资源价值、客源条件、旅游基础设施、资金来源等方面优势。兼顾三级旅游地的开发,三级旅游地旅游资源条件相对不很优越,因而目前不宜作为重点开发区,但可根据旅游资源特点,适当开发一些档次较高的景点,宜发展特色旅游。

参考文献

[1]　万绪才,丁登山.安徽省山地旅游资源定量评价与开发.山地学报,1998,16(4):291-296.
[2]　傅文伟.旅游资源评估与开发.杭州:杭州大学出版社,1994.29-84.

泥石流的流域边界公式

1 背景

沟谷系统是坡地系统与河道系统之间的一个过渡带,是流域地貌系统中最活跃的部分。它不仅把坡地系统产生的水流和泥沙输送到河道系统中,而且自身也产生大量的泥沙和水流,常常成为河道系统中水流和泥沙的主要来源。在沟谷系统中,流水的侵蚀作用和重力侵蚀作用都很活跃,沟谷地貌往往迅速地被改变。汤家法和李泳[1]对沟谷系统中流域面积与周长关系及其地貌学进行了分析。由于沟谷地貌形态及地貌发育过程都比较复杂,使得沟谷地貌研究成为流域地貌系统研究中的薄弱环节。而实际上它的演化是区域地貌演化的直接形象的体现[2]。因此,通过对它的研究,有助于对区域地貌演化的认识。

2 公式

2.1 基础数据的来源及处理

研究数据全部来源于《中国泥石流数据库》,共 5 641 条泥石流沟记录,选择每条记录的流域面积(s)、相对高差(Δh)、相对切割程度(Δq)作为研究对象。由于原始资料来源比较多,各单位在量测这些沟谷特征量时所执行的标准和所使用的地图比例尺有差异,因此在选择样本时剔除了上述三量不完整的记录和原始数据是从比例尺小于 1:10 万地形图中测得的记录,得到的样本总量为 3 532。

由公式 $C = \Delta h/\Delta q$,我们可以求的流域周长(C)。其中,数据库中的 Δq 是通过实测流域的 C 和 Δh 计算得到的,因此,这里对 C 的计算,不过是以前实测数据的还原。

表 1 β 值分布表

β 区间	沟数
<2.80	213
2.80~2.85	184
2.85~2.90	247
2.90~2.95	285
2.95~3.00	445

续表

β 区间	沟数
3.00~3.05	390
3.05~3.10	357
3.10~3.15	310
3.15~3.20	307
3.20~3.25	253
3.25~3.30	204
3.30~3.35	157
>3.35	180

根据量纲,希望得到流域面积(S)和周长(C)平方的关系,为此对面积与周长平方的比值(S/C^2)作对数处理得

$$\beta = -\ln \frac{S}{C^2} \tag{1}$$

式中,β 为面积与周长平方比的自然对数,其分布如表1。

2.2 关系式的提出

根据式(1),可以得到下式

$$S = C^2 e^{-\beta} \tag{2}$$

再将 β 按区域进行统计(表2)。

表2 不同区域的 β 值分布

区域	全国	西藏	云南	四川	新疆	陕西	山西	河南	北京	东北
沟数	3 532	254	152	2 301	124	17	48	10	17	451
β	2.075	3.063	3.101	3.091	3.083	3.051	2.988	3.161	3.022	3.023
$\Delta\beta$	0.075	0.063	0.101	0.091	0.083	0.051	0.012	0.161	0.022	0.023
方差	0.000 000 03	0.000 06	0.000 3	0.000 000 9	0.000 07	0.002	0.000 133	0.003	0.000 008	0.000 009

从表2可以看出,各区的方差都非常小,近似为0,说明 β 值集中在均值附近,摆动很小,这是一个非常令人惊讶的结果,因为式(2)中的 β 值从单纯的数学意义上说可以取任意大于 $\ln 4\pi$(2.53)的值。

β 值的集中,提供了一个简单的流域面积估算方法。实际上,只要在地形图上测量流域周长,适当选取 β,就可用(2)式计算 S。其相对误差为

$$\frac{|\Delta S|}{S} = \delta\beta \tag{3}$$

根据流域边界形态,$\delta\beta$ 可确定在 0.05~0.10 的范围内(这是一个纯技术问题,在此不予讨论),满足一般的精度需求。

3　意义

通过对《中国泥石流数据库》中 3532 个流域的形态数据的处理,得出了一个流域面积与周长的关系,并对其指数地貌学意义进行了初步的探讨。若能够用 β 值来作为这些分期的指标参数,亦即量化戴维斯理论,那么下一步需要研究的是作为时间函数的 $\beta(t)$。时间的演化序列往往对应着空间演化序列,通过对不同地域的流域形态的研究,可能会发现 β 的更多的指示意义。

参考文献

[1]　汤家法,李泳. 沟谷系统中流域面积与周长关系及其地貌学意义. 山地学报,1998,16(4):268-271.
[2]　陆中臣,贾绍凤,袁宝印等. 流域地貌系统. 大连:大连出版社,1991,42-43.

自然保护区的生态等级评价指数

1 背景

自然保护区是受到人为保护的特定的自然区域,它是保护生物多样性的最有效方式。20 世纪 80 年代后期,随着全球生物多样性保护运动的蓬勃开展,我国的自然保护区建设事业进入了快速发展阶段。至 1995 年底,我国已建立各种类型的自然保护区 799 个,总面积 7 190.7×10⁴ hm²,约占国土面积的 7.5%,达到目前世界中等水平。阎传海[1]对连云港云台山自然保护区进行了评价。对自然保护区进行评价研究[2],可为自然保护区的科学管理提供依据。

2 公式

云台山自然保护区评价指标体系的层次结构如图 1 所示。通过 A-C 判断矩阵、C 1-P 判断矩阵、C2-P 判断矩阵、C3-P 判断矩阵的构建,计算出了各评价指标的权重(表 1)。

表 1 评价指标的权重

评价指标	自然性	多样性	代表性	稀有性	生态脆弱性	面积适宜性	人类威胁
权重	0.098 8	0.247 6	0.085 9	0.181 7	0.114 4	0.191 6	0.077 9

综合评价结果由综合评价指数反映出来,综合评价指数由下式计算:

$$S = \frac{1}{4} \sum_{t-i}^{N} (I_i - W_i)$$

式中,I_i 为单项指标评价分值,W_i 为评价指标 i 的权重,N 为评价指标数。

综合评价指数可作为评判自然保护区生态质量等级的依据。薛达元和蒋明康[3]对综合评价指数作如下等级划分:$0.86 \leqslant S \leqslant 1.00$,生态质量很好;$0.71 \leqslant S \leqslant 0.85$,生态质量较好;$0.51 \leqslant S \leqslant 0.70$,生态质量一般;$0.36 \leqslant S \leqslant 0.50$,生态质量较差;$S \leqslant 0.35$,生态质量差。因此,云台山自然保护区的生态质量属一般。

3 意义

通过评价指标的等级化处理、评价指标权重的确定,计算出了云台山自然保护区的综

288

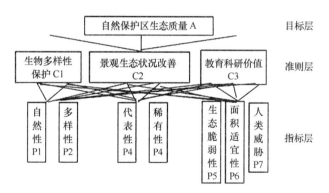

图 1　云台山自然保护区评价指标体系

合评价指数。分析了自然保护区目前所面临的问题:保护区面积偏小和保护区内人类活动频繁,挖药采种、砍柴割草等破坏性活动时有发生。在此提出相应的建议:适当扩大柳河保护区与悟正庵保护区的面积;加强保护区的科学管理以及制定政策法规,尽可能地减少附近居民对保护区的不利影响,使其活动至多波及经营区。

参考文献

[1]　阎传海.连云港云台山自然保护区评价.山地学报,1998,16(4):330-333.

[2]　国家环境保护局.中国生物多样性国情研究报告.北京:中国环境科学出版社,1998.398-421.

[3]　薛达元,蒋明康.中国自然保护区建设与管理.北京:中国环境科学出版社,1994.173-183.

温室工程的价值公式

1 背景

现代温室作为农产品工厂化生产的载体,在中国也已有近 30 年的发展历史,尤其是国家"九五"科技攻关项目的实施,温室工程在中国进行了前所未有的建设。温室价值工程研究同样可用于温室设计优化和方案优选。设计优化侧重于设计建设阶段,优化温室功能和降低建设成本;方案优选侧重于在温室方案评标中,对温室的价格、各项功能、运行费用等进行比较,选出价值最优的温室。俞宏军和刘瑞春[1]通过实验对温室工程价值展开了分析。

2 公式

温室价值为

$$价值(V) = \frac{功能(F)}{成本(C)}$$

提高温室价值的基本途径有 5 种,如表 1。

表 1　提高温室价值的途径

项目	途径				
	1	2	3	4	5
功能 F	不变	提高	显著提高	提高	略降低
成本 G	降低	不变	略提高	降低	显著降低
战略类型	节约型	改进型	投资型	双向型	牺牲型

温室功能用公式表示如下:

$$F = |\ \rho_1 F_1, \rho_2 F_2\ | \times \gamma_{m \times n}$$

式中, $F_1 = \{f_{1,i}\}_{i=1,2,3,4,5}$, $f_{1,5} = \{f_{1,5,j}\}_{j=1,2,3,4}$; $F_2 = \{f_{2,i}\}_{i=1,2,3,4,5}$; $f_{1,i}, f_{2,i}$ 为各子功能重要性系数; ρ_1, ρ_2 分别为建筑结构功能和温室环境调控功能的重要性权重系数,通常由行业专家们根据项目建设的实际需要取不同的值; $m \times n$ 为子项目对建筑结构和环境调控的贡献率系数矩阵。

表 2 是北京某番茄生产温室建筑结构子功能重要性系数,表中,温室子功能 $f_{1,1}$（空间合理）与 $f_{1,2}$（结构安全）相比较,前者较不重要,对应记 0 分;而 $f_{1,1}$（空间合理）与 $f_{1,3}$（安装方便）比较,$f_{1,1}$ 较重要,对应记 1 分,以此类推。

表 2　温室建筑结构子功能重要性系数

功能	$f_{1,1}$	$f_{1,2}$	$f_{1,3}$	$f_{1,4}$	$f_{1,5}$	得分累计	得分修正	重要性系数 $f_{1,i}$
$f_{1,1}$	×	0	1	1	0	2	3	3/5 = 0.200
$f_{1,2}$	1	×	1	1	1	4	5	5/15 = 0.333
$f_{1,3}$	0	0	×	1	0	1	2	2/15 = 0.133
$f_{1,4}$	0	0	0	×	0	0	1	1/15 = 0.067
$f_{1,5}$	1	0	1	1	×	3	4	4/15 = 0.267
合计						10	15	1.00

3　意义

根据温室工程的价值公式,阐述了温室价值工程的概念,通过分析温室的功能,力求降低温室的建设和运行成本,生产出价值最优的温室产品。该文应用温室价值工程的理论和方法,通过实例对温室功能和成本进行了分析,从而可知温室的钢结构、围护结构及材料、水暖加温设备和环境综合控制系统价值系数偏低,造成价值系数偏低的原因是设计标准不适用和专业材料性能差,需要改进。温室价值工程主要帮助设计者在造价已定的前提下加强温室功能设计,也可用于温室选型。

参考文献

[1] 俞宏军,刘瑞春 . 温室价值工程研究 . 农业工程学报,2005,21(3):153−157.

耕地变化的驱动力模型

1 背景

随着人口、资源和环境问题的日益突出,土地利用/土地覆盖变化(LUCC)研究日益成为全球环境变化研究的前沿和热点领域。其中,土地利用变化机制是 LUCC 研究的三大核心问题之一。中国相对短缺的资源尤其是耕地的不足,是中国生存和发展的制约因素。刘旭华[1]在土地利用变化驱动力研究中,选取与国家粮食安全密切相关的耕地变化进行研究。

2 公式

借鉴区域联系已有的研究成果和考察区域耕地变化的实际情况,定义区域外力公式如下:

$$City \ Effect_i = \frac{1}{k_i} SQRT \left[\sum_{j=1, j \neq i}^{k_i} \frac{1}{2} \left(\frac{Townpop_j}{Totpop_j} + \frac{ScndGDP_j}{GDP_j} \right) \right.$$

$$\left. \cdot \frac{(Totpot_j \cdot GDP_j)^a \cdot (Totpop_i \cdot GDP_i)^b}{dist_{ij}^d} \right], i = 1, 2, \cdots, n$$

式中 $City \ Effect_i$ 为某县市一定搜索半径 r 内受到的所有 k_i 个大城市 j(j 为行政级别为地级以上城市)的平均影响力;$Totpop_i$ 为县或市 i 的总人口;GDP_i 为县或市 i 的国内生产总值;$Townpop_j$ 为城市 j 的城镇人口;$ScndGDP_j$ 为城市 j 的第二产业增加值;$dist_{ij}^d$ 为 i 与 j 的距离;a, b, d 为参数,现取值为 1,1,2。

从图 1 和图 2 可以看出,耕地大量减少和区域外力较大的空间位置吻合性很好,其中图 1 中耕地转出矩阵是通过全国 1 km^2 土地利用变化转移矩阵计算而得。

ARV 在神经网络中得到广泛应用,其计算公式为

$$ARV = \frac{\sum (Y - \hat{Y})^2}{\sum (Y - \bar{Y})^2}$$

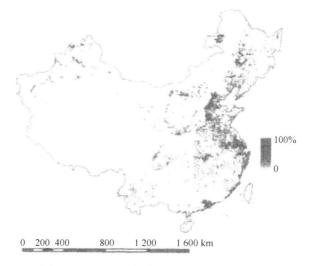

图 1   1987~2000 年中国 1 km2 耕地转出矩阵

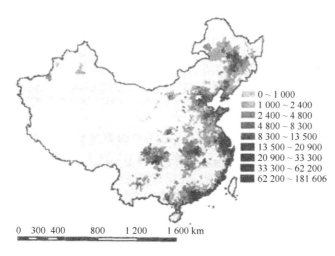

图 2   中国耕地变化区域外力图

3   意义

根据以全国耕地变化为例,首先通过 GIS 和遥感技术对全国耕地变化与自然、社会经济状况进行综合分区,然后利用人工神经网络对各类型区的耕地变化的主导因素进行了分析。研究发现,东部沿海地区及四川盆地自 1987 年到 2000 年发生的耕地流失严重,城市化导致的城镇人口增长进而导致城镇扩张,市场经济条件下区域经济之间的相互作用以及第

二、三产业的迅速发展是其主导原因。该研究方法对其他类型的土地利用变化驱动力研究以及全球变化研究具有借鉴作用。

参考文献

[1]　刘旭华,王劲峰,刘纪远,等．国家尺度耕地变化驱动力的定量分析方法．农业工程学报,2005,21(4):56-60.

土壤的盐渍化模型

1 背景

土壤水盐动态主要受气象因素、地表水和地下水等因素的影响。水盐运动不协调、不适合的直接结果是引起土壤盐渍化。导致土壤盐渍化的主要因子为：土壤因子，气候因子，地下水因子，灌溉因子等 8 大因子。杨玉建和杨劲松[1]从搜集到的实际资料出发,结合影响土壤盐渍化的因子,筛选出了研究区地下水矿化度、地下水埋深、土壤质地、土体构型、土壤有机质含量、地形地貌等影响土壤盐渍化因子作为概率表面系统研究的对象,在 Dempster-Shafer 不确定证据理论模型支持下,对研究区土壤潜在盐渍化的不确定性进行了研究,得到研究区土壤潜在盐渍化的概率表面图。

2 公式

设 Ω 表示 ∂ 所有可能取值的一个论域集合,且所有在 Ω 内的元素间是互不相容的,则称 Ω 为 ∂ 的鉴别框架。如果函数 $\mathrm{m}: 2^{\Omega} \rightarrow [0,1]$ 满足下列条件:

$$m(\Phi) = 0$$

$$\sum_{X \subset \Omega} m(X) = 1$$

则称 $m(X)$ 为 X 的基本概率赋值,$m(X)$ 表示对命题 X 的精确信任程度,即对 A 的直接支持。

对于所有的 $X \subseteq \Omega$,有如下的定义:

$$bel(X) = \sum_{X \subseteq A} m(Y)$$

$$pl(X) = \sum_{A \cap B} m(Y) = 1 - bel(\_)$$

式中,$bel(X)$、$pl(X)$、$bel(\_)$ 分别称为命题 A 的置信函数、似真函数和怀疑函数。

可信度、真实性、可信度间隔之间的关系(信度区间) 简单表示为如下的等式:

$$真实性 - 可信度 = 可信度间隔$$

如果

$$pl(X) = 1 - bel(notX)$$

$$bel(notX) = \sum m(Y)$$

当 $Y \cap X = \varphi$ 时，

$$pl(X) = \sum m(Y)$$

当 $Y \cap X \neq \varphi$ 时，*Dempster-Shafer* 证据理论执行下面的合成法则：

$$m(Z) = \frac{\sum m_1(X) m_2(Y) \ (当 \ Y \cap X = \varphi)}{1 - \sum m_1(X) m_2(Y) \ (当 \ Y \cap X \neq \varphi)}$$

式中，$m(Z)$ 为对应于假设 $[Z]$ 的基本信度分配函数 *BPA*，如果

$$Y \cap X = \varphi$$

那么这个方程就变为

$$m(Z) = \sum m_1(X) m_2(Y)$$

3 意义

利用模糊函数集中的"J"形模型和 D-S 证据理论，建立了土壤的盐渍化模型，对影响土壤盐渍化因子进行运算和合并，预测土壤潜在盐渍化现象在整个栅格表面发生的可信度，并运用专家知识评价存在的因子，获得了研究区土壤潜在盐渍化的概率表面图。从而可知土壤盐渍化分布不仅具有空间变异性，在局部也存在着一致性，即在地形、地貌基本一致的前提下，在一定的距离范围内，越靠近盐渍化土地的区域，发生盐渍化的可能性越大，地下水埋深和地下水矿化度是影响土壤潜在盐渍化分布的两个关键因子。

参考文献

[1] 杨玉建,杨劲松. 基于 D-S 证据理论的土壤潜在盐渍化研究. 农业工程学报,2005,21(4):30-33.

农业种植的空间格局模型

1 背景

多熟种植是中国作物种植制度的重要特征和提高粮食产量、进行多种经营的一个重要途径。中国是耕地复种率较高的国家之一，大约有 50% 的耕地实行多熟种植。通过多熟种植，一方面有利于提高土地和光、热等自然资源和人力资源的利用率，增加粮食产量；另一方面也在一定程度上缓解了粮食与经济作物、绿肥等争地的矛盾，促进农业发展。闫慧敏等[1]利用空间分辨率为 8 km 的 NOAA/AVHRRNDVI 数据进行了中国农田种植制度特征的遥感反演研究。

2 公式

统计数据中的复种指数能够反映统计区域单元内的多熟种植特征，为将遥感反演数据与其进行比较以验证遥感反演数据的可靠性，根据下述公式计算各区域单元的复种指数：

$$M = \left(\sum_{i=1}^{n} p_i \right) / n100$$

式中，M 为基于多时相 NDVI 反演出的区域复种指数；p_i 为第 i 个栅格点的值；n 为区域内耕地的栅格数。

利用上述方法从 1982—1986 年 5 年的 AVHRR/NDVI 时间序列影像反演得到每年的农田种植制度空间分布，由公式计算出 1982—1986 年的平均复种指数和 1986 年的复种指数，并分别与农业耕作制度区划（1987）中各区域复种指数（图 1a）和统计数据（1986）中各省的复种指数（图 1b）进行相关分析并进行显著性检验，相关系数分别为 $R = 0.77$，$P < 0.001$ 及 $R = 0.83$，$P < 0.001$。

不同熟制在空间区域的分布格局上总体是一致的，从不同耕作制度所占比例来看，在三熟制所占比例上差异较大（表 1），这可能是由于年份、数据源和空间分辨率的差异造成的。

表 1　与其他研究成果的比较

熟制	研究时间	数据源	分辨率	一年一熟	一年两熟	一年三熟
Jianjun Qiu 研究结果	1990	统计数据 0.5°	60%	30%	10%	—
本研究	20 世纪 80 年代中	NDVI	8 km	59%	37%	3%

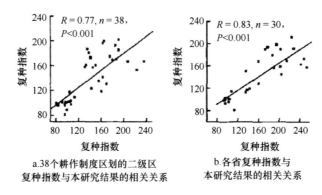

图 1　统计数据的复种指数(横轴) 与本研究中所得复种指数
　　　(纵轴)相关关系图示(图中直线为拟合趋势线)

3　意义

卫星遥感是探测大尺度土地覆被格局及变化的最有效手段,通过中国农业种植的空间格局模型,是获取区域和全国尺度作物复种指数的一个重要途径。应用中国农业种植的空间格局模型,展示了多时相遥感数据定量表达全国种植制度信息提取的方法及可行性,采用峰值特征点检测法结合作物生长季相特征及农田管理特点(播种和收获)提取了中国农田的多熟种植信息,并与统计数据的复种指数进行比较验证,为进一步进行农业种植制度变化的研究奠定了基础。

参考文献

[1]　闫慧敏,曹明奎,刘纪远,等. 基于多时相遥感信息的中国农业种植制度空间格局研究. 农业工程学报,2005,21(4):85-90.

农田信息的采集系统模型

1 背景

精准农业是一种基于信息和知识管理的现代农业生产系统。近年来，国内越来越多的研究人员开始精准农业相关的科研试验和实践工作。农田空间差异性信息的采集是实施精准农业的首要任务，这些信息数据是农田 GIS 和农业专家系统分析、决策并制定农田变量作业处方的主要数据源和参数。随着精准农业科研和应用示范不断增加的应用需求，开发方便快捷的农田信息采集软硬件系统的需求也更加迫切。孟志军[1] 给出了基于嵌入式组件 GIS 技术实现农田地理矢量信息采集管理的方法，同时介绍了基于 ADOCE 实现农田属性数据采集存储的具体技术方案和实现过程。

2 公式

嵌入式农田信息采集系统软件结构框图如图 1 所示。

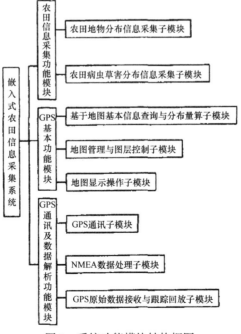

图 1 系统功能模块结构框图

嵌入式农田信息采集系统的结构框架如图 2 所示。

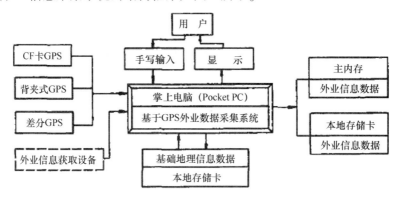

图 2 嵌入式农田信息采集系统结构图

嵌入式农田信息采集系统实时接收 GPS 设备获取的位置坐标是 WGS-84 经纬度坐标,通过高斯–克吕格投影,可以转换为平面坐标。大地坐标转换为平面直角坐标的高斯投影正算公式为:

$$x = X + \frac{1}{2}N \cdot t \cdot \cos^2 B \cdot l^2 + \frac{1}{24}N \cdot t(5 - t^2 + 9\eta^2 + 4\eta4)\cos4B \cdot l^4$$

$$+ \frac{1}{720}N \cdot t(61 - 58t^2 + t^4 + 270\eta^2 - 330\eta^2 t^2)\cos^6 B \cdot l^6$$

$$y = N \cdot \cos B \cdot l + \frac{1}{6}N(1 - t^2 + \eta^2)\cos^3 B \cdot l^3$$

$$+ \frac{1}{120}N(5 - 18t^2 + t^4 + 14\eta^2 - 58\eta^2 t^2)\cos^5 B \cdot l^5$$

式中,N 为椭球的卯酉圈曲率半径,$N = \dfrac{a}{W}$,$W = (1 - e^2\sin^2 B)^{1/2}$;$e^2 = \dfrac{a^2 - b^2}{a^2}$,$e$ 为椭球的第一偏心率;$f = \dfrac{a - b}{a}$,f 为椭球扁率,a 为椭球长半径,b 为椭球短半径;B 为投影点的大地纬度;$l = L - L_0$,L 为投影点的大地经度,L_0 为轴子午线的大地经度;$t = tgB$;$\eta = e'\cos B$;$e'^2 = \dfrac{a^2 - b^2}{a^2}$,$e'$ 是椭球的第二偏心率。

3 意义

根据农田信息的采集系统模型,系统由 GPS 实时通讯和数据处理模块、基于 WinCE 的基本 GIS 功能模块和农田信息采集功能模块等组成模块,能够实现与 DGPS 设备或背夹式

GPS 设备的实时通讯和定位数据的解析,实现了矢量农田地理信息的显示、操作、查询等基本 GIS 功能,同时,系统能够采集农田地物分布和多种影响作物生长的环境差异性信息。同时还介绍了使用 Microsoft 数据库访问组件对象 ADOCE 对 Pocket Access 数据库的操作方法,实现了对嵌入式农田信息采集系统中农田信息的有效管理。

参考文献

[1] 孟志军,王秀,赵春江,等. 基于嵌入式组件技术的精准农业农田信息采集系统的设计与实现. 农业工程学报,2005,21(4):91-96.

温室覆盖材料的传热模型

1　背景

　　征覆盖材料热工性能的物理量主要有传热系数、导热系数、表面换热系数、长波红外辐射的透射率、反射率、吸收率和蓄热系数等。传热系数是整体反映覆盖材料传热性能的综合性指标，它综合考虑了覆盖材料自身的物理特性以及与周围环境的相互作用。刘雁征[1]在农业部设施农业生物环境工程重点开放实验室建立的温室覆盖材料热工性能测试平台的基础上，探索性地利用虚拟仪器技术构建面向温室覆盖材料综合性能测试的数据采集系统，以期为实现农业设施传热性能测试的自动化奠定一定的基础。

2　公式

　　温室是一个半封闭系统，这个系统不断地与外界进行着能量和物质的交换。根据能量守恒原理，温室内热量平衡原理可用下式表示：

$$\Delta Q = Q_t + Q_a + Q_r + Q_g - Q_w - Q_s - Q_e - Q_p - Q_d$$

式中，Q_t 为进入温室的太阳辐射热，W；Q_a 为温室灯具、设备散热，W；Q_r 为作物及土壤呼吸释放热，W；Q_g 为温室采暖系统散热，W；Q_w 为温室通过覆盖材料向外传递的热量，W；Q_s 为通风换气的散热，W；Q_e 为作物蒸腾和土壤蒸发耗热量，W；Q_p 为作物光合作用耗热量，W；Q_d 为温室向地中传热量；ΔQ 为温室空气显热增量，W。

　　对于实验装置，箱体各处缝隙密闭良好，无太阳辐射，则 $Q_t = 0$；热箱内无风机，则 $Q_s = 0$；箱内无土壤和作物，所以 $Q_r = Q_e = Q_d = 0$；箱内实验期间灯具熄灭，则 $Q_a = 0$；实验期间保持箱内温度恒定，$\Delta Q = 0$。则上式可简化为

$$Q_w = KA_w(t_i - t_0) = Q_g - \sum_{j=1}^{5} Q_j$$

$$k = \frac{Q_w}{A_w(t_i - t_0)} = \frac{Q_g - \sum_{j=1}^{5} Q_j}{A_w(t_i - t_0)} = \frac{Q_g - \sum_{j=1}^{5} A_j(t_{wij} - t_{woj})/R_{wj}}{A_w(t_i - t_o)}$$

式中，Q_w 为单位时间内试件的传热量，W；Q_j 为单位时间内通过箱体其他 5 个壁面的传热量，W；Q_g 为单位时间内箱体的总传热量（当系统达到热平衡时即为热箱内加热线的发热功

302

率),W;K 为试件传热系数,$Wm^2℃^{-1}$;A_w 为试件面积,m^2;A_j 为其他 5 个壁面的面积,m^2;t_i、t_o 为试件内、外空气温度,℃;t_{wij}、t_{woj} 分别为其他 5 个壁面内外表面温度,℃;R_{wj} 为其他 5 个壁面导热热阻,$W^{-1}m^2℃$,基于以上原理,要测定覆盖材料层的传热系数,只需知道热箱加热量,各个面的面积,壁面的导热热阻以及箱内外的温度即可。

一个物理过程的传热规律是通过温度的变化表征的,温度的变化范围大、测点多、数据量大对最后结果有着直接的关系,在软件设计过程中设计了数字滤波器,即在测试箱内系统趋于平衡时,在每个时间段内对多个采样值进行一阶滞后数字滤波,滤波算法如下式所示:

$$Y_n = aX_n + (1-a)Y_{n-1}$$

式中,Y_n 为本次采样的滤波输出值;X_n 为本次采样值;Y_{n-1} 为上次采样值的滤波输出结果;a 为滤波系数,$0<a<1$。

普通玻璃传热系数 K 值的测试结果如表 1 所示。

表 1　普通玻璃传热系数 K 值的测试结果

计算周期	总热损(W)	加热功率(W)	玻璃热流量(W)	内空气温度(℃)	外空气温度(℃)	空气温差(℃)	K 测试值($W\cdot m^{-2}\cdot ℃^{-1}$)	K 计算值($W\cdot m^{-2}\cdot ℃^{-1}$)	辐射板温度(℃)
1	38.4	270.5	232.1	28.3	-2.25	30.55	7.60	7.54	-28.1
2	38.6	270	231.4	281.	-2.24	30.34	7.63	7.56	-28.4
3	38.7	270	231.3	28.2	-2.26	30.46	7.59	7.51	-28.3
4	38.6	269.3	230.7	28.4	-2.23	30.63	7.53	7.49	-28.2
5	38.5	270	231.5	28.2	-2.25	30.45	7.60	7.58	-28.3
平均值	38.6	270	231.36	28.2	-2.25	30.49	7.59	7.54	-28.3

3　意义

利用虚拟仪器技术设计了温室覆盖材料的热工性能测试台的测试系统 TMS(Thermal Measurement System),建立了温室覆盖材料的传热模型。该模型阐述了系统的测试原理和方法,给出了硬件组成、软件设计和传感器的选用以及数据处理优化算法的实现。该系统可完成测试台的温度、风速、加热功率参数的采集及覆盖材料传热系数的计算,应用该系统既提高了测试精度又节省劳动力,提高了测试效率。

参考文献

[1] 刘雁征,滕光辉,马承伟,等.基于虚拟仪器技术的温室覆盖材料传热系数测试系统.农业工程学报,2005,21(4):131-135.

作物产量的监测模型

1 背景

中国农业灾害频繁,气候灾每年都在一定范围内发生。受气候因素的影响,粮食产量逐年波动。在作物收获以前进行大范围的作物长势评价,提前估测作物产量逐渐受到政府各部门的重视。及时准确预测一个地区或全国的作物产量,对粮食供需平衡、贸易、农业政策制定等非常重要。由于影响作物产量的因素复杂,气象模型和农学模型在大范围作物产量预测中精度波动较大。遥感模型是通过建立遥感测得的作物信息(光谱信息)与产量间的关系来估算作物产量的。焦险峰等[1]通过实验对基于植被指数的作物产量监测方法进行了研究。

2 公式

通道1、2 合成的植被指数反映了植被的生长状况,在已研究发展的 40 多个植被指数中应用最广的是归一化植被指数(NDVI)。NDVI 的计算公式为

$$NDVI = (CH_2 - CH_1)/(CH_2 + CH_1)$$

植被状态指数(VCI)反映水分对植被影响的程度,定义为

$$VCI = (NDVI - NDVI_{min})/(NDVI_{max} - NDVI) \times 100$$

温度状态指数(TCI)反映温度对植被影响的程度,定义为

$$TCI = (BT_{max} - BT)/(BT_{max} - BT_{min}) \times 100$$

植被生长状态指数(VHI)反映温度和水分条件联合作用下对植被影响的程度,定义为

$$VHI = a(VCI) + (1 - a)(TCI)$$

式中,a 为控制 VCI 和 TCI 对 VHI 影响程度的调节系数。

回归分析模型如下式,用于预测分析 Y_t 值。

$$Y_t = 0.236x - 465.16$$

在经济和科技进步因素使玉米产量逐年递增的同时,气候因素决定玉米产量的年际间波动(dY)(图1)。dY 可用下式表示。

$$Y_t = Y/Y_t^* 100$$

分别用 VCI33、TCI31、VHI32 值与 dY 做一元线性回归(表1),表1中 dY 为逐年波动

304

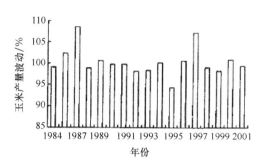

图1　逐年波动的玉米产量(dY)

的气候产量,R^2是回归方程相关系数的平方,它的大小反映样本数据配合回归方程的紧密程度,R^2越接近1,表明方程拟合精度越高;$RMSE$是剩余标准差。

表1　玉米产量线性回归模型

植被指数	回归分析模型	R	R^2	RMSE
VCI33	$dY = -0.104\,3(\text{VCI33}) + 104.95$	0.820	0.673	0.719
TCI31	$dY = -0.091\,2(\text{TCI31}) + 104.99$	0.631	0.398	1.829
VHI32	$dY = -0.136\,3(\text{VHI32}) + 106.96$	0.686	0.470	1.716
TCI31/VCI33	$dY = -0.097\,9(\text{TCI31}) + 0.066\,32(\text{VCI33}) + 101.928$	0.689	0.474	1.779

　　从散点分布图不能清楚地得出植被指数与作物产量间符合哪种曲线走向,因此对两者分别进行了二次方程、三次方程、对数方程、指数方程、乘幂等多种曲线回归分析。经过比较研究,认为一元二次方程最适合于研究区的曲线回归模型(表2)。

表2　玉米产量非线性回归模型

植被指数	回归分析模型	R	R^2	RMSE
VCI33	$dY = 0.002\,8(\text{VCI33})^2 - 0.386\,7(\text{VCI33}) + 111.73$	0.862	0.743	0.667
TCI31	$dY = 0.006(\text{TCI31})^2 - 0.739\,9(\text{TCI31}) + 121.21$	0.873	0.761	1.197
VHI32	$dY = 0.006\,2(\text{VHI32})^2 - 0.748(\text{VHI32}) + 121.3$	0.768	0.590	1.570

3　意义

　　根据收集了1984年到2002年的NOAA卫星和农业统计资料,计算耕地范围的植被状态指数(VCI)、温度状态指数(TCI)和植被生长状态指数(VHI),分析了遥感植被指数与作物产量间的相关关系,分别建立了基于植被指数的线性回归模型和非线性回归模型。从而可知遥感植被指数与作物产量间存在较好的相关性,其非线性回归模型在拟合精度上高于线性回归模型。利用卫星资料得出应用于监测作物长势的植被指数,建立作物产量监测模型,应用于农作物遥感监测业务化运行系统。

参考文献

[1]　焦险峰,杨邦杰,裴志远,等.基于植被指数的作物产量监测方法研究.农业工程学报,2005,21(4):104-108.